创新与发明

江　帆　陈美蓉　黄尊地　苏　杭　编著

ZHEJIANG UNIVERSITY PRESS
浙江大学出版社

图书在版编目(CIP)数据

创新与发明 / 江帆等编著. —杭州 ：浙江大学出版社，2022.5

ISBN 978-7-308-22384-3

Ⅰ. ①创… Ⅱ. ①江… Ⅲ. ①创造学 Ⅳ. ①G305

中国版本图书馆 CIP 数据核字(2022)第 040172 号

内容摘要

本书融合经典 TRIZ 理论与可拓创新方法，依据创新问题求解过程，构建了 IASE(I 问题识别、A 问题分析、S 问题求解、E 方案评价)创新方法。该方法是将 TRIZ 与可拓创新方法的各个创新工具按照问题类型进行重组，并以学习难度建立工具的选择策略。这些创新工具包括发明技巧、技术进化法则、物场分析、功能分析、裁剪、科学效应、资源分析、多屏幕法、金鱼法、小矮人法，以及可拓建模、拓展分析、可拓变换、优度评价等，并给出专利申请文件准备与规避设计方法、创新与发明实例等。

本书可以作为大学生创新类课程、TRIZ 与可拓创新方法培训课程的教材，也可作为工程技术类人员进行创新培训、创新实践的参考书。

创新与发明

江 帆 陈美蓉 黄尊地 苏 杭 编著

责任编辑 吴昌雷
责任校对 王 波
封面设计 周 灵
出版发行 浙江大学出版社
(杭州市天目山路 148 号 邮政编码 310007)
(网址：http://www.zjupress.com)
排 版 杭州朝曦图文设计有限公司
印 刷 杭州杭新印务有限公司
开 本 787mm×1092mm 1/16
印 张 15.25
字 数 343 千
版 印 次 2022 年 5 月第 1 版 2022 年 5 月第 1 次印刷
书 号 ISBN 978-7-308-22384-3
定 价 40.00 元

前　言

创新是当前世界的重要特征，习近平总书记指出，“创新是引领发展的第一动力”，李克强总理提出“大众创业、万众创新”。置身创新的时代，需要大量的创新人才，高等学校是培养创新人才的重要阵地，因此有必要在高校开展创新教育。

创新教育需要创新理论的支持，目前世界上的创新理论多达300余种，TRIZ理论与可拓创新方法是其中成体系、可操作强、应用广泛的创新理论。TRIZ理论是苏联阿齐舒勒于1946年提出的发明问题解决理论，揭示了创新思维方法扩展与收敛方法，以及创造发明的内在规律和原理，着力于分析和求解系统中存在的矛盾，其目标是完全解决矛盾，获得最终的理想解。运用这一理论，可大大加快人们创造发明的进程，而且能得到高质量的创新产品，至今已应用在设计、研发、制造、安全、可靠性等领域。可拓学是由中国学者蔡文于1983年提出的一门原创性横断学科，它以形式化的模型，探讨事物拓展的可能性以及开拓出新的规律与方法，并用于解决矛盾问题。可拓创新方法主要通过可拓建模、拓展、变换、优度评价等4个步骤获得创意。目前可拓学已进入许多研究领域并取得一系列成果。

本书以初学者的视角，结合创新问题的求解流程，构建了IASE（I问题识别、A问题分析、S问题求解、E方案评价）创新方法。IASE创新方法以TRIZ理论与可拓创新方法的创新工具为基础，按照创新问题求解过程，以问题类型选择不同求解工具，并建立各工具的选择策略。这些创新工具包括发明技巧、技术进化法则、物场分析、功能分析、裁剪、科学效应、资源分析、多屏幕法、金鱼法、小矮人法、STC算子法，以及可拓建模、拓展分析、可拓变换、优度评价等，并给出专利申请文件撰写方法、专利规避设计方法、创新与发明实例等。具体特色体现在：①创新方法集成，让学生了解更多创新工具及其选择策略，激发学生创新；②给出学习的素质、能力、知识目标，以学生生活和专业相关的实例解释创新工具的应用，促进学生理解与应用；③以CDIO（C代表构思，D

代表设计，I 代表实施，O 代表运行）问题驱动创新工具的应用教学，拟定按照 PTPS（Problem 设问、Teching 讲授、Practice 实践、Summary 总结）组织教学过程，每个小节知识点设置问题，引导学生思考，而后讲解知识点，并辅以专业应用案例，便于学生理解和掌握创新技巧，最后给出练习题，便于学生及时应用创新工具，形成一个学练结合的闭环的学习链；④设置了专利申请与规避、创新发明实例的内容，让学生学会保护自己的创新思路与设计方案。

本书的第 3～6 章由陈美蓉编写，第 1～2、7～8 章由江帆、黄尊地、苏杭编写，全书由江帆统稿修改，戴杰涛、黄尊地、苏杭、刘征对其中案例编写做了许多工作。本书编写过程中得到了项目组成员戴杰涛、刘征、王一军、区嘉洁、吴青凤、萧仲敏，以及肇庆学院董克权、陈显明、蔡超明，五邑大学黄尊地、常宁、王前选、成利刚，东莞理工学院张斐、田君、殷素峰，广州航海学院苏发、苏杭、叶永权、李昕，还有胡双飞、鄞汉藩、刘彦辰、宋长森、沈健、祝韬、林华建等的大力支持。同时，得到了广州大学机械与电气工程学院、广州大学教务处、广东省教育厅、中国高等教育学会工程教育专业委员会等的大力支持，也得到了浙江大学出版社的支持，在此致以深深的谢意！

本书获中国高等教育学会工程教育专业委员会新工科“十三五”规划教材立项、广东省在线开放课程“创新与发明”（粤教高函〔2017〕214 号）、广东省省级系列在线开放课程立项课程“创新与发明”（粤教高函〔2019〕28 号）、创新方法学科建设与研究专项规划项目“专创融合的创新方法 CDIO 教学模式研究”（项目编号:20-2-6）、广东省本科高校教学质量与教学改革工程建设项目“机械专业创新创业课程教学团队”（粤教高函 179 号-JXTD47）、广州大学教材出版基金资助项目“创新与发明”（教务（2021）57 号）的支持，在此致以深深的谢意！部分图片修改自网络，向图片的原作者致以深深的谢意！

本书构建基于 TRIZ 与可拓创新方法的 IASE 创新方法，并结合生活与设计专业相关的实例进行各工具与求解流程的说明与应用。但鉴于作者们的水平有限，难免会出现一些错误，请读者给予谅解和指正，如有问题和建议，请发送到邮箱:jiangfan2008@126.com。

作　者

2021 年 8 月于广州

目　录

第1章　绪　论

本章目标

素质目标：树立创新意识，了解我国对创新方法发展的贡献。

能力目标：具有文献检索能力、创新方法应用能力。

知识目标：了解创新与发明的概念、创新方法的发展状况、创新方法的本质特征、常用的创新方法等，能够应用常用创新方法解决简单日用品的创新设计。

1.1　创新与发明

1.1.1　创新的概念

创新是一个非常古老的词，汉语词典的解释是抛开旧的，创造新的。创新是人们为了满足自身、社会、组织、产品等发展的需要，在现有知识结构、能力结构、思维结构的基础上，通过思维的变化，采用此前已有或未曾用过的知识、技术、手段等，按照创意的方向或为满足某种需求、实现某种效果、达到某种标准，通过发现、更新、创造、改变、实施、制作等方式，提出的具有社会价值、经济价值或个人价值的有别于常规的新观念、新理论、新概念、新思路、新创意、新方法、新产品等的活动。简单地说，创新是以推动事物的发展为目的，将新想法（创意）转化为可行的方案并被人们所采用，而且为创新的主体带来社会与经济效益的行为。

创新渗透到社会生活的各个方面，创新的领域是非常广阔的，创新的结果是无限的，产品创新只是创新的一个方面。

创新的核心是人的创新观念和意识，创新习惯的形成，思维能力的提高，创新的载体是人的思维能力，创新的方向反映的是人的想象力，创新的层次取决于创新者的知识结构，创新的实施要靠人拥有的各种能力。

1.1.2　创新方法

如图1-1所示，当要拆除左边的螺栓连接，就需要右边的扳手，说明干任何事情，如果有工具的支持，就会相对容易。

古人云："工欲善其事，必先利其器"。前总理温家宝指出，"自主创新、方法先行"，说明创新也需要创新方法的支持。创新方法是指协助人们实施创新过程的方法或技巧等的总和。

图 1-1　拆螺栓与扳手

1.1.3　发明

发明是应用自然规律解决技术领域中特有问题而提出创新性方案、措施的过程和成果，如图 1-2 所示的圆珠笔与激光笔的发明。

发明不同于科学发现，发明主要是创造出过去没有的事物，发现主要是揭示未知事物的存在及其属性。

发明是新颖的技术成果，不能简单仿制已有的器物或重复前人已提出的方案和措施。一项技术成果，如果在已有技术体系中能找到在原理、结构和功能上有相同的内容，则不能叫作发明。

发明不仅要提供前所未有的东西，而且要提供比以往技术更为先进的东西，即在原理、结构，特别是功能效益上优于现有技术。发明必须是有应用价值的创新，它有明确的目的性、新颖性、创造性和实用性。发明方案既要反映外部事物的属性、结构和规律，又要体现自身的需要。

发明又区别于实际生产和工程中的现实技术或现场技术。发明要有应用前景和可能应用的技术方案和措施。一项发明能否被应用于生产过程或工程活动，还取决于它是否能纳入已有的技术系统或引起已有技术系统的革新，以及资金、设备、人力、材料、管理和市场诸方面的条件。有了发明，未必就一定有相应的产品或工艺，未必就能解决生产和工程中的实际问题。只有把发明转化为产品研制、工艺试验，转化为技术革新、试生产、批量生产和推广应用，才能成为现实技术。

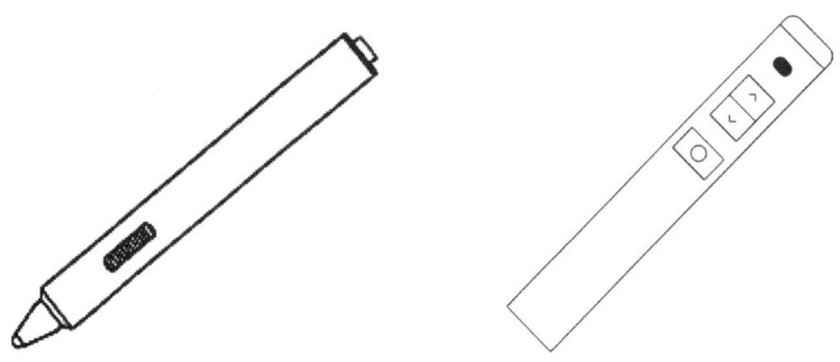

图 1-2　圆珠笔与激光笔

创新的本质是“创造价值的变革”。从这个意义上说，科技领域的研发活动，如果没有变成经济价值或社会价值，则只是研发活动而已，不能称其为创新，创新不是发明，创新可能涉及发明。

创造就是将创意变为现实,主要体现在从无到有。

发明是一种技术创造活动,它凭借各种科学技术原理,开发出前所未有的事物或方法。

区别在于发明是技术创造,就是说创造包括发明。创新是将创造、发明成果变成价值、效益的活动(行为)。

1.1.4 专利

专利把发明的商品属性以法律形式固定下来,使之成为不得无偿占有的财产,从而保护发明者的利益。专利还要求发明者公开其创造成果以利于他人有偿使用,并把实施发明创造作为专利权人的法律义务,以促进技术信息交流和发明的推广应用。在我国,专利类型包括发明专利、实用新型专利和外观设计专利。

1.2 创新方法的发展历程与本质特征

1.2.1 创新方法的发展历程

创新一词出自《南史・后妃传上・宋世祖殷淑仪》,着重创立或创立新的。1912 年,美国经济学家约瑟夫・熊彼特首次在经济学领域提出创新(innovation)的概念,并认为技术创新是资本主义经济增长的主要动力,由此拉开了创新理论研究的序幕。技术创新方法就是在技术创新过程中,创新者根据待解决的问题,进行分析、形成新设想、产生新方案、方案评价的系统性方法和策略。

最早的创新方法可追溯到公元 4 世纪的启发法,现已发展到近四百种。这里按照时间顺序,将创新方法的发展历程分为三个阶段:古代阶段(公元 4 世纪—19 世纪)、近代阶段(20 世纪初—20 世纪 50 年代)、现代阶段(20 世纪 60 年代至今)。

1. 古代阶段的创新方法发展

古希腊数学家帕普斯在公元 4 世纪提出了"启发方法(heuristics)",亦称为探索法,是人们根据一定的经验,在问题空间内进行搜索,寻求解决问题的经验,从而快速解决目标问题的一种方法。启发法的内涵实质上是"单凭经验的方法"、有根据的推测、直觉的判断或者只是常识,典型的启发法是试错法(trail and error,亦称为试探或试凑)。此阶段也发展了逆向思维方法,如田忌赛马、司马光砸缸等故事就体现了逆向思维。1865 年英国哲学家密尔提出了联想四法则:接近律、类似律、对比律、因果律,进而推动了联想创新方法的发展。

2. 近代阶段的创新方法发展

这一阶段出现的创新方法有:头脑风暴法、形态分析法、综摄法、5W2H 法、检核表法、属性列举法等。1938 年美国创造学家奥斯本创立了"智力激励法"。1942 年瑞士天文学家茨维基提出了“形态分析法”，通过将对象各要素所对应的解决思路进行组合，从中寻求创新的方案。1944 年美国哈佛大学教授戈登提出了著名的“综摄法”。1954 年美国内布拉斯大学的克劳福德提出了“属性列举法（或特性列举法）”。1957 年美国陆军创设了 5W2H 法，在 5W2H 法的基础上，奥斯本进一步发展了检核表法。

3. 现代阶段的创新方法发展

这一阶段的创新方法有：TRIZ 理论、可拓创新方法、中山正和法、信息交合法、六顶思考帽法、公理化设计法、和田十二法、质量功能展开（Quality Function Deployment，QFD）等。1946 年苏联的阿奇舒勒逐步创立了 TRIZ 理论，成为现在流行的一种重要的创新方法。1953 年日本管理大师石川馨先生提出了“原因分析法”（又称鱼骨图、因果图）。1955 年日本创造学家市川龟久弥提出了“等价转化理论”。1960 年英国著名的心理学家托尼巴赞发明了“思维导图法”。1964 年美国兰德公司开发出“德尔菲法”。1965 年日本筑波大学川喜田二郎制定了“KJ 法”（用来提出假说和建立新学说）。1968 年创造学者中山正和教授提出了“中正法”。高桥浩教授对头脑风暴法进行了改进，提出了“CSB 法”。1969 年片山善治提出“ZK 法”，20 世纪 70 年代三菱重工神户造船厂开发了质量功能展开方法（QFD）。1983 年我国学者许国泰创设了“信息交合法”（又称为信息反应场法）。1983 年广东工业大学蔡文研究员创立了可拓学，其中包括可拓创新方法，是成体系的创新方法。1985 年上海学者许立言与张福奎合作创设“儿童发明技法”，后经上海和田小学的应用、推广和完善，称为“和田十二法”。1985 年英国学者博诺发明了“六顶思考帽法”。1986 年甘自恒教授创设了“系统综合法”。1988 年学者赵惠田创设了“集思广益法”，1989 年天津师范大学刘仲林教授创设了“臻美技法”。20 世纪 90 年代初，山西创造学家关原成创设“主体附加法”。1990 年麻省理工学院 Suh 教授领导的研究小组提出了“公理化设计法”（Axiomatic Design，AD）。1990 年宋文奎提出了两种新的创新方法，即扩、缩笔记目录分类法（SON 方法）和可变多维形态属性列举法。1994 年创造学家赵幼仪创设“变元发明法”。1995 年以色列阿姆农·列瓦夫在整合 TRIZ 理论的基础上提出了 SIT（系统创新）方法。1996 年创造学家彭建伯创设“技术反转法”。

目前，对创新方法的研究主要是对已有创新方法的改善，例如檀润华团队在研究 TRIZ 的基础上提出了破坏性创新使能技术、集成创新使能技术、渐进性创新使能技术等创新方法。赵敏团队在整合 TRIZ 理论的集成上提出了 U-TRIZ 理论。还有很多研究者对各类创新方法进行融合，在国外，Otto 等通过 QFD（质量功能展开）将用户需求与设计过程集成，Lee 提出 QFD 与功能分析及发明问题解决理论（TRIZ）中冲突矩阵相结合解决概念设计中的技术冲突问题，Teminko 将 QFD 与 TRIZ 的理想解相结合。在国内，河北工业大学檀润华教授将 TRIZ 技术进化原理与过程建模方法 IDEF3 相结合，建立了基于结构进化的产品设计过程模型，将 TRIZ 与 QFD 相结合建立了二者集成的概念设计过程模型。河北工业大学曹国忠教授将 AD（公理化设计）与 TRIZ 中的功能基、效应集成，形成 SAFE 集成型概念设计过程模型，将功能、效应和实例相结合，提出了 FEE（Function-

Effect-Example)概念设计过程模型，福州大学刘晓敏教授将 TRIZ、TOC（约束理论）、UXD（未预见发现）、ABD(类比设计）等集成，建立了一种产品创新概念设计集成过程模型，清华大学马怀宇通过对 TRIZ 创新原理、QFD（质量功能展开）等设计方法的研究与运用，提出了基于 QFD、FA（功能分析）和 TRIZ 的概念设计过程的集成模型，北京航空航天大学韩晓建在分析产品设计及其过程的基础上，利用集合与映射的理论与方法，建立了一种产品概念设计过程模型。西安理工大学韩光平等进行了 QFD、Fuzzy（模糊数学）与 TRIZ 理论的集成技术研究，西南交通大学的周贤永等研究了格论和 TRIZ 技术进化论的融合，合肥工业大学的张建军等研究了 TOC、Fuzzy 与 TRIZ 的集成方法，浙江大学的李贵平等研究了 QFD、PKM（专利知识挖掘）与 TRIZ 的结合，南昌大学的胡江华等研究了融合 QFD、TRIZ 和 CE（并行工程）的 Q-T-C 方法，山东建筑大学的李敏等将 QFD、AD 与 TRIZ 理论结合起来进行产品设计，苏谦等研究了 AFD（现代预测失效分析方法）、FMEA（传统失效分析方法）与 TRIZ 理论的集成，电子科技大学的谢健民研究了 HOQ（质量屋）与 TRIZ 的融合，及其产品创新模糊前端设计中的应用，等等。自 2004 年，有学者开始将 TRIZ 理论与可拓方法融合起来研究，如张祥唐等采用可拓方法与 TRIZ 方法来进行产品创新设计，仇成等进行了 TRIZ 理论与可拓学的比较研究，宋守许等进行了融合可拓与 TRIZ 理论的可拆卸性结构设计方法及应用研究，江帆、李苏洋等也将 TRIZ 与可拓学融合应用到结构或方案设计中，费凡等申请了一项“一种基于 TRIZ 与可拓学相结合的产品优化与设计方法”的专利，周贤永等研究了 TRIZ40 条发明原理的可拓变换表达形式，格论与 TRIZ 技术进化理论融合的理想化水平表达方式，基于 TRIZ、可拓学与实例推理的创新问题解决模型等，翟章宇进行了可拓学与 TRIZ 矛盾问题比较研究，赵燕伟探讨了面向 TRIZ 与可拓学集成的创新方法，刘彦辰整合创造性解决问题、设计思维、TRIZ 及工业工程等方法论的结果，构建了杠杆创新理论（LIT 将创新行为变为搭建积木的行为，通过选择知识与经验（术）进行重组产生创新，实现目标（象），这种“选择”式创新方法论还原人们自然的创新行为，让创新流程更容易成为创新者的行为习惯），等等。

4. 创新方法研究的发展趋势

从现有的创新方法研究态势看，创新方法研究呈现如下发展趋势：

(1)系统化、易用化的创新方法

随着现代科学技术的突飞猛进，对创新方法的探索和规律的认识也在不断完善。因而有必要对众多的创新方法进行消化、吸收并再创新，建立系统、简单易用的创新方法体系。同时，创新方法与知识管理（如将现有知识根据特定要求进行重组也是一种创新）的结合将是一个重要方向。

(2)针对群体创新的创新方法

现代社会，很多创新工作需要团队完成，在团队创新过程中促进团队成员激发创新思维、克服群体迷思、提高创新效率等都需要群体创新方法。现代信息技术也为跨地区、跨部门的群体创新活动提供了必要的技术支撑。因此，有必要深入研究群体创新方法，以促进和激发团队成员进行自主创新。

(3)多学科交叉与融合的创新方法

创新方法已经涉及哲学、认知科学、心理学、经济学、系统学、管理学、工程学、信息科学、人工智能等多个领域,在未来,运用多学科交叉与融合的方法必将促使人类更深刻地理解创新方法的作用和机制,创新方法研究必将得到突破性进展。

1.2.2 创新方法的本质特征

分析现有的创新方法,发现这些创新方法有一些共同的特征,总结如下。

1.基于经验的方法

基于已有的经验进行创新,如启发法、模仿法等,适用于简单创新问题的求解方面。

2.基于智力交流激励的方法

通过团队相互交流启发与激励进行创新,如头脑风暴法、集思广益法等,主要针对需要探索创新性解决方案,并且需要获得与此有关的大量设想的特殊问题。

3.基于组合的方法

通过组合物、信息等进行创新,如组合法、形态分析方法、信息交合法等,适用于产品的概念设计阶段。

4.基于类比的方法

依靠已有知识认识陌生事物或对原本熟悉的事物产生新的认识的方式进行创新,如综摄法、原型启发法、提问清单法等,适合于产品的概念设计阶段。

5.基于设问的方法

通过设问与寻求答案来创新,如"5W2H"法、奥斯本检核表法、属性列举法、和田十二法等,适用于产品的概念设计阶段。

6.基于变换的方法

通过思考角度变换进行创新,如六顶思考帽法、逆向思维法、TRIZ 理论的小矮人法、金鱼法、可拓变换等,适用于产品创新设计、困难问题的思考等。

7.基于公理的方法

运用独立性公理和信息公理来指导整个设计过程,如公理化设计法、FBS 创新方法、田口创新理论等,适用于很多场合的创新,如产品设计、创新问题求解等。

8. 基于矛盾求解的方法

通过解决矛盾求解进行创新，如中山正和法、TRIZ 理论、可拓创新方法、IASE 创新方法等，是比较综合、系统化的创新方法，适用多种情况下创新设计及各工况创新问题求解方面等。

1.3 常用的创新方法简介

如前所述，目前世界上共有近四百种创新方法，其中有一些是人们经常使用的创新方法，如模仿创新法、创意列举法、综摄法(类比创新法)、组合创新法、移植创新法、逆向转换法、头脑风暴法、奥斯本检核表法、形态分析法、和田十二法、质量功能展开(QFD)方法、TRIZ 理论、可拓创新方法、杠杆创新理论等，这里简单介绍一下这些常用的创新方法。

1.3.1 模仿创新法

模仿创新法就是一种人们通过模仿旧事物而创造出与其相类似的新事物的创造方法。从模仿的创造性程度而言，可分为机械式模仿、启发式模仿和突破式模仿三种。

【案例】 基于 Unix 系统开发的苹果 iOS 系统是封闭源，使得许多电子产品的企业望而却步。而基于模仿创新理念，谷歌基于类 Unix 的 Linux 系统开发了安卓系统，安卓系统一经上市便对外开放，不到两年的时间安卓手机系统的用户便超越了苹果的 iOS 系统。系统标志如图 1-3 所示。

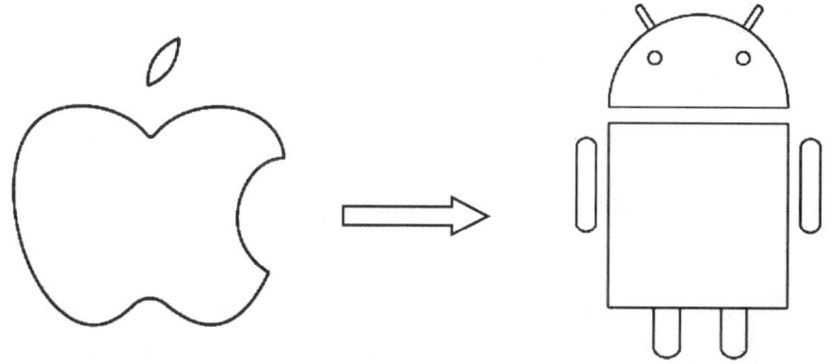

图 1-3　iOS 系统与安卓系统

1.3.2 创意列举法

创意列举法是将某一具体事物的特定对象(如特点、优缺点等)罗列出来，经比较选优，获得创新方案。按列举的特定对象来分，可分为属性列举法、希望点列举法、优点列举法和缺点列举法等。

【案例】 运用属性列举法对杯子[图 1-4(a)]进行创新：①杯子是圆柱形的；②杯子是带有把手的；③杯子是玻璃材质的；④杯子是容易被打碎的；⑤杯子是没有图案的；等等。根据杯子已有的特点，就可以提出许多改进方案，如：①圆柱形的杯子可以设计为不带把手的圆锥形[图 1-4(b)];②杯子的功能是装水,改用塑料材质也能实现该功能,由此出现了一次性水杯[图 1-4(c)];③针对容易被打碎的特点,可以选用金属材质;④给杯子增加一个杯盖[图 1-4(d)];⑤没有图案略显单一,那么可以在杯身设计各种图案[图 1-4(e)];等等。

图 1-4 杯子的创新

1.3.3 综摄法(类比创新法)

类比创新法是根据两个或两类对象之间在某些方面的相同或相似而推出它们在其他方面也可能相同的一种思维形式和逻辑方法。根据类比的对象、方式等的不同,可以分为:直接类比法、拟人类比法、幻想类比法、对称类比法、因果类比法、仿生类比法、综合类比法等。

【案例】 血栓会堵塞血管通道,使得远端血液回流受阻,导致远端肢体出现肿胀、疼痛等症状,严重时会引起脏器缺血、缺氧甚至导致患者死亡。为了清除血管里的血栓,研究者设计了多种血管机器人,其中,磁性螺旋形游动机器人是仿照大肠杆菌的运动方式设计的。这种机器人能够在血管环境中进行有效推进运动以碎化血栓,如图 1-5 所示。

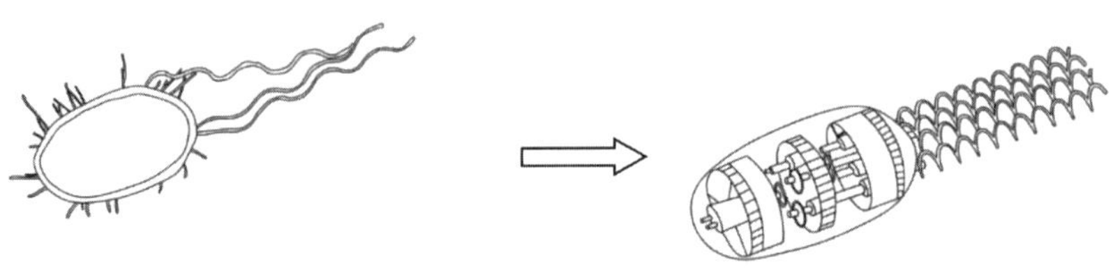

图 1-5 血管机器人的发明

1.3.4 组合创新法

组合创新法简称组合法，指按照一定的技术原理，通过将两个或多个功能元素合并，从而形成的一种具有新功能的新产品、新工艺、新材料的创新方法。组合创新法几乎覆盖了人们日常生活的各个领域，具体有以下几种实现方式：主体附加法、异类组合法、同物自组法、重组组合法等。

【案例】 电视机遥控器组合几种功能；装夹式车刀由刀架和刀片组合而成；风扇上组合不同颜色的荧光片；组合式螺丝刀包含不同规格的螺丝刀头，如图 1-6 所示。

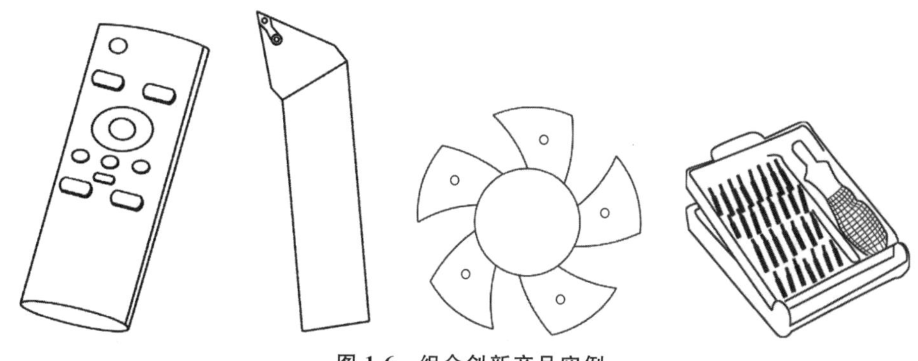

图 1-6 组合创新产品实例

1.3.5 移植创新法

移植创新法，是指将某一领域中已有的原理、技术、方法、结构、功能等，移植应用到另一领域而产生新事物、新观念、新创意的构思方法。移植创新法分为原理性移植、方法性移植、功能性移植、结构性移植、材料性移植等。

【案例】 面包的制作离不开发泡技术，面包由于发酵而使内部产生气体从而使面包的体积膨胀。人们将发泡技术移植到材料领域，创新出一系列的新材料，如泡沫塑料、泡沫金属等，如图 1-7 所示。

图 1-7 发泡技术产品

1.3.6 逆向转换法

逆向转换法是指为达到某一目标，将通常思考问题的思路反转过来，以反常规、常理或常识的方式去寻找解决问题的新途径、新方法，通俗说法就是“反过来想一想”，又称为逆向思维方法、反向思维方法等。该方法包括原理逆向、功能逆向、过程逆向、因果逆向、结构或位置逆向、观念逆向等。

【案例】 传统木工加工方法中，使用锯和刨等工具对木料进行加工时，木料不动而工具动，使得人的体力消耗大，并且加工质量得不到保证。为了改变这种状况，人们将工作状态反过来，让工具不动而木料动，发明了电锯、电刨等，这种工作方法不仅减轻了人的劳动，也提高了工作效率和工艺水平。如图 1-8 所示。

图 1-8　电锯的发明

1.3.7　头脑风暴法

头脑风暴法，是一种通过小型会议的组织形式，让所有参加者在自由愉快、畅所欲言的气氛中，自由交换想法或点子，并以此激发与会者的创意及灵感，使各种设想在相互碰撞中激起脑海的创造性“风暴”，又称智力激励法、BS(Brain-storming)法。头脑风暴法可分为直接头脑风暴法和质疑头脑风暴法两种。

为了更好地运用头脑风暴法，使思维活动真正起到互激效应，必须严格遵守以下四项基本原则：延迟评价、鼓励自由想象、以数量求质量、鼓励巧妙地利用并改善他人的设想。头脑风暴法会议的组织步骤为：首先要明确会议的目标，不能无的放矢；确认会议人员，以5～10 人为宜，包括主持人、记录员和参加者；选择合适的主持人，并确定记录员；开始会议，会议时间一般在一小时以内，最好不超过两小时；对设想进行评价。

1.3.8　奥斯本检核表法

奥斯本检核表法就是以提问的方式，根据创造或解决问题的需要，列出一系列提纲式的提问，形成检核表，然后对问题进行讨论，最终确定最优方案的方法。奥斯本检核表法列出九大问题进行检核，如表 1-1 所示。

表 1-1　奥斯本检核表

序号	检核项目	说　　明
1	能否他用	能否还有其他的用途？保持不变能否扩大用途？稍加改变有无其他用途？
2	能否借用	能否从别处得到启发？能否借用别处的经验和发明？过去有无类似的东西可供模仿？谁的东西可模仿？现有的发明能否引入到其他的创造设想之中？
3	能否改变	能否作某些改变？改变一下会怎样？可改变一下形状、颜色、音量、味道吗？是否可能改变一下型号、模具或运动形式？……改变之后，效果如何？

续表

序号	检核项目	说　明
4	能否扩大	能否扩大适用范围？能否增加使用功能？能否添加零部件，延长它的使用寿命，增加长度、厚度、强度、频率、速度、数量、价值？
5	能否缩小	能否体积变小、长度变短、重量变轻、厚度变薄以及拆分或省略某些部分（简单化）？能否浓缩化、省力化、方便化？
6	能否替代	能否用其他材料、元件、方法、工艺、功能等来代替？
7	能否调整	能否变换排列顺序、位置、时间、速度、计划、型号？内部元件可否交换？
8	能否颠倒	能否正反颠倒、里外颠倒、目标手段颠倒等？
9	能否组合	能否进行原理组合、材料组合、部件组合、形状组合、功能组合、目的组合？

奥斯本检核表法的注意事项：①对所列举的事项逐条核检，确保不遗漏；②尽量多核检几遍，以确保较为准确地选择出所需创新与发明的方面；③进行检索时，可将每一大类问题作为一种单独的创新方法来运用；④核检方式可根据需要进行多种变化。

【案例】 对手电筒进行奥斯本检核表创新，如表1-2所示。

表1-2　手电筒的奥斯本检核表

序号	检核项目	创　意
1	能否他用	信号灯、装饰灯
2	能否借用	加大反光罩、增加灯泡亮度、手柄为可折叠材料
3	能否改变	改变电珠大小、改变灯罩颜色、改变电珠颜色
4	能否扩大	使用节能电池、增大电筒尺寸、使用降压开关
5	能否缩小	改用小号电池、手柄微小化
6	能否替代	用发光二极管代替电珠
7	能否调整	电池为直排、横排，手柄形状多样化
8	能否颠倒	使用磁电发电机、使用光控开关
9	能否组合	兼备收音机、时钟或电话功能

1.3.9　形态分析法

形态分析法就是把需要解决的问题分解成若干基本因素（构成此问题的基本组成部分），并分别列出实现每个因素的所有可能的形态（技术手段），然后用矩阵表方式进行排列组合，以产生解决问题的系统方案或发明设想。

【案例】 某饮料厂家为了扩大市场的占有量，现需要对饮料的包装进行改进，包括容量、材料、形状、开启方式。对每个因素进行求解，列出如表1-3所示的形态学矩阵。

表 1-3 饮料包装形态学矩阵

因素	求解形态				形态个数
	1	2	3	4	
容量	125ml	240ml	500ml	1000ml	4
材料	纸	金属	玻璃	塑料	4
形状	圆柱形	方形	球形	圆锥形	4
开启方式	插管	拉	拧		3

根据表 1-3 的形态学矩阵，考虑 3 个影响包装的因素，有 4×4×4×3＝192 种，根据某些评价指标，就可以选择出优秀的方案进行具体设计。

1.3.10 和田十二法

和田十二法是我国学者许立言、张福奎在奥斯本检核表基础上，借用其基本原理，加以创造而提出的一种思维技法。它既是对奥斯本检核表的一种继承，又是一种大胆的创新。比如，其中的“联一联”“定一定”等，就是一种新发展。这种方法首先在上海市闸北区和田路小学进行实践运用，故称和田十二法。

表 1-4 和田十二法口诀表

口诀	含义
加一加	加高、加厚、加多、组合等
减一减	减轻、减少、省略等
扩一扩	放大、扩大、提高功效等
变一变	改变其形状、颜色、气味、音响、次序等
改一改	改缺点、改不便、改不足之处等
缩一缩	压缩、缩小、微型化
联一联	原因和结果有何联系，把某些东西联系起来
学一学	模仿形状、结构、方法，学习先进
代一代	用其他材料代替，用其他方法代替
搬一搬	移作他用
反一反	能否颠倒一下
定一定	定个界限、标准，能提高工作效率

1.3.11 思维导图

思维导图是英国著名心理学家东尼·博赞于 20 世纪 60 年代发明的，又叫心智图，是表达发散型思维的有效图形思维工具。它运用图文并重的技巧，把各级主题的关系用相互隶属与相关的层级图表现出来，把主题关键词与图像、颜色等建立记忆链接，充分运用左右脑的机能，利用记忆、阅读、思维的规律，协助人们放射性思考、发散性拓展思维。思维导图一般绘制成带顺序标号的树状结构图，图 1-9 为针对自行车结构展开的思考。

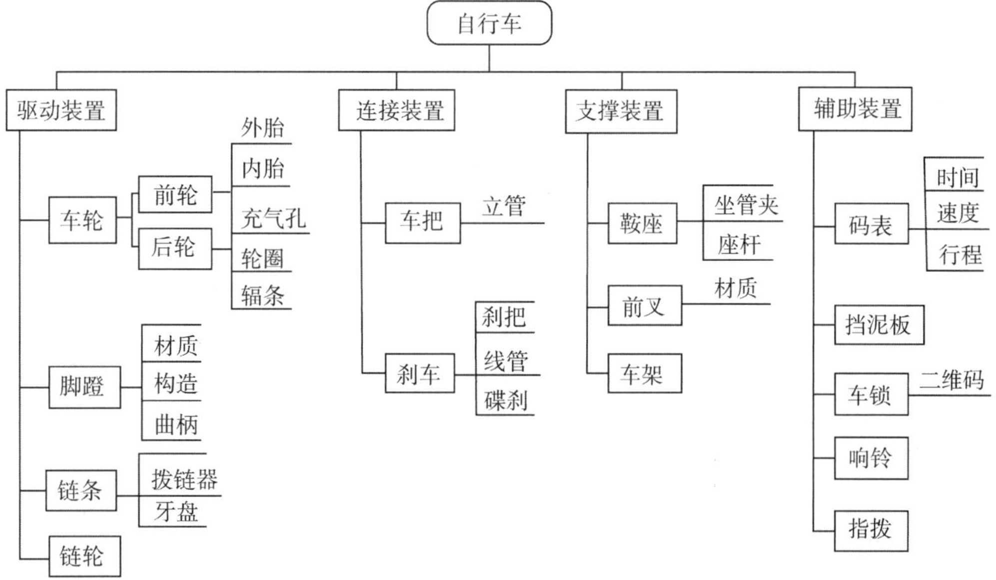

图 1-9　思维导图实例

当绘制思维导图不易找到子主题时，可以借助其他创新方法，如和田十二法，图 1-10 给出了基于和田十二法的思维导图。

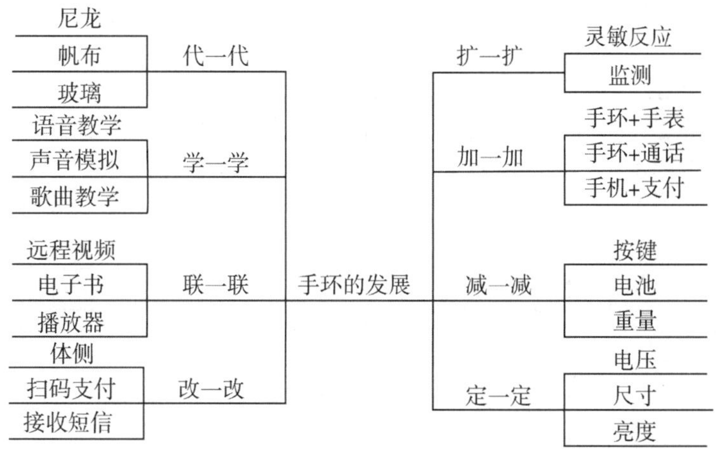

图 1-10　手环基于田十二法的思维导图

1.3.12　质量功能展开方法

质量功能展开(Quality Function Deployment, QFD)是一种立足于在产品开发过程中最大限度地满足顾客需求的系统化、用户驱动式的质量保证与改进方法。

质量功能展开的实施步骤：①确定顾客需求；②产品规范；③产品设计方案确定；④零件规划；⑤零件设计及工艺工程设计；⑥工艺规划；⑦工艺/质量控制。对于如何将顾客需求一步一步地分解和配置到产品开发的各个过程中，需要采用 QFD 瀑布式分解模型，图 1-11 是一个由 4 个质量屋矩阵组成的典型 QFD 瀑布式分解模型。

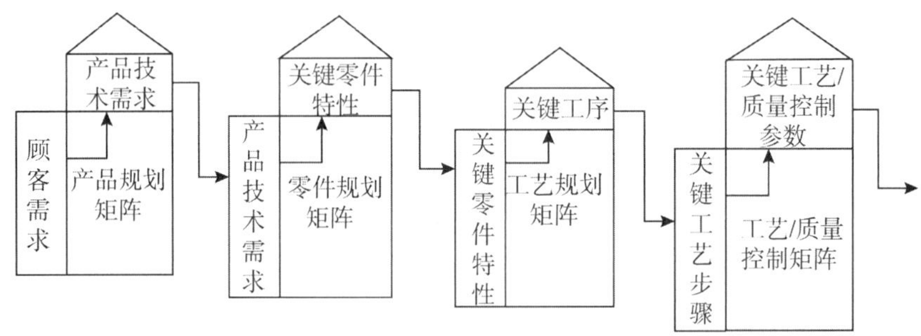

图 1-11　典型的 QFD 瀑布式分解模型

其中质量屋(House of Quality, HoQ)为将顾客需求转换为产品技术需求，以及进一步将产品技术需求转换为关键零件特性、将关键零件特性转换为关键工艺步骤和将关键工艺步骤转换为关键工艺/质量控制参数等 QFD 瀑布式分解提供了一个基本工具。如图 1-12 所示，一个完整的质量屋包括 6 个部分，即顾客需求、技术需求、关系矩阵、竞争分析、屋顶和技术评估。竞争分析和技术评估又都由若干项组成。在实际应用中，视具体要求的不同，质量屋结构可能会略有不同。

屋顶（+、−）　　竞争分析

顾客需求 \ 技术需求	重要度k	产品特性1	产品特性2	产品特性3	产品特性4	…	产品特性n	企业A	企业B	…	本企业U	目标T	改进比例R_t	改进比例S_t	改进比例I_t	改进比例W_{at}	改进比例W_t
顾客需求1		r_{11}	r_{12}	r_{13}	r_{14}	…	r_{1n}										
顾客需求2		r_{21}	r_{22}	r_{23}	r_{24}	…	r_{2n}										
顾客需求3		r_{31}	r_{32}	r_{33}	r_{34}	…	r_{3n}										
顾客需求4		r_{41}	r_{42}	r_{43}	r_{44}	…	r_{4n}										
…		…	…	…	…	…	…										
顾客需求p		r_{p1}	r_{p2}	r_{p3}	r_{p4}	…	r_{pn}										
技术评估：企业A																	
企业B																	
…																	
本企业U																	
技术指标值																	
重要程度T_p																	
相对重要程度T_j																	

关系矩阵

图 1-12　质量屋结构形式示意图

注：1）屋顶格中的“+”、“−”表示各产品特性的相互影响方向，如“+”表示这两个特性相互正向影响；

2）关系矩阵的 r_{11}，r_{12}，……，表示产品特性与用户需求之间的相关系数，通常用 0—9 表征，0 表示没有关系，数值越大，表明产品特性满足用户需求越好。

1.3.13 TRIZ 理论

TRIZ 理论是一类系统的创新方法，在实践应用中可大大加快人们创造发明的进程，而且能得到高质量的创新产品与技术，是由苏联发明家根里奇·阿奇舒勒(G. S. Altshuller)带领研究群体，自 1946 年开始，在分析研究了世界各国 250 万件专利的基础上提出的。20 世纪 80 年代中期前，TRIZ 理论被称为"神奇的点金术"，仅能应用在苏联范围内。此后，随着苏联解体，一批苏联科学家移居欧美等国家，才逐渐把 TRIZ 理论推向世界。

TRIZ 是俄文"Теория Рещеп ияИзобретателъских Задач"的首字母缩写，按照"ISO/R9-1968E"把俄文转换为拉丁字母以后，就成为现在的"TRIZ"。"TRIZ"译成英文为 Theory of Inventive Problem Solving，缩写为"TIPS"，译成中文即"发明问题解决理论"，也称"萃智"。TRIZ 理论包括创新思维方法(包括理想解)、发明原理、冲突矩阵、分离原理、76 个标准解、ARIZ 算法、技术进化法则、科学效应、功能分析、资源分析等，如图 1-13 所示。

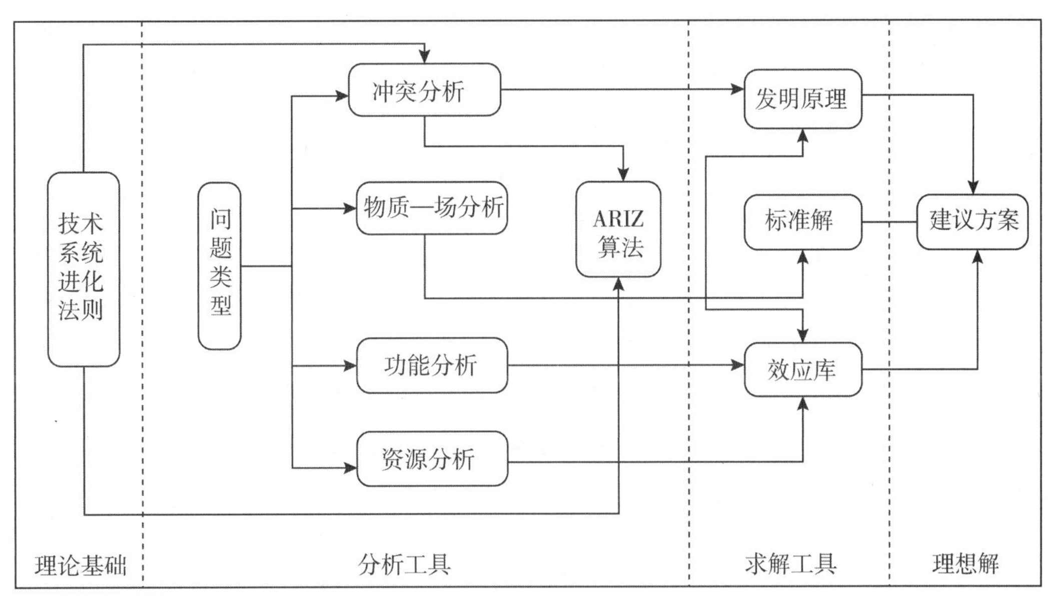

图 1-13 TRIZ 基本内容体系

TRIZ 求解流程为四个阶段：描述问题、分析问题、问题求解、方案评价，如图 1-14 所示。具体方法为：先将实际的创新问题转化为标准问题(问题描述)，再根据这些标准问题，找到标准的解决方案，而后将标准的解决方案和实际问题结合，得到实际问题的解决方案。例如对于技术矛盾问题，先描述矛盾，转化为标准的工程参数；再查找矛盾矩阵，得到推荐的发明原理；而后根据发明原理的启示，与实际问题结合，建立实际问题的解决方案。

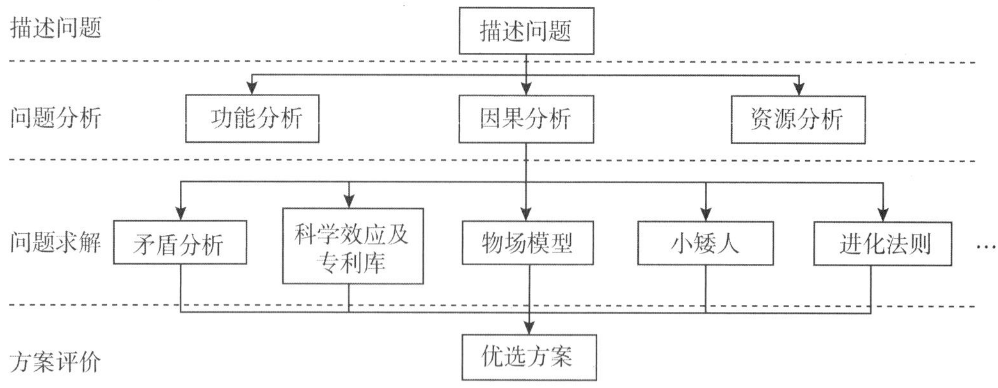

图 1-14　TRIZ 求解流程

1.3.14　可拓创新方法

可拓学是我国蔡文研究员原创的横断学科，是用形式化的模型，探讨事物拓展的可能性以及开拓创新的规律与方法，并用于解决矛盾问题的新学科，包括可拓论、可拓创新方法与可拓工程。可拓创新方法是可拓学中特有的方法，是用于对研究对象进行建模、拓展、变换、评价等，以生成解决各种矛盾问题创意的形式化、定量化方法，包括建模方法、拓展分析方法、共轭分析方法、可拓变换方法、可拓集方法、优度评价方法、可拓创意生成方法等。可拓创新方法通过四个步骤实现产品创新设计：建模、拓展、变换、优选（如图 1-15 所示），其中建模是对物、事、关系建立包括对象、特征、量值的基元模型（如图 1-16 所示）。拓展是根据基元的拓展分析原理对事、物、关系等进行拓展，以获得解决问题的多种可能途径，包括发散树方法、相关网方法、蕴含系方法和分合链方法。变换是根据拓展出的多种可能途径实施置换、增删、扩缩、分解、复制等变换，形成问题的可能解决方案。优选是采用优度评价方法对拟定的方案进行定量评价，为方案选择提供依据。

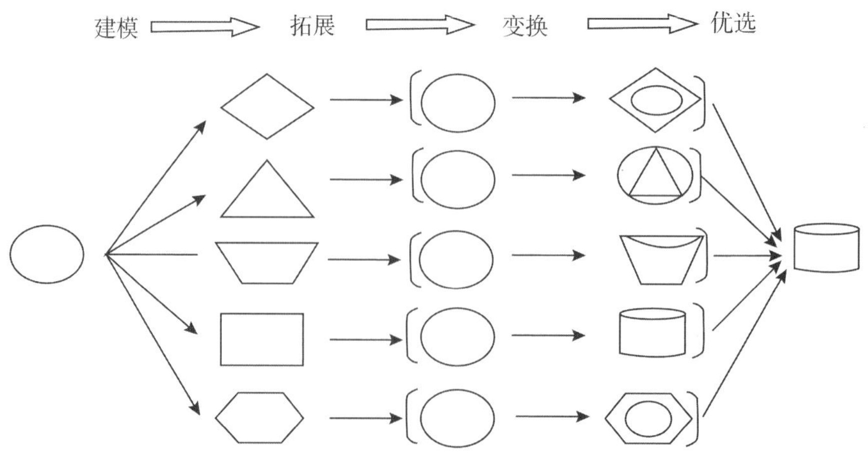

图 1-15　可拓创新方法流程

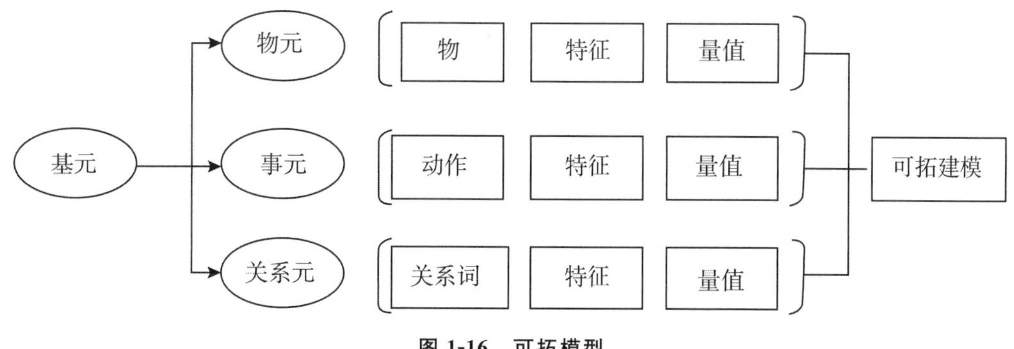

图 1-16　可拓模型

1.3.15　杠杆创新理论(LIT)

杠杆创新理论(LIT)是我国刘彦辰教授创立的创新方法体系,该理论确定象、识、道、法、术、意、器、势与魂为创新的要素,并从杠杆模型中找到各要素的合适位置,这样就构成了一个可以实现创新功能的系统。模型使创新要素(8 加 1)形成一个整体,并直观地说明各创新要素之间的关系。如图 1-17 所示。在系统模型图中,象是指创新目标;识是对创新目标的分析;术为经过"管理"的知识与经验;法是把创新目标关注的各种要素与"术"建立关联的工具;道指"势"对"象"将要达到的境界及实践的理念、技能;势作为实现创新的驱动力及必备条件;器则是将术上升到可操作层面的方案并将方案转化为有价值(效益)的成果。一个成功的创新取决于对"象"的透彻分析及创新者解决实际问题的知识与经验;在创新活动中,运用"术"的技术——"法"就显得尤为关键,因为"法"关系到能否快速找到"象"与"术"的关联;由"术"经过创造性思考"意"而产生"器","器"是科学技术的结合体,也是创新的结果。利用杠杆创新理论获取技术方案的流程如图 1-18 所示。

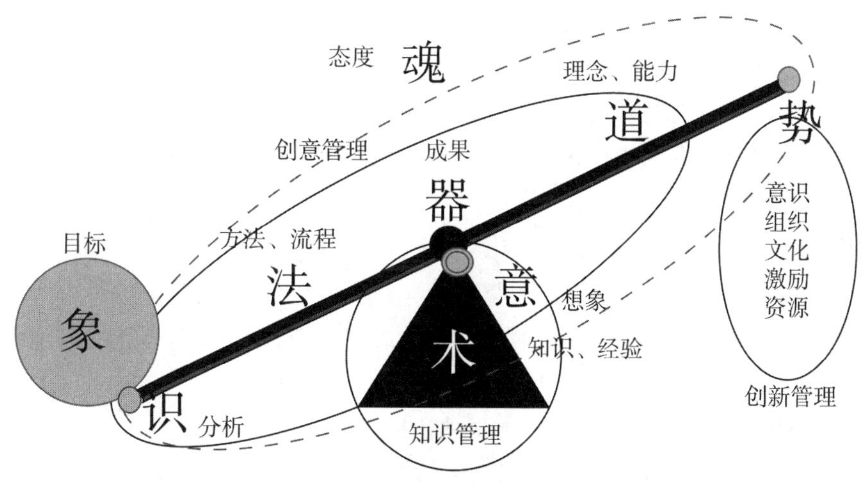

图 1-17　LIT 理论系统模型

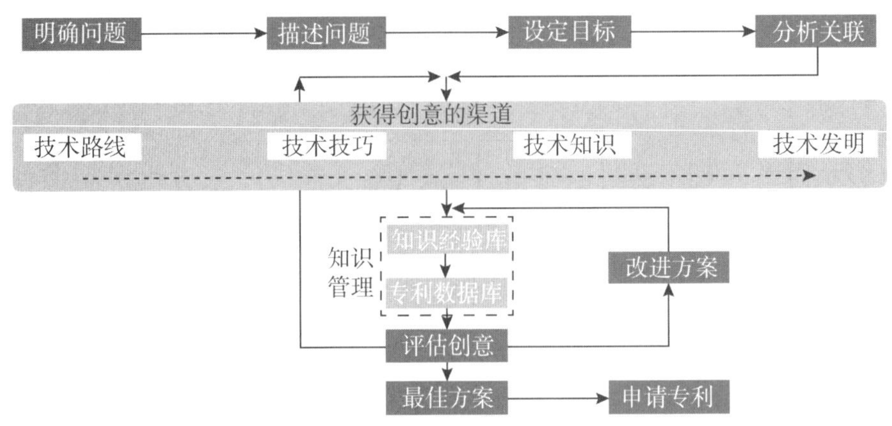

图 1-18　LIT 获取技术方案流程

练一练

1. 简述你对创新与发明两个概念的理解？叙述你对创新方法的认识。

2. 简述创新方法的发展历程；请检索网络的资料，说明创新方法的发展趋势。

3. 请用模仿法，对直尺、三角板、圆规等文具进行改进设计。

4. 请用模仿法，对黑板刷、粉笔、吊扇等教室用具进行改进，简述你的创新方案。

5. 请用创意列举法对书柜、沙发、鞋柜、茶几等家具结构提出改进方案。

6. 应用综摄法对门锁、窗户开闭结构等提出 1～2 种创新方案。

7. 用组合法对厨房用具（如菜刀、饭勺等）进行创新设计。

8. 利用移植法对自行车、车轮、滑板等提出改进思路。

9. 利用逆向转换法给出水杯、课桌、讲台、黑板等物品的创新方案。

10. 试用形态分析法给出石块搬运的装置方案。

11. 利用和田十二法给出桌子、椅子、拖把、梯子等产品的新创意。

12. 运用奥斯本检核表对耳机、镜子、电扇、洗脸盆等进行检核，给出新的创意。

13. 用思维导图分析本课程的内容，或结合奥斯本检核表对一些交通工具进行分析，绘制 1～2 张思维导图。

14. 运用思维导图，拓展手机、保温杯、饮水机等日用品的创意。

15. 和田十二法与形态分析法是否可以融合？请说出融合的思路。

16. 组合方法与移植方法是否可以融合？请给出它们融合的思路。

17. 请检索网络资源，简述 TRIZ 理论的研究现状及发展趋势。

18. 请检索网络资源，简述可拓创新方法的研究现状及发展趋势。

19. 请查阅相关资料，说说可拓学与 TRIZ 相融合研究的进展情况。

20. 请查阅网络资源，就我国的创新方法研究现状进行分析，撰写阅读报告。

第 2 章　我国科技发展历程与 IASE 创新方法

本章目标：

素质目标：熟悉我国科技发展历程与新型创新方法，树立文化自信与刻苦钻研精神。

能力目标：具备文献检索能力、科技探索能力。

知识目标：了解我国科技发展状况，我国不同阶段科技成就；理解 IASE 创新方法等，能应用 IASE 方法分析产品创新流程。

2.1　我国科技发展历程

我国是世界人类文明的发源地之一，是世界上最早使用火、弓箭和制陶技术，最早出现农牧业、观察天文、开创医药的地区之一。我国的科学技术在很长的一段历史时期都居于世界领先地位，浩若烟海的科学技术成就，为世界文明的发展做出了突出的贡献，成就最大的是农学、天文学、数学和中医学，诞生了诸如“四大发明”等影响世界文明进程的众多科技成果。

2.1.1　科技萌芽

萌芽时期包括旧石器时代和新石器时代，制作工具是当时科技的重要工作，如弓箭、石器、陶器等。图 2-1 是山西朔县峙峪遗址出土的 28900 多年前的石镞。图 2-2 是浙江跨湖桥遗址出土的漆弓。图 2-3 为青海省柳湾遗址出土的石刃骨刀，这是一种石头刀刃与骨头手柄的组合工具，说明我国古代人民很早就掌握了组合的创新方法。

图 2-1　石镞

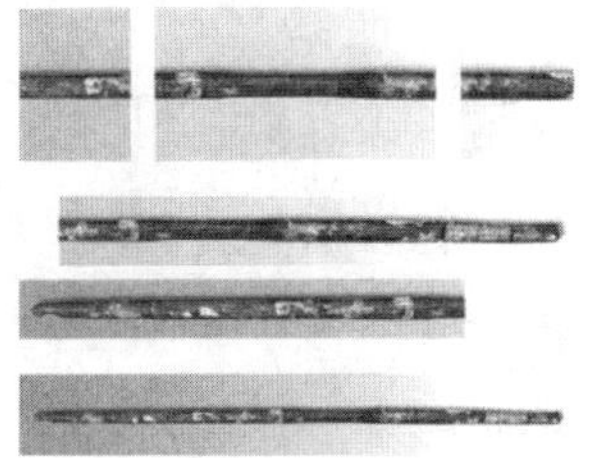

图 2-2　漆弓

图 2-3　石刃骨刀

2.1.2 夏商周、春秋战国时期

夏商周时期奠定了中国科学技术的雏形。中国进入了青铜时代，图 2-4 为各种青铜器。青铜器的铸造冶炼技术非常高超，并且开始烧制瓷器。

我国古代科学技术体系基本全面奠定于春秋战国时期。这时我国广泛使用铁器，还出现了炼钢技术和铸铁柔化技术；兴建大规模的水利工程，比如都江堰、郑国渠等；数学上确立了十进位制；天文学上出现了世界上最早的星表之一，并且测定了比较精确的回归年长度；医学上发明了“望、闻、问、切”的中医医术；利用磁石特性制成“司南”（图 2-5）。

图 2-4　青铜器

图 2-5　司南

2.1.3 秦汉时期

秦汉时期，我国古代的科学技术体系趋于成熟。发明造纸术，修建万里长城（图 2-6），发明地动仪（图 2-7），而船舶制造、漆器工艺、纺织、冶铁达到了高超的水平，铁犁、耧车、水排广泛应用（图 2-8）；《九章算术》《伤寒杂病论》更是我国在数学、医学上的创举。

图 2-6　秦长城遗址

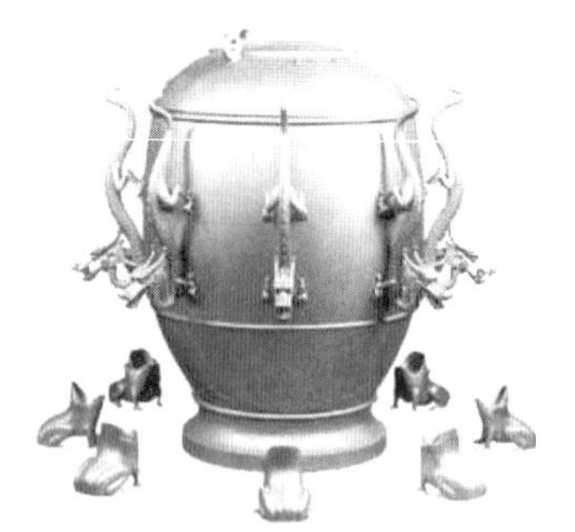

图 2-7　地动仪

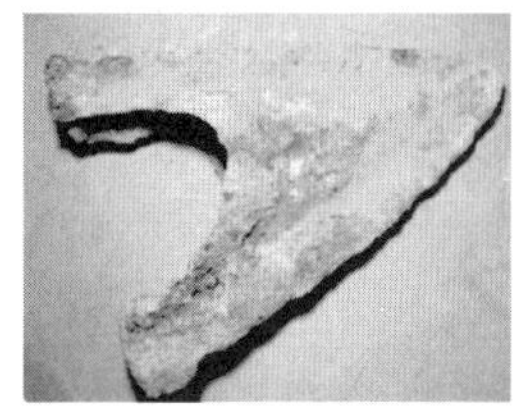

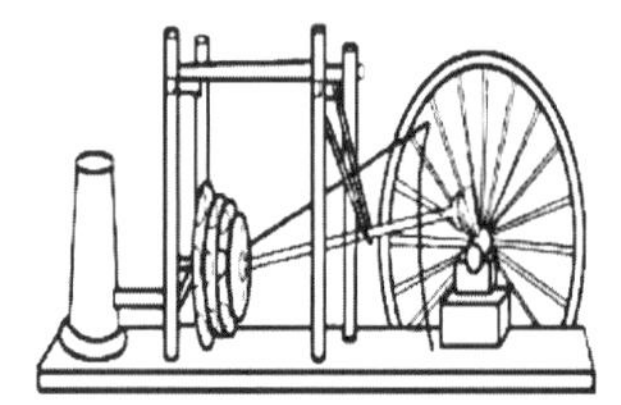

图 2-8　铁犁、耧车、水排

2.1.4 两晋南北朝、隋唐时期

两晋南北朝时期在众多领域都取得了非常高的成就，比如郦道元的地理学著作《水经注》，贾思勰的农业著作《齐民要术》，中医著作有王叔和的《脉经》、皇甫谧的《针灸甲乙经》、陶弘景的《神农本草经集注》。此外，炼丹术对原始化学产生了重要影响；如织绫机（图 2-9）、指南车（图 2-10）、龙骨水车（图 2-11）等机器的出现，则代表了中国古代机械制造的水平。

隋唐时期修建了赵州桥（图 2-12），发明了雕版印刷术，测量了子午线，并且开始研究恒星的运动。

图 2-9 织绫机

图 2-10 指南车

图 2-11 龙骨水车

图 2-12 赵州桥

2.1.5 宋元时期

宋元时期是中国古代科技走向辉煌的时期。宋朝时活字印刷术、火药、指南针技术达到巅峰，对战争、文明的传播、航海等产生了重要的影响，出现了一批火药武器，比如突火枪、火箭、火炮、火铳（图 2-13）等。在天文领域，郭守敬的《授时历》将一年分为 365.2425 日，废除了我国的传统上元积年法，这种近世截元法比西方早 300 多年。同时在地理、数学、建筑、医学等领域也取得了非常大的成就。

图 2-13　突火枪、火箭、火炮、火铳

2.1.6　明清时期

明清时期一些科学家总结了各行各业取得的巨大成就，涌现了许多名家巨作。比如，李时珍的《本草纲目》(图 2-14)，宋应星的《天工开物》(图 2-15)，徐光启的《农政全书》(图 2-16)，徐霞客的《徐霞客游记》等，这些作品代表了医学、农业、手工业、地理领域的成就。故宫(图 2-17)则成为世界上现存规模最大、保存最完整的木质结构建筑。

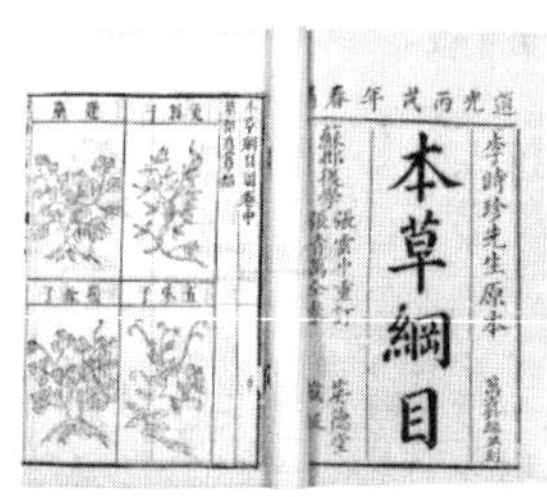

图 2-14　本草纲目

图 2-15　天工开物

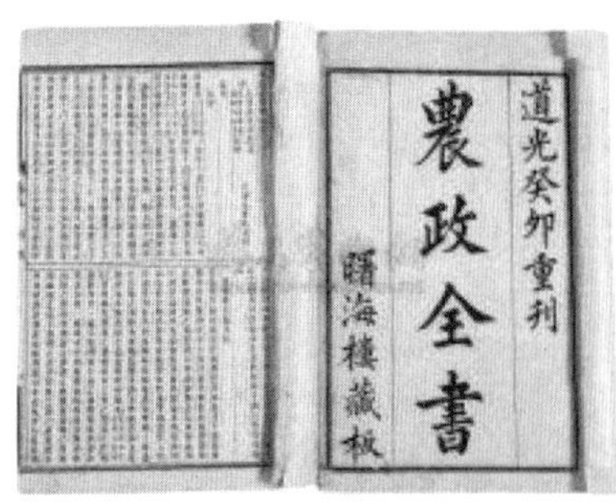

图 2-16　农政全书

图 2-17　故宫博物院

2.1.7 近代科技

鸦片战争以后，西方科学大量传入中国，从洋务运动、戊戌变法一直到辛亥革命，中国竭力地吸收西方科学成果。

民国时期的枪械制造术、造船术、蒸汽技术、飞机技术都是海外留学归国学子在国内进行的技术尝试。

2.1.8 现代科技

20 世纪 50 年代后，中国开始了科学技术的自主研发，在国防、交通、航天航空、深海探测、生物工程等领域取得了非常大的成就。

1964 年第一枚原子弹爆炸成功，1967 年第一枚氢弹爆炸成功，2004 年中国空军换装歼-10 战机(图 2-18)，2019 年航母“山东舰”(图 2-19)交付海军，这一系列自主研发的军事科技产品，加强了我国的领土守卫能力，也提高了我国的国际地位。

图 2-18 歼-10 战机

图 2-19 “山东舰”

在航天航空领域，1970 年“东方红一号”[图 2-20(a)]发射成功，2003 年“神舟五号”[图 2-20(b)]载人飞船发射成功，2007“嫦娥一号”[图 2-20(c)]探测器发射成功，2020 年“天问一号”[图 2-20(d)]发射成功并已在火星着陆开展探索工作，预计 2022 前后完成太空站的建造等。这些成就使我国的航天航空技术走到了世界的前列。

(a)“东方红一号”

(b)“神舟五号”

(c)“嫦娥一号”

(d)“天问一号”

图 2-20 我国航天航空领域成就

在医学上，1965 年合成结晶牛胰岛素；20 世纪 70 年代，屠呦呦提取了青蒿素，可以有效降低疟疾患者的死亡率，获得了诺贝尔奖。在生物工程方面，2002 年完成人类基因组合作计划中基因的测序工作。

在超级计算机技术领域，研发了银河系列、天河系列、曙光系列、神威系列(图 2-21)等超级计算机。

图 2-21 超级计算机

在交通领域，高铁铁路运营里程位居世界第一，并且自主研发生产了“复兴号”(图 2-22)。桥梁、公路的建设也取得了辉煌的成绩，2021 年全国通车公路里程达到 520 万公里，港珠澳大桥成为全球最长的跨海大桥(图 2-23)。

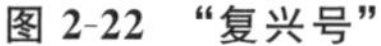

图 2-22 “复兴号”

图 2-23 港珠澳大桥

在其他领域，中国也取得了辉煌的成绩，比如深海探测器“蛟龙”(图 2-24)，南极科考站“长城站”(图 2-25)，天文望远镜“天眼”(图 2-26)，核电技术“国和一号”(图 2-27)，以及深入生活的网络支付技术、共享自行车等，都是我国科学工作者前赴后继、不断创新的成果。

图 2-24 “蛟龙号”

图 2-25 科考站“长城站”

图 2-26 “天眼”

图 2-27 “国和一号”

2.1.9 我国科技发展中的创新启示

我国科技发展史其实就是一部创新史，科技离不开创新方法，从最先的观察法、试错法，到现在成系统的创新方法的应用，其中常用的创新方法，如模仿法、创意列举法、综摄法、组合法、移植法、逆向转换法等应用最广。例如锯的发明就是综摄法中的仿生类比得到，石刃骨刀、天河系列超算等是组合法的应用，印刷术的发明体现了逆向转换法、分割原理，算筹（中国古代的计算工具）体现了分割、抽取等发明原理，等等。

同时也看到，科技发展促进了创新方法的发展，有很多创新方法是从科技发展过程提炼出来的，随着创新方法体系的形成，创新方法（或创新工具）对科技发展将起助推作用，即加速技术应用与不断完善。

2.2 创新问题求解思路

纵观现有的成体系的创新方法，创新问题求解均经历了问题识别、问题分析、问题求解、方案评价等几个阶段（当然有的方法是将问题分析与问题求解合为一个阶段），因而本书针对创新问题，也采用四步走的求解思路，如图 2-28 所示。

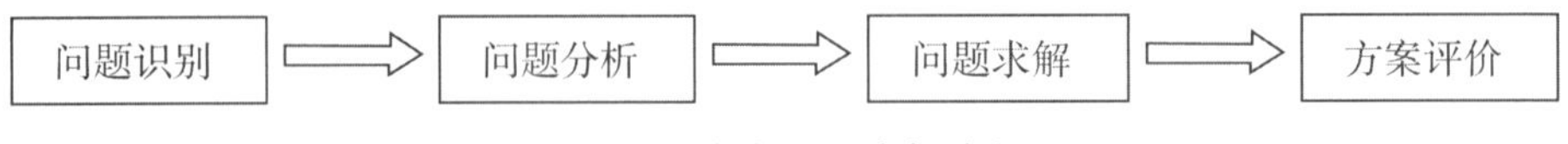

图 2-28　创新问题求解流程

对于创新问题求解，多数人的习惯是直接去寻找解决方案，这样对简单问题可能有效，对于复杂问题，可能会导致求解困难，即使找到一些解决方案，也会错过一些更好的方案。因此在创新问题求解时，要非常重视问题识别与问题分析阶段。

在问题分析阶段，要重视功能导向搜索工具，通过功能导向搜索寻找和借鉴其他领域成功解决方案，快速、简便地获得问题的解决方案或规避本领域现有的解决方案，有时还会避免重复劳动。

2.3 IASE 创新方法

随着创新方法研究不断深入，集成创新方法是目前创新方法研究的热点之一。本书融合 TRIZ 理论与可拓创新方法，提出集成的创新工具集——IASE 创新方法。

IASE 创新方法是 Identification、Analysis、Solve 和 Evaluation 四个英文单词的缩写。IASE 创新方法将问题解决过程归纳为问题识别、问题分析、问题求解及方案评价四个阶段，着重解决每个阶段创新工具的选择与应用问题。

1. IASE 创新方法求解流程

如图 2-29 所示，IASE 创新发明流程与前面总结的创新问题求解流程类似，主要增加了工具选择的策略。

创新发明问题：是技术系统的实际状况与应有的要求标准（或用户理想要求）之间的差异。

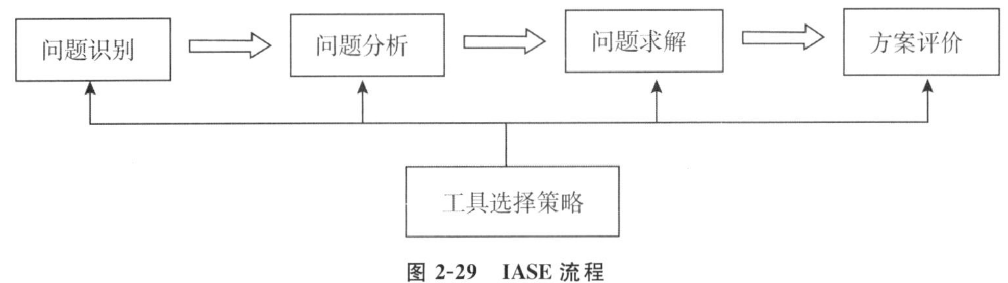

图 2-29　IASE 流程

问题识别：将自然语言描述的问题进行规范化、形式化描述，并识别其中的核心问题。这里需要对初始化问题进行转换，找到深层次问题，即核心问题。

问题分析：对核心问题进行搜索或分析，寻求拓展的方向，为求解奠定基础。

问题求解：在前面拓展的各个方向上，通过置换、增删变换等求解方法，建立解决问题的方案。

方案评价：对求解得到的多种方案进行评价优选。

选择策略：根据创新工具的难度（或自身经验，或问题类型）进行选择，难度的定量描述采用创新工具难度模型。

2. 创新工具难度描述模型

借鉴定量评价课程难度的模型，可以对创新工具难度进行定量的描述，建立了创新工具难度模型，表述为创新工具的广度与深度的函数，即

$$N=\alpha S+(1-\alpha)\cdot G \tag{2-1}$$

其中，G 代表该创新工具的广度；S 代表该工具的深度；α 指加权系数，取值范围为 $0<\alpha<1$，反映了创新工具对于广度和深度的侧重程度。广度 G 可以由工具所包含的知识点的总个数确定。深度 S 通过 3 个因素进行综合评价，包括记忆、理解和应用。这样一来，式(2-1)就可以表达为以下式子：

$$N=\alpha\cdot\sum_{i=1}^{3}K_i\cdot S_i+(1-\alpha)\cdot G \tag{2-2}$$

其中，S_i 代表深度评价的三个因素，K_i 则代表各个因素的权值。对问题求解流程的每个阶段，根据上述难度模型分别对可拓学和 TRIZ 的创新工具进行定量评价，对比各工具的难度值，就可以决定在该求解阶段应该优先使用哪一个工具。N 值越小，代表该创新工具的使用难度越低，则使用优先级越高。

3. IASE 求解工具库

针对 IASE 求解流程的四个阶段，IASE 求解工具库分别提供了多种工具。在问题识别阶段，有四种工具可供使用，分别是可拓建模、功能分析、因果分析和物场模型；在问题分析阶段，有八种工具可供使用，分别是拓展分析、矛盾分析与标准参数、功能导向搜索、How to 模型、多屏幕法、STC 算子法、最终理想解和资源分析；在问题求解阶段，有八种工具可供选择，分别是可拓变换、矛盾矩阵和发明原理、分离原理、一般解与标准解、科学效应库、技术进化法则、金鱼法和小矮人法；在问题评价阶段，有三种工具可供使用，分别是理想度方法、优度评价方法、理想优度评价方法。IASE 求解工具库体系如表 2-1 所示。

表 2-1　IASE 求解工具库

问题识别	问题分析	问题求解	方案评价
可拓建模	拓展分析	可拓变换	理想度方法
功能分析	矛盾分析与标准参数	矛盾矩阵和发明原理	优度评价方法

续表

问题识别	问题分析	问题求解	方案评价
因果分析	功能导向搜索	分离原理	理想优度评价方法
物场分析	How to 模型	一般解与标准解	
	多屏幕法	科学效应库	
	STC 算子法	技术进化法则	
	最终理想解	金鱼法	
	资源分析	小矮人法	

4. IASE 创新策略

根据各创新工具难度的调研数据，建立 IASE 求解网络，即创新问题求解过程中利用创新工具的策略网络，如图 2-30 所示。一般情况下，在每个求解阶段，按难度系数从易到难的顺序选择创新工具。但也不必严格遵守此顺序，可根据自己熟悉的情况选择合适的创新工具进行创新问题求解。

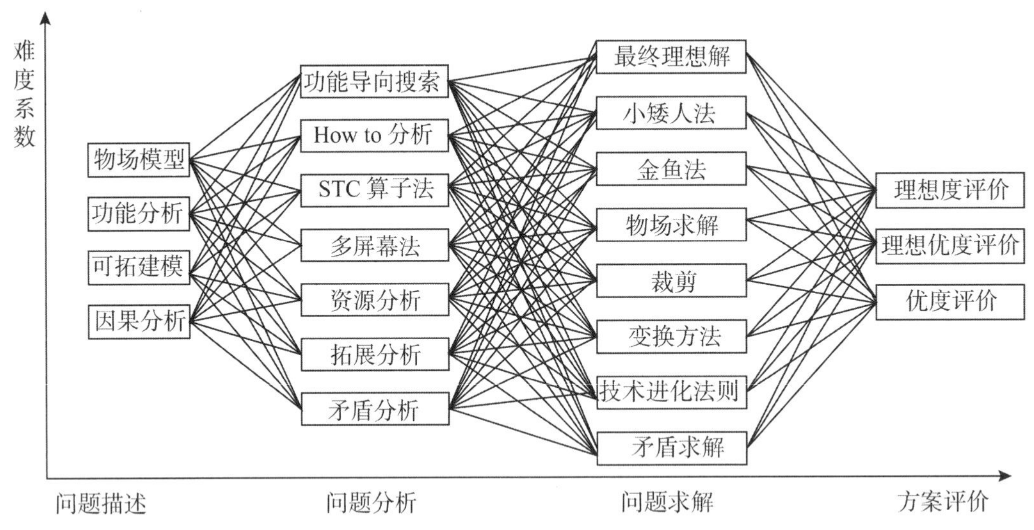

图 2-30　IASE 方法求解网络

5. 产品创新发明流程

产品(或技术)创新设计历史悠久，传统的产品创新研发主要经过根据需求提出问题、寻求解决方案、大量实验验证、准备生产、申请专利，如图 2-31 所示。这个创新发明流程存在一个问题：往往在申请专利时，发现前面辛辛苦苦验证好的方案已经有专利了。

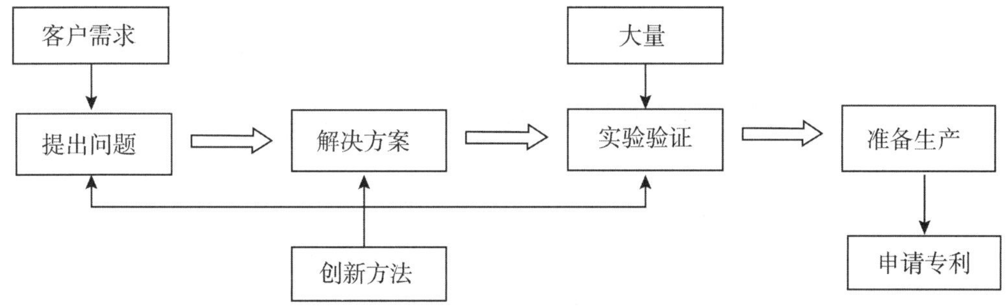

图 2-31 传统产品创新发明流程

针对传统产品创新研发流程的不足，在提出问题之后，先进行功能导向搜索，寻求现有的解决方案或其他领域的参考解决方案，而后建立本问题的解决方案，因为技术方案相对成熟，只需少量的实验验证，就可以准备生产了，这样可以大幅缩短研发时间和成本。如图 2-32 所示。

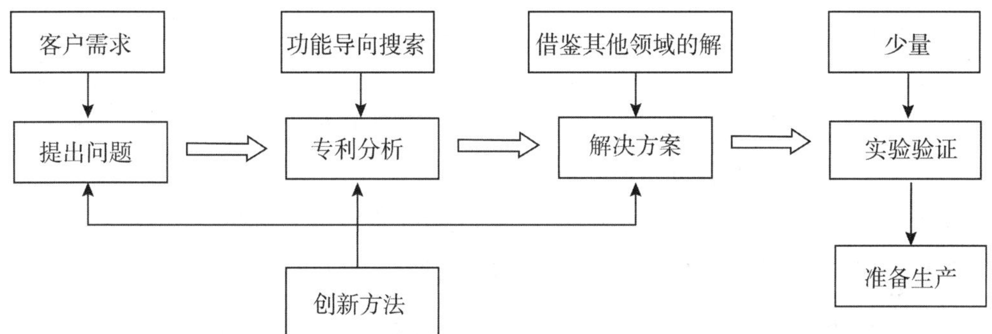

图 2-32 基于 IASE 的产品创新发明流程

练一练

1. 列举你曾看到的古代发明及其工作原理，并说说这些发明对你的启示？

2. 列举你曾看到的创新产品，并分析其用了什么创新方法（前面提到的创新方法）？

3. 简述传统产品创新的特点有哪些？

4. 试结合自己的专业，分析该专业的发展历史，及其应用到的创新方法。

5. 请针对一个具体的产品（如钟表、飞机、轮船、手机等），通过搜索资料，查找相关文献，写出其发展过程，并说明各个发展阶段使用了什么创新方法？

6. 简述创新问题求解的思路及其对你的启示？

7. 简述 IASE 方法的创新流程，试着翻看后面章节的内容，按第一印象写成您认为的各个创新工具的难度。

8. 学习本章后，您认为设计一个新产品，哪个环节最重要？

第3章　问题识别

本章目标

素质目标：培养探求问题本质的科学探索精神。

能力目标：具备对创新问题进行识别，找到核心问题的能力。

知识目标：理解可拓建模、功能分析、因果分析、物场模型等识别问题的方法，并能应用这些方法识别创新中的核心问题。

3.1　概　述

针对创新与发明问题，需要进行问题识别，即先用规范化、形式化描述来描述问题，并识别其中的核心问题，即找到初始问题中隐含的深层的、潜在的问题，输出一系列的关键问题。

创新与发明问题有不同的类型，按照创新的方向分，有功能实现问题，矛盾问题，如何做的问题以及思维拓展和资源利用的问题。

怎么找出这些问题，就依赖于问题识别工具。问题识别的工具有：可拓建模、功能分析、因果分析和物场模型。当然这些工具不仅仅识别问题，也是问题分析的工具。

3.2　可拓建模

可拓建模是一种重要的问题识别工具，创新与发明问题可以用可拓模型来描述。可拓模型是以形式化、模型化描述物、事和关系，这种形式化描述称为基本元，包含物元、事元和关系元等，简称为基元，并可由它们构成形式化表示复杂事物的复合元。通过基元模型可进一步导出创新发明的核心问题。基元模型将问题描述变得标准化、精细化、数量化和计算机化。

基元有三要素：对象、特征、量值。对象是创新发明问题的研究对象，如产品（物）、功能（事）、结构（关系）；特征是某对象区别于其他对象的特点；量值是对象关于某特征的数量、程度或范围等，可以是数量量值，如宽度特征对应的量值为“50mm”，也可以是非数量量值，如经济特性特征对应的量值为“好”。

基元的描述方式有两种：矩阵表达式和表格形式，本书主要是采用表格形式。基元也有维数之分，给出一个特征的是一维基元，给出多个特征的是多维基元。

有些基元是随某个参数（如时间、位置）改变，其某些特征对应的量值也发生改变，这类基元称为动态基元，相应的有动态物元、动态事元、动态关系元。

还有一些基元表示一类物、事或关系，称为类基元，对应的有类物元、类事元、类关系元。

3.2.1 物　元

物元是描述客观世界中物的基本元，能对创新发明中的产品、零件等物的模型化表示。物元是一个包括物、特征和量值的有序三元组。特征是物特性的抽象结果，如产品的几何特性（长、宽、高等）、物理特性（质量、密度、比热容等）、功能特性（传输能力、紧固程度等）、经济特性、环境特性等。量值是物关于某一特征的数量、程度或范围。如表 3-1 给出了手机 D 的物元表格描述，也可用矩阵描述，如式（3-1）对齿轮 D_1 的描述。

表 3-1　物元描述

物	特征	量值
手机 D	长度	350mm
	截面形状	方形
	外壳材料	ABS
	…	…

$$M_1=\begin{bmatrix} \text{齿轮 } D_1, & \text{直径}, & 60\text{mm} \\ & \text{宽度}, & 18\text{mm} \\ & \text{模数}, & 2\text{mm} \\ & \cdots, & \cdots \end{bmatrix} \tag{3-1}$$

表 3-1 和式（3-1）给出的是多维物元，列出了物的多个特征。表 3-2 与式（3-2）给出的是一维物元，仅列出物的一个特征。

表 3-2　一维物元

物	特征	量值
书本 D	长度	280mm

$$M_1=[\text{木棍 } D_1, \text{长度}, 88\text{mm}] \tag{3-2}$$

如果物元的物与量值随时间或位置等参数变化而发生变化，这种物元称为动态物元，如直径随温度变化的钢轴，描述如表 3-3 所示。

表 3-3　动态物元

物	特征	量值
钢轴（T＝20℃）	直径	20mm
钢轴（T＝80℃）	直径	20.12mm
钢轴（T＝120℃）	直径	20.2mm
	…	…

表示一类物的物元，称为类物元，如表 3-4 所示的滚动轴承类。

表 3-4 轴承类物元

物	特征	量值
{滚动轴承}	内径	＜20—100＞mm
	宽度	＜12—65＞mm
	类型	{深沟球,圆锥滚子,…}

注意事项:

(1)一些物由多个部件组成,在建立物元时,首先写出该物整体的特征和量值构成的物元,之后把物分解为部件,写出各部件物元。

例如排插(插线板)由上盒体、下盒体、铜片、导线及指示灯、开关、保险管组成,在对排插进行创新时,除了要用物元表示排插整体外,还可根据需要将各个部件或零件用物元表示,这样便于后续的拓展与变换。

(2)将物元中的特征与量值抽取出来,组成特征元,这样便于理解物的特征,如表 3-5 所示。

表 3-5 特征元

特征	量值
内径	20mm
长度	47mm
材料	45 钢

(3)量值域是指某物关于某特征的量值在一个范围内,如书本的宽度取值范围为＜140, 210＞mm。

3.2.2 事 元

物与物的相互作用称为事,事用事元来形式化描述。在产品创新中,事元是对产品的功能和用户的需要的模型化表示。

事元是由动词、特征、量值组成的有序三元组。事元的特征是相对稳定的,如施动对象(可理解为主语)、支配对象(可理解为宾语)、接受对象(可理解为宾语的定语)、时间、地点、程度、方式、工具等。例如,“在桌板上钻孔”这件事的事元表示为表 3-6 所示的形式。

表 3-6 事元描述

动词	特征	量值
钻	接受对象	桌板 D
	支配对象	孔 E
	…	…

事元能够形式化描述做什么、谁做、为谁做、什么时间做、什么地点做、做的程度、做的

方式、使用的工具等。例如,"师傅甲于 2020 年 1 月 2 日在车间里使用数控车床为锤子车削了一个手柄",这件事可以用事元表示为表 3-7 所示的形式。

表 3-7 事元实例

动词	特征	量值
车削	施动对象	师傅甲
	支配对象	手柄
	接受对象	锤子
	时间	2020.01.02
	地点	车间
	使用的工具	数控车床

由于产品的功能、用户的需要和企业的目标都是事件,故都可用事元形式化描述。如"玻璃桌的桌角需要一个橡胶防撞块进行防破碎保护",这个"保护"可表示为表 3-8 所示的事元。

表 3-8 保护事元

动词	特征	量值
保护	施动对象	橡胶防撞块 E
	支配对象	桌角

产品或零部件功能相关的动词有:滑动、拧动、安装、提高、提供、加工、压入、形成、啮合、组合、并联、串联、倒置、转动、推动、拟合、计算、平衡、调节、冲击、施加、传动、分析、设计、设定、确定、评价等。还可用后面功能分析(3.3.2)中的常用功能动词。

类似于物元,也有动态事元和类事元,如表 3-9 的动态车削事元、表 3-10 的类事元。

表 3-9 动态事元

动词	特征	量值
车削(t)	施动对象	工人(t)
	支配对象	螺纹(t)
	接受对象	螺栓(t)
	地点	车间

表 3-10 类事元

动词	特征	量值
{设计}	施动对象	{设计师 A,设计师 B,…}
	支配对象	{门,沙发,衣柜,…}

3.2.3 关系元

世间的任何物、事、人、信息等与其他的物、事、人、信息等有千丝万缕的关系,而这些关系之间也是相互联系、相互作用、相互影响的。因此，描述物元、事元与其他物元、事元之间的关系也多种多样。把描述这种关系的基本元称为关系元。在创新与发明中，关系元是产品或部件的结构关系的模型化表达。

关系元是由关系词、特征、量值组成的有序三元组。要注意关系元的特征也是相对稳定的，常用的有：前项、后项、程度、方式等。例如盖子与瓶体的上下关系，描述如表 3-11 所示的形式。

表 3-11　关系元描述

关系词	特征	量值
上下关系	前项	盖子
	后项	瓶体
	…	…

创新与发明中常用的关系词有：转动连接关系、滑动连接关系、点接触关系、线接触关系、面接触关系、旋入关系、嵌入关系、铆接关系等。

关系程度的变化表达关系的建立、加深、中断、恶化等，它可以是正值、零或负值。不同的事、物的影响也使关系产生变化，这些变化表现为关系程度的改变，描述这种变化的关系元称为动态关系元，如表 3-12 所示。同样还有类关系元。

表 3-12　动态关系元描述

关系词	特征	量值
点接触关系(t)	前项	推杆
	后项	凸轮
	接触点位置	Y(t)

在创新发明过程中，有时改变关系词或者改变关系元中任意一个特征的量值，可能产生一个新产品。如把“上下关系”改为“下上关系”，把“嵌入”改为“旋入”等都可产生新产品。

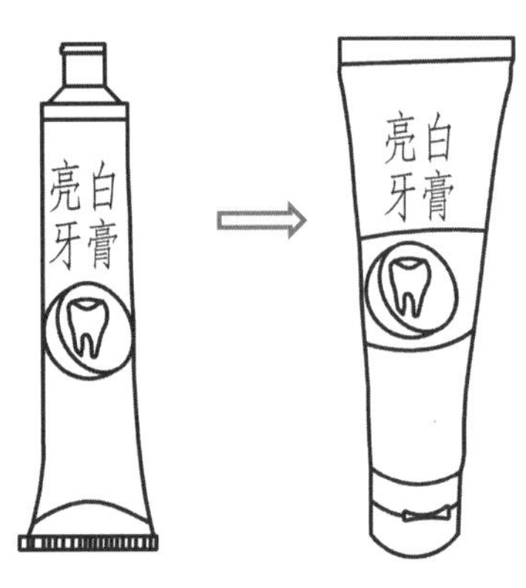

图 3-1　盖与瓶身关系改变

3.2.4 复杂事物的模型化表示

1. 复合元

现实世界中的问题往往是非常复杂的，是事、物、关系组合或复合的结果。因此，描述这些现象，需要使用物元、事元和关系元复合的形式来表达，统称为复合元。研究复合元的构成、运算和变换就是研究复杂问题的基础。

复合元可以有多种形式，例如物元和事元复合而成的复合元、物元和关系元复合而成的复合元等。

例如，可以用物元和事元复合而成的复合元表示“在车间里用数控车床车削一段直径为 20mm 的长轴”，如表 3-13 所示。

表 3-13 复合元

动词	特征	量值
车削	支配对象	（长轴，直径，20mm）
	工具	数控车床
	地点	车间

2. 基元的逻辑运算

描述复杂物、事和关系，除了应用物元、事元、关系元和复合元，还常常需要用到基元与基元之间、复合元与复合元之间的一些运算。复合元的运算较复杂，这里简单介绍基元常用的逻辑运算，深一步的了解请参考可拓学的著作。

（1）基元的与运算：给定基元 $B_1=(O_1,c_1,v_1)$，$B_2=(O_2,c_2,v_2)$，B_1 和 B_2 的“与运算”是指既取 B_1，又取 B_2，记作

$$B=B_1 \wedge B_2=(O_1 \wedge O_2, c_1 \wedge c_2, v_1 \wedge v_2) \tag{3-3}$$

（2）基元的或运算：给定基元 $B_1=(O_1,c_1,v_1)$，$B_2=(O_2,c_2,v_2)$，B_1 和 B_2 的“或运算”是指至少取 B_1 和 B_2 中的一个，记作

$$B=B_1 \vee B_2=(O_1 \vee O_2, c_1 \vee c_2, v_1 \vee v_2) \tag{3-4}$$

例如，M_1＝（螺丝刀 D_1，类型，一字），M_2＝（螺丝刀 D_2，类型，十字），则

$M_1 \wedge M_2$＝（螺丝刀 D_1 ∧ 螺丝刀 D_2，类型，一字 ∧ 十字） (3-5)

表示同时取物元 M_1 和 M_2，表明新的螺丝刀既能拧一字的螺钉，也能拧十字的螺钉。而

$M_1 \vee M_2$＝（螺丝刀 D_1 ∨ 螺丝刀 D_2，类型，一字 ∨ 十字） (3-6)

表示至少取物元 M_1 和 M_2 中的一个，表明新的螺丝刀或能拧一字的螺钉，或能拧十字的螺钉，或两种螺钉都能拧。

（3）基元的非运算：对基元 $B=(O,c,v)$ 的非运算，包括“对象的非”和“量值的非”，分

别记作

$$\bar{B}_O=(\bar{O},c,v),\bar{B}_v=(O,c,\bar{v}) \tag{3-7}$$

例如，设

$$M=\begin{bmatrix} \text{椅子 } D, & \text{宽度}, & 60\text{mm} \\ & \text{高度}, & 42\text{mm} \end{bmatrix} \tag{3-8}$$

则

$$M=\begin{bmatrix} \overline{\text{椅子 } D}, & \text{宽度}, & 60\text{mm} \\ & \text{高度}, & 42\text{mm} \end{bmatrix} \tag{3-9}$$

表示除了椅子 D 之外所有宽度为 60mm、高度为 42mm 的椅子。而

$$M=\begin{bmatrix} \text{椅子 } D, & \text{宽度}, & \overline{60\text{mm}} \\ & \text{高度}, & \overline{42\text{mm}} \end{bmatrix} \tag{3-10}$$

表示宽度非 60mm、高度非 42mm 的椅子 D。

3.2.5 核心问题确定

如前所述，创新与发明的核心问题分为三类：矛盾问题，功能实现问题，如何做的问题，针对这些问题，如何建立可拓模型？下面介绍这三类问题的可拓模型。

1. 矛盾问题

可拓学中的矛盾一般是目标和条件之间的矛盾，即不相容问题，也存在目标间的矛盾，即对立问题。

分析创新问题的目标是什么，目标用事元来描述，如客户需要一种颜色能够改变的水杯，这个目标就是：(改变，支配对象，颜色)。创新问题有时有多个目标。

之后寻求创新问题的条件，即现有的资源或环境条件，用物元或关系元来描述，例如现有的杯子中的杯身、盖子、手柄等组成的物元。

通过分析创新问题，如果是目标与条件的矛盾，则是不相容问题，这时建立目标事元与条件物元(或关系元)的与运算模型，如式(3-11)。如果是目标间的矛盾，则是对立问题，这时需要建立目标事元间的与运算模型，如式(3-12)。

$$P=G*L \tag{3-11}$$

$$P=(G_1 \wedge G_2)*L \tag{3-12}$$

例如，要设计随温度变化而变色的杯子，就会出现变色目标与现有杯身材料不能变色的矛盾，描述为：

$P=$(改变，支配对象，颜色)$*$(杯身，颜色性质，固定)。

2. 功能实现问题

对于功能实现问题，可以建立该功能相关的事元，把不能实现特征(如程度)或量值

（如不足或有害）表述清楚，为后续的拓展、变换提供依据。例如现有的闹钟不能显示温湿度，就可以考虑增加该功能。

3. 如何做的问题

对于如何做的问题，可以建立事元模型，列出工具或方式特征，后续对工具或方式特征的量值进行拓展、变换求解。例如想去除水中的悬浮物，重点思考如何去除液体中异物的问题。

3.3 功能分析

3.3.1 功能的概念

1. 功能分析中涉及的技术系统概念

(1)技术系统是由相互联系的组件与组件之间的相互作用以及子系统所组成，以实现某种(些)功能作用的组件与子系统的集合。例如，自行车是一个技术系统，则车身、车轮、转向系统、制动系统、飞轮、挡泥板等是构成这一技术系统的子系统和系统组件；

(2)组件是组成技术系统或者超系统的一部分，是由物质或者场组成的一个物体，如车身是自行车系统的一个组件；

(3)超系统是以技术系统为组件的系统，或者不属于系统本身但是与系统及其组件有一定相关性的系统。例如，自行车需要道路支撑，需要使用者操作，这时道路、使用者就是自行车的超系统。

2. 功能的概念

19 世纪 40 年代，美国通用电气的工程师迈尔斯首先提出功能的概念，并把它作为工程研究的核心问题，他将功能定义为“起作用的特性”，认为顾客买的不是产品本身，而是产品的功能，功能是产品存在的目的。例如，杯子的功能是装水，冰箱的功能是降低食物的温度。TRIZ 理论将功能定义为“功能载体改变或保持功能对象的某个参数的行为”，可表述为“功能载体 X 更改(或保持)功能对象 Z 的参数 Y”。功能根据其结果是参数改变沿着期望的方向变化还是背离了期望的方向，分为有用功能和有害功能。根据功能的级别或功能的对象分类，有基本功能、辅助功能、附加功能。

3. 功能的三要素

功能的定义中体现了三要素：功能载体 X、功能对象 Z、参数 Y，这三个要素遵循下述规则：

(1)功能载体 X 和功能对象 Z 都是组件(物质、场或物质场组合)，功能载体可以理解为施动对象(主语)，功能对象可以理解为支配对象(宾语)；

(2)功能载体 X 与功能对象 Z 之间必发生相互作用；

(3)相互作用产生的结果是功能对象的参数 Y 发生改变或者保持不变，参数可以是几何参数，如长度、宽度等，或物理参数，如密度、黏度等，或化学参数等。

4. 功能分析的目的

(1)明确各功能之间的相互关系，合理地匹配功能；
(2)简化技术系统，优化系统结构，降低成本，提供产品价值；
(3)使产品具有合理的功能结构，满足用户对产品功能的需求；
(4)确定必要功能，发现不必要功能和过剩功能，弥补不足功能，去掉不合理的功能以及消除有害功能。

5. 功能分析的内容

(1)确定技术系统所提供的主功能；
(2)研究各组件对系统功能的贡献；
(3)分析系统中的有用功能及有害功能；
(4)对于有用功能，确定功能等级及性能水平(正常、不足、过度)；
(5)建立组件功能模型，绘制功能模型图。

3.3.2 功能描述

功能描述是指对分析对象及其组成部分所应具有的各种功能，用简明、准确的语言进行本质描述。功能一般采用“动词＋名词”的方式描述，例如，自行车的功能：移动人；洗衣机的功能：移除污渍；书本的功能：呈现知识等。这里要注意功能直觉描述与本质描述的区别，例如，烘干机的功能，直觉描述为烘干衣物，而本质描述为蒸发衣物中的水分；电烤箱的功能，直觉描述为烤面包，而本质描述为加热烤箱内的空气。

常用的本质描述的功能动词有：吸收、聚集、装配(组装)、弯曲、拆解、相变、清洁、凝结、冷却、腐蚀、分解、沉淀、破坏、检测、干燥、嵌插、侵蚀、蒸发、析取、煮沸、加热、支撑、告知、连接、定位、混合、移动、定向、擦亮、防护、阻止、加工、保护、移除、旋转(转动)、分离、稳定、振动、开动、包括、过滤、调整、扩大、控制、点燃、遮蔽、应用、创造、生成、储藏、改变、放射、预防、矫正、支持、传递、建立、限制、减少、转移、引导、紧固、定位、留下、弄乱等。

功能也可图形化描述，一般常用箭头和矩形框来表示(动宾结构)，其中箭头代表动词(动作)，矩形框代表名词(组件)，如图 3-2 所示。

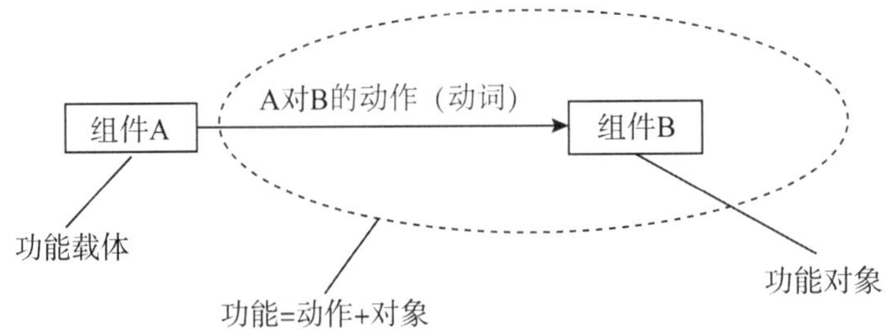

图 3-2 功能的图形化描述

功能图形化描述中的箭头线型有几种,如表 3-14 所示:

表 3-14 功能的图形化表述

功能分类	功能等级	性能水平	成本水平	箭头线型
有用功能	基本功能 B	正常 N	微不足道的 Ne	——→
	辅助功能 Ax	过度 E	可接受的 Ac	—+++++→
	附加功能 Ad	不足 I	难以接受的 UA	---------→
有害功能	H	——	——	～～～～→

功能图形化描述,有时也可补充地点、时间之类的说明。以小推车和雕刻刀为例,功能描述分别为:

(1)小推车装载货物在路上,如图 3-3 所示。

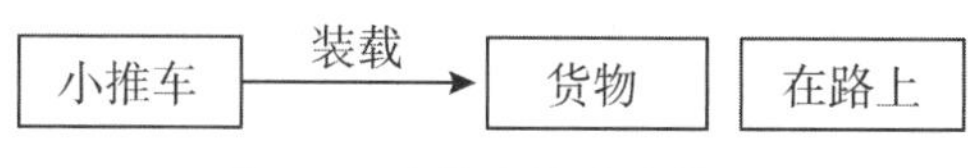

图 3-3 小推车的功能描述

(2)雕刻刀雕刻图案在陶瓷上,如图 3-4 所示。

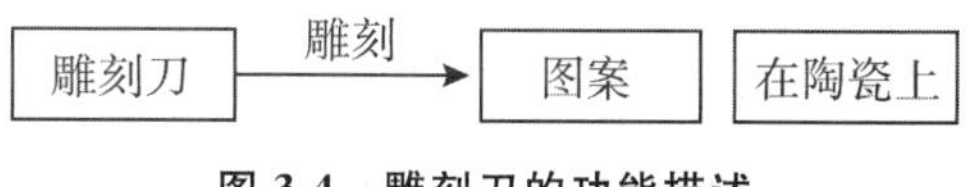

图 3-4 雕刻刀的功能描述

3.3.3 功能分析流程

功能分析的流程如图 3-5 所示。组件分析,给出系统组成及各组件的层次;结构分析,给出组件之间的相互作用关系;功能建模,用规范化的功能描述,表示出整个技术系统所有组件之间的相互作用关系以及如何实现系统功能。

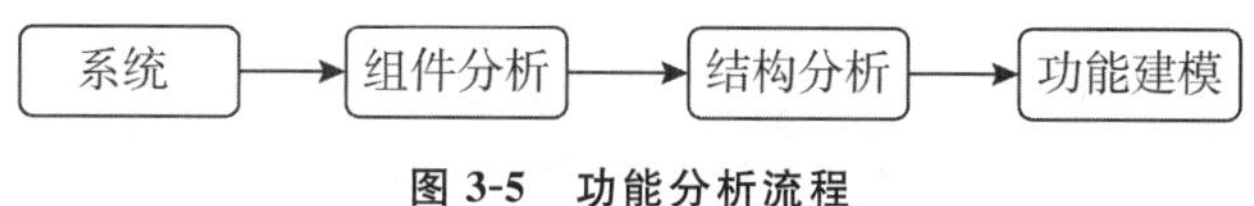

图 3-5 功能分析流程

3.3.4 功能建模及其实例

功能建模是以图形化描述来说明创新问题系统的组件相互作用,为后续对系统的改进或裁剪提供模型。

1. 组件分析

该步骤回答了技术系统是由哪些组件组成的。包括系统作用对象、技术系统组件、子系统组件,以及和系统组件发生相互作用的超系统组件。建议将技术系统至少分为两个组件级别,即系统级别和子系统级别。

组件模型可以使用图框或者表格来表示,图框表示的组件模型如图 3-6 所示。其中系统组件用矩形框表示，超系统组件用六菱形表示，系统作用对象用圆角矩形表示。

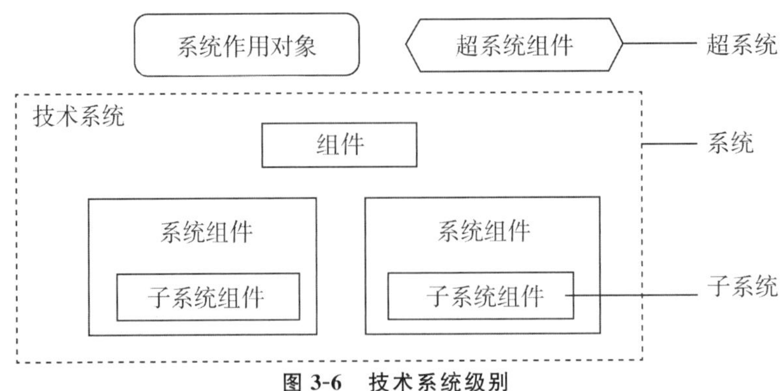

图 3-6　技术系统级别

建立组件模型有以下原则：

(1)在特定的条件下分析具体的技术系统。

(2)根据技术系统组件的层次建立组件模型。

(3)根据层次等级建立初始的组件模型，然后进一步分析完善组件模型。

(4)组件模型包含了超系统的某些组件，该组件需与系统组件有相互作用关系。

(5)技术系统生命周期的不同阶段具有不同的超系统，针对技术系统的各个生命周期阶段，可建立独立的不同的组件模型。

超系统为可影响整个分析系统的要素，但设计者不能针对该类要素改进。它具有以下一些特点：超系统不能删除或重新设计；超系统可能使工程系统出现问题；超系统可以作为工程系统的资源，也可以作为解决问题的工具；超系统应该对系统有影响时才考虑。

技术系统不同生命周期阶段的典型超系统组件为：生产阶段的设备、原料生产场地等；使用阶段的产品、消费者、能量源、与对象相互作用的其他系统等；储存和运输阶段的交通手段、包装、仓库和储存手段等；另外还有与技术系统作用的外界环境——空气、水、灰尘、热场、重力场等。

【案例】　以电冰箱为例，采用表格的形式建立系统组件模型，如表 3-15 所示。

表 3-15　电冰箱组件模型表

系统	子系统	超系统
电冰箱	箱体结构 制冷系统 温控系统 照明系统 电器保护系统	食品 地板 插座

【案例】　以台灯为例，采用图框的形式建立系统组件模型。分析如图 3-7 所示，图框内仅给出的台灯组件，框中超系统的桌面是指支持该台灯的桌面。

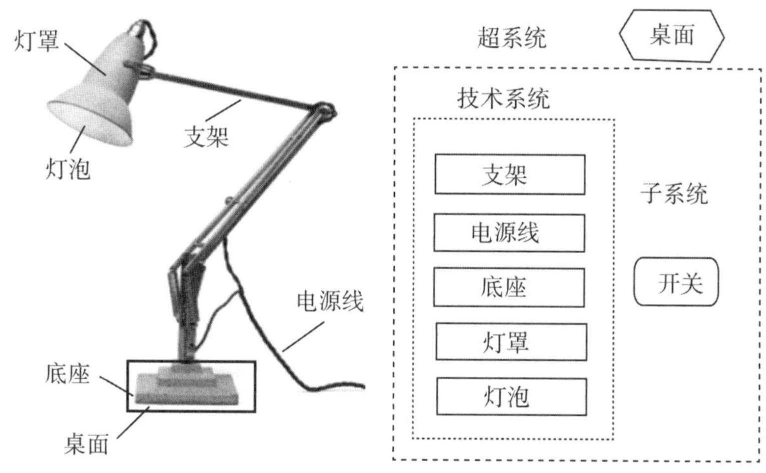

图 3-7　台灯组件模型

2. 结构分析

结构分析是在组件分析的基础上，分析组件间的相互关系，建立结构模型。结构模型描述了系统组件模型中各组件之间的相互作用关系，一般采用关系矩阵表的形式，用“＋”表示组件间有作用，用“－”表示组件间没有作用。以排插为例，建立系统组件结构模型如表 3-16 所示。

表 3-16　台灯的结构模型

	底座	支架	灯罩	灯泡	电源线	开关	桌面
底座		＋	－	－	＋	＋	＋
支架	＋		＋	＋	－	－	－
灯罩	－	＋		＋	－	－	－
灯泡	－	＋	＋		－	＋	－
电源线	＋	－	－	－		＋	＋
开关	＋	－	－	＋	＋		－
桌面	＋	－	－	－	＋	－	

3. 功能建模

功能模型是在结构模型的基础上，采用规范化的功能描述来表示组件之间的相互作用关系。功能建模时，需要将待分析的各组件间的所有作用关系表达出，形成系统功能模型。功能模型有两种形式：功能分析表和功能模型图。建立功能模型的原则如下：

(1)针对特定条件下的具体技术系统进行功能描述。

(2)只有在作用中才能体现功能，所以在功能描述中必须有动词反映该功能。不能采用不体现作用的动词，也不能采用否定动词。

(3)功能存在的条件是作用改变了功能对象的参数。

(4)功能描述包括作用与功能对象,体现作用的动词能表明功能载体要做什么,功能对象是物质,不能是参数。

(5)在描述功能时可以增添补充部分,指明功能的作用区域、作用时间、作用方向等。

以台灯为例,功能分析表如表 3-17 所示,图形化的功能模型图如图 3-8 所示。

表 3-17　台灯功能分析表

功能载体	功能名称	功能等级	性能水平
底座	支撑支架	B	N
	支撑开关	B	N
	划伤桌面	H	
支架	支撑灯罩	B	N
	改变高度	Ax	N
灯罩	保护灯泡	B	N
	扩散光源	B	N
灯泡	发光照明	B	N
电源线	弄乱桌面	H	
	连接开关	B	N
开关	控制灯泡	B	N
	连接电源线	B	N
桌面	支撑底座	B	N
	支撑电源线	B	N

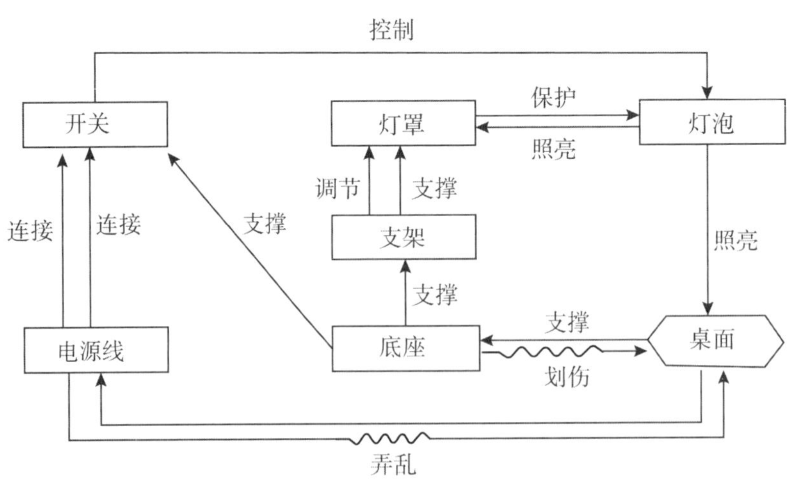

图 3-8　台灯的功能模型

3.4 因果分析

3.4.1 概 述

因果分析指从系统存在的问题入手，层层分析导致问题的原因，直至分析到最后不可分解为止。因果分析可以向两个方向分析：向着求因的方向，即由现在反逆到过去；向着求果方向，即由现在分析未来。

因果分析的目的，是梳理问题中隐含的逻辑链及其形成机制，找出问题产生的根本原因；从梳理出的逻辑链及其形成机制中找出解决问题的所有可能的突破点；从所有可能的突破点中找出“最优”的突破点。

常见的因果分析法有：因果轴分析法（三轴分析法中的一部分）、5W 分析法、鱼骨图分析法等。本节内容主要介绍 5W 分析法、鱼骨图分析法和因果轴分析法。

(1)因果分析的步骤如下：

①标记存在问题的组件，即通过组件价值分析，找出理想度指标最低的系统进行根本原因分析。

②判断可能导致问题的功能。

③根据功能判别存在问题的参数。

④依次查找原因和结果，分析根本原因。

(2)因果分析的结束条件包括：

①当不能继续找到下一层的原因时；

②当达到自然现象时；

③当达到制度、法规、权力或成本的极限时。

3.4.2 5W 分析法

5W 分析法，通过不断询问“为什么”来寻求现象发生的根本原因的方法，是由丰田公司提出，又称为五问法、5Why 分析法。

5W 分析法对一个问题连续发问 5 次，每一个“原因”都会紧跟着另外一个“为什么？”直到问题的根源被确定下来。但 5 个 Why 不是说一定就是 5 个，可能是 1 个，也可能是问了 10 个都没有找到根因。

(1)5W 分析法的应用步骤

5W 分析法的应用步骤如图 3-9 所示，当遇到问题（不正常情况）时，先问第一个“为什么”，获得答案后，再问为何会发生，以此类推，层层推进，直到发现问题的根本原因，并确定治本对策。

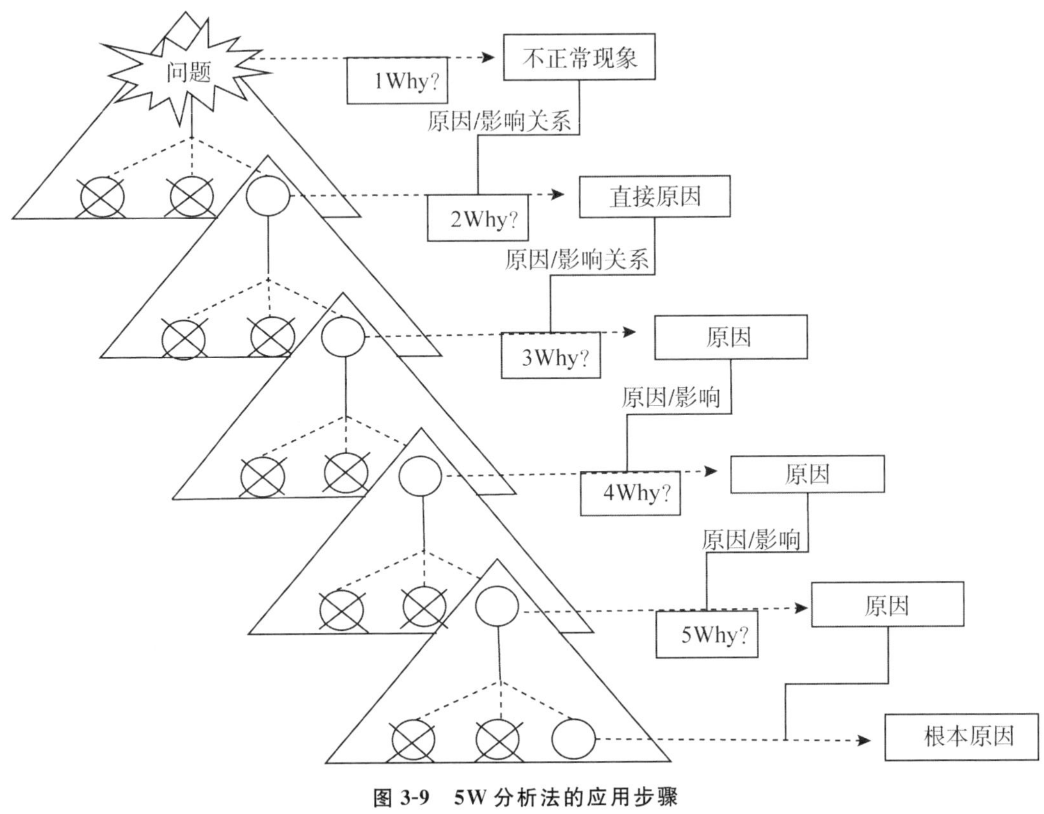

图 3-9　5W 分析法的应用步骤

5W 分析法的常用工具有链式图表、研讨表，如表 3-18 为丰田公司车间机器停转问题的 5W 分析研讨表实例。

表 3-18　车间数控机床停转的 5W 分析研讨表

次数	为什么	原因	即时对策
1	为什么数控机床停转了？	数控超负荷，熔丝熔断了	更换熔丝
2	为什么会超负荷？	轴承润滑不够	加润滑油
3	为什么润滑油不够？	油泵抽不上润滑油	更换油泵
4	为什么抽不上油？	油泵齿轮易卡死	更换油泵齿轮
5	为什么卡死了？	润滑油中有杂质	安装过滤器

3.4.3　鱼骨图分析

鱼骨图分析，是一种发现问题根本原因和透过现象看本质的分析方法，因其形状很像鱼骨，故称为鱼骨图。该方法是 1953 年日本管理大师石川馨提出的，也称石川图。

1. 鱼骨图的类型

鱼骨图有三种类型：整理问题型、原因型、对策型。整理问题型是各要素与特性值间不存在原因关系，而是结构构成关系，对问题进行结构化整理。原因型是鱼头在右，特性值通常以“为什么……”来写。对策型式鱼头在左，特性值通常以“如何提高和概述……”来写。

2. 鱼骨图的基本结构

鱼骨图由特性 1、主骨 2、要因 3、大骨 4、中骨 5、小骨 6、孙骨 7 组成，如图 3-10 所示。

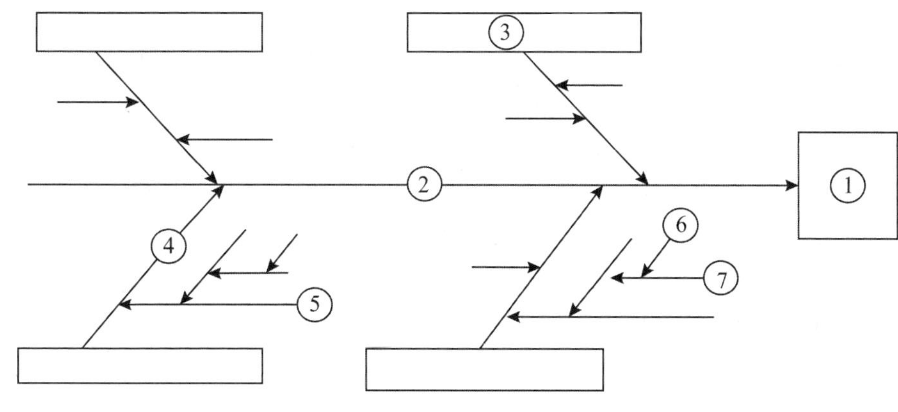

图 3-10　鱼骨图的组成

3. 鱼骨图的绘制

(1)确定问题的特性。特性就是“工作的结果(或需要解决的问题)”，可通过头脑风暴法集体讨论确定需要解决的问题，如图 3-11 所示。

(2)特性和主骨：特性写在右端，用方框圈起来。主骨用粗线画，加箭头标志，如图3-12所示。

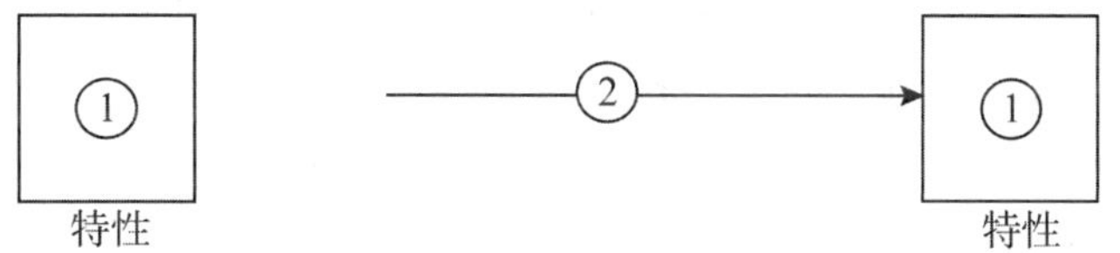

图 3-11　问题特性的确定　　　　**图 3-12　特性与主骨**

(3)大骨和大要因：大骨上分类书写 3～6 个要因，用方框圈起来，如图 3-13 所示。注意：绘图时，应保证大骨与主骨成一定角度夹角(如 45°、60°)，中骨与主骨平行。大要因有不同的确定方法，对于制造类问题，通常采用 6M 要素(Man，人员；Measurement，测量；Mother-nature，环境；Methods，方法；Materials，材料，Machine，机器)。对于服务与流程类问题，通常采用政策、人员、测量、过程、地方、环境等要素。

(4)中骨、小骨、孙骨：中骨要描述“事实”；小骨要围绕“为什么会那样?”来写；孙骨要更进一步来追究“为什么会那样?”来写，如图 3-14 所示。

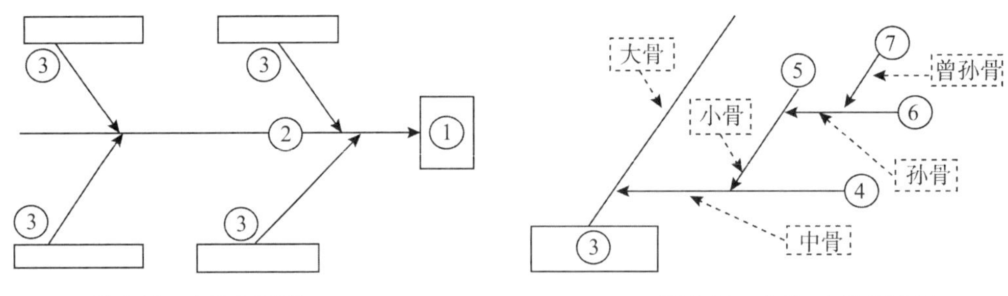

图 3-13　大因与要因　　　　图 3-14　中骨、小骨与孙骨

中骨、小骨、孙骨的描述要点：围绕问题系统整理要因，一般采用“主语＋谓语”的形式描述，如：“压力不足”“注意不足”“软管长”“涂料飞溅”等；也可采用“没有……”的动宾形式描述，如：“没有照明”“没有盖子”“没有报警”“没有干劲”等。考虑对特性影响的大小和对策的可能性，深究要因（不一定是最后的要因），这些深究的要因称为“根要因”，用“○”标记，如图 3-15 所示，是针对“齿轮轴长度不良”的机器方面的中骨、小骨、孙骨、曾孙骨等的分析，其中“限位开关易位”是一个根因，用“○”标记。

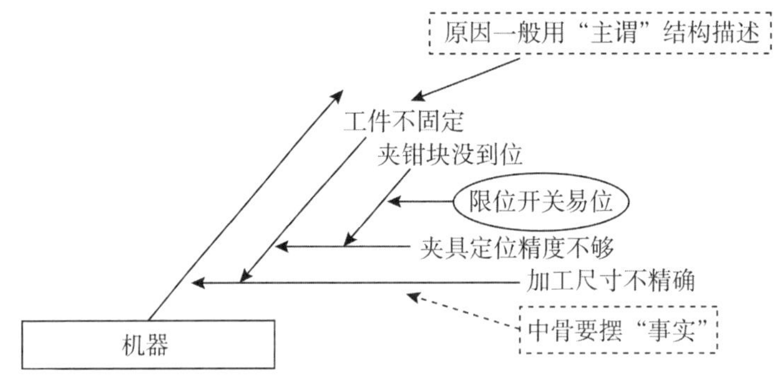

图 3-15　齿轮轴长度不良在机器方面的鱼骨分析

如图 3-16 为铸件质量问题的鱼骨分析实例，从人、机、料、法、环五个方面对铸件缩松问题进行原因分析。

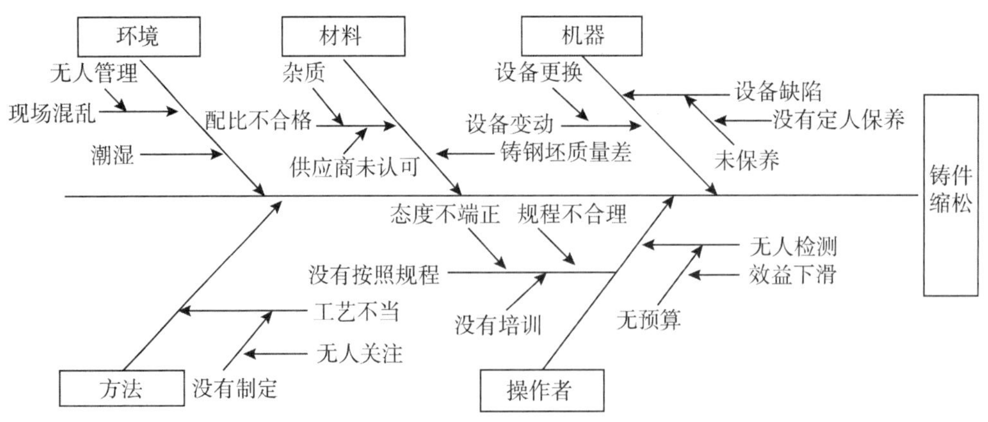

图 3-16　铸件缩松问题的鱼骨分析

3.4.4 因果轴分析

1. 三轴分析法

三轴分析法，沿流程时序轴(操作轴)、系统层次轴(系统轴)和因果关系轴(因果轴)对初始问题进行分析与定义，将复杂的工程问题分解为若干子问题，以帮助人们发现隐藏在表层问题之后的真正问题，以及充分利用系统资源途径的方法，如图 3-17 所示。

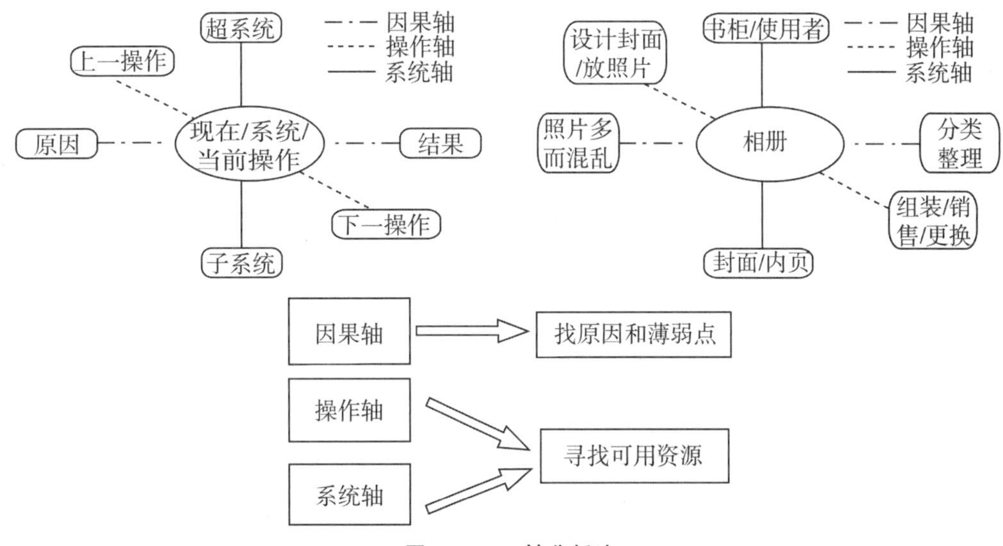

图 3-17 三轴分析法

三轴分析法的目的是发现问题产生的根本原因，寻找解决问题的薄弱点，并分析解决问题的资源，以降低解决问题的成本。

下面主要介绍三轴分析法中的因果轴分析。

2. 因果轴分析法

因果轴(或称因果链)分析法是查找问题根源的基本方法，通过构建因果链指明事件发生的原因和产生结果之间关系，以找出问题产生的根本原因。

因果轴分析的目的：寻求根本原因与产生结果之间的一系列因果关系，构建一条或多条的因果关系链(图 3-18)，发现问题的产生原因与发现链中的“薄弱点”，为解决问题寻找入手点。

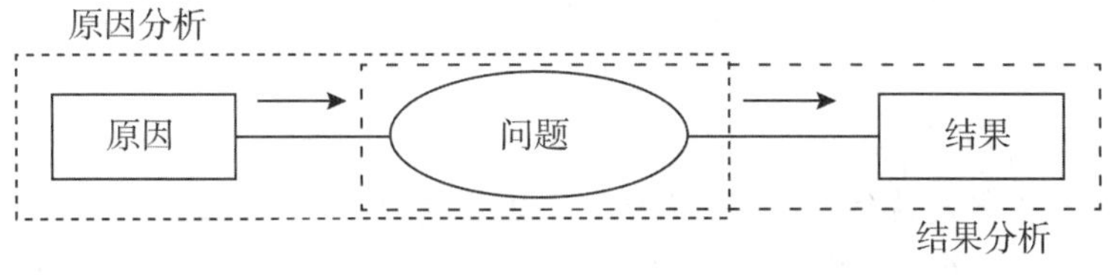

图 3-18 因果链

从图 3-18 因果链可以看到，因果轴分析分为两部分：一是从问题出发，往前寻找问题出现的原因，如图 3-19 所示；二是从问题出发，往后寻找问题出现的结果，如图 3-20 所示。

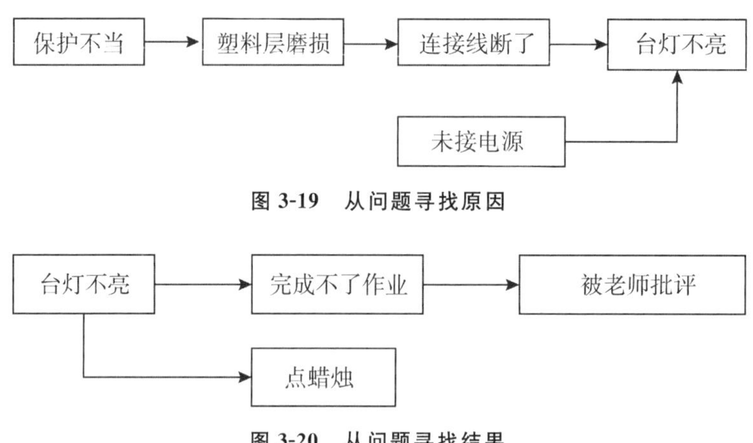

图 3-19　从问题寻找原因

图 3-20　从问题寻找结果

3. 因果轴分析的步骤

如前所述，因果轴分析是由原因轴分析和结果轴分析组成，因而分两步走，分别介绍如下。

(1)原因轴分析。目的：了解事件的根本原因，确定解决问题的最佳时间点。

分析过程如下：

①从发现的问题出发，列出其直接原因。

②以这些原因为结果，寻找产生这些结果的上一层原因，按照前面两个步骤的方法继续分析，直至找到根本原因。

③结束原因轴分析的判定条件：当不能继续找到上一层的原因时，或当达到自然现象时，或当达到制度、法规、权力、成本等极限时，则不再寻找原因。如图 3-21 所示。

图 3-21　原因链

对应一个问题，可能会有多个原因，因此原因轴可以有多条链。

(2)结果轴分析。目的：了解问题可能造成的影响，并寻找可以掌控结果发生、蔓延的时机和手段。

分析过程如下：

①从目前的现象出发，推测其继续发展可能会造成的各种结果。

②从每个直接结果出发，再寻找可能产生的下一步结果，按照这两个步骤的方法继续分析。

③结束结果轴分析的判定条件：当不能继续找到下一层的结果时，当达到重大人员、经济和环境损失时，当达到技术系统的可控极限时，结束分析。

④将每个现象与其后果用箭头连接，箭头从现象指向后果，构成结果链，如图 3-22 所示。

图 3-22 结果链

对应一个问题，可能会有多个结果，因此结果轴可以有多条链。

因果轴分析要注意以下几点：

(1)如果因果关系不能确定，应增加其他方法进行分析，如定性分析或定量分析。

(2)如果同一个结果有多个原因，应该分析这些原因与造成的问题(现象)之间，以及原因之间的关系，通常只有一个是原因，其他是导致结果出现的条件。

(3)有时候从一个实际问题开始进行结果轴分析，其严重后果已经显而易见，就不要继续分析结果轴。如果一个问题引发后续多种后果，有必要了解这些后果出现的关系，如时间先后关系、共存关系或排斥关系。

4. 原因的规范化描述

因果分析中将原因规范化有利于提高分析效率，其原则与功能描述原则一致，也是采用动宾结构(V+O)。

问题：功能没有达到预期的效果，功能对象的参数表现出偏离的目标值。

原因：因果是相对的，对象的某参数没有达到预计要求，直接导致结果的参数偏离目标。

原因规范化描述有如下类型。

(1)缺乏：对象应该提供有用的功能，但是没有对象提供此功能。规范描述为：缺乏—物体。

【案例】 链条缺乏润滑，导致链条与链轮啮合不顺畅，骑车困难。

骑车困难的原因：缺乏—润滑油。图形化描述如图 3-23(a)所示。

(2)存在：某个对象提供有用作用的同时，产生了有害作用。规范描述为：存在—对象。

【案例】 手机使得人们的交流更加便捷，但是长期使用对使用者的健康存在威胁。

威胁使用者健康的原因：存在—手机。图形化描述如图 3-23(b)所示。

(3)有害：某个对象提供的全是有害功能。规范描述为：有害—对象。

【案例】 燃烧煤块可以提供热能，改善人们的生活品质，但是产生的气体污染环境。

污染环境的原因：有害—气体。图形化描述如图 3-23(c)所示。

(4)过度:指有用功能超过上阈值而产生有害影响。规范描述为:对象—参数—过度。

【案例】 汽车速度达到最快时,会使行程时间变短,但是容易发生交通事故。

发生交通事故的原因:汽车—速度—过度。图形化描述如图 3-23(d)所示。

(5)不足:有用功能低于下阈值而效果不足。规范描述为:对象—参数—不足。

【案例】 汽车行驶两年后,需要经常更换部分零件。

汽车更换零件的原因:零件—性能—不足。图形化描述如图 3-23(e)所示。

(6)不可控:有用功能无法有效控制其性能水平。规范描述为:对象—参数—不可控。

【案例】 乘坐飞机可以缩短行程时间,但是常因为天气不好而延误起飞,从而耽误行程。

耽误行程的原因:飞机—起飞时间—不可控。图形化描述如图 3-23(f)所示。

(7)不稳定:有用的功能,但是其性能水平不够稳定,带来了有害影响。规范描述为:对象—参数—不稳定。不可控的原因有时也可表示为不稳定。

【案例】 车床老化,有不确定的振动,导致车床加工出零件的尺寸、形状等精度不确定。

零件尺寸不确定的因素:车床—振动—不稳定。描述如图 3-23(g)所示。

缺乏	存在	有害	过度	不足	不可控	不稳定
			速度	性能	起飞时间	振动
润滑油	手机	气体	汽车	零件	飞机	车床
(a)	(b)	(c)	(d)	(e)	(f)	(g)

图 3-23　原因的图形标准描述

5. 因果轴分析案例

电风扇吹风面积不足(摇头不流畅)的因果分析如图 3-24 所示。

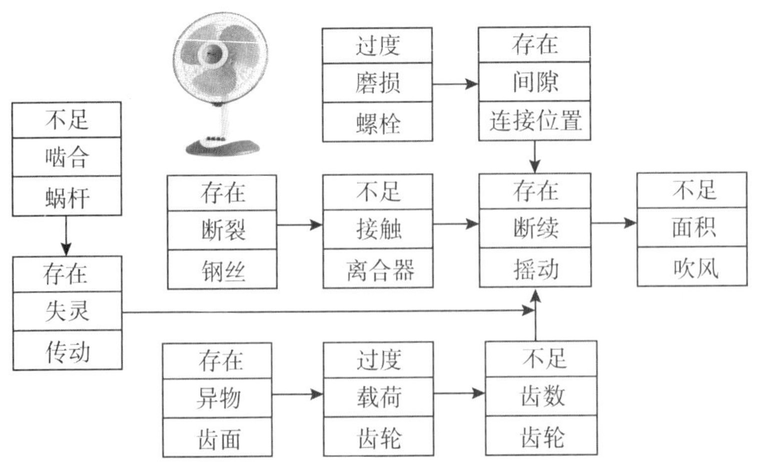

图 3-24　电风扇摇头卡顿的因果分析

3.4.5 因果树分析法

因果树分析法是从问题入手，逐层寻求原因，直到根本原因的出现，最终形成一个树状的因果分析图，如图 3-25 所示，对于核心原因，优先采取相应的对策处理，达到接近问题的目的。因果树分析方法可以用来进行问题识别（寻求核问题）和问题决策（问题求解），一般用作故障分析、事故分析等，通常也称为故障树分析，是美国贝尔实验室于 1962 年开发的。

因果树中，原因与结果存在不同的关系：①一个原因导致一个结果，如图 3-26(a)所示；②多个原因导致一个结果，原因之间是“或”的关系，如图 3-26(b)所示；③多个原因导致一个结果，原因之间是“且”的关系，如图 3-26(c)所示。

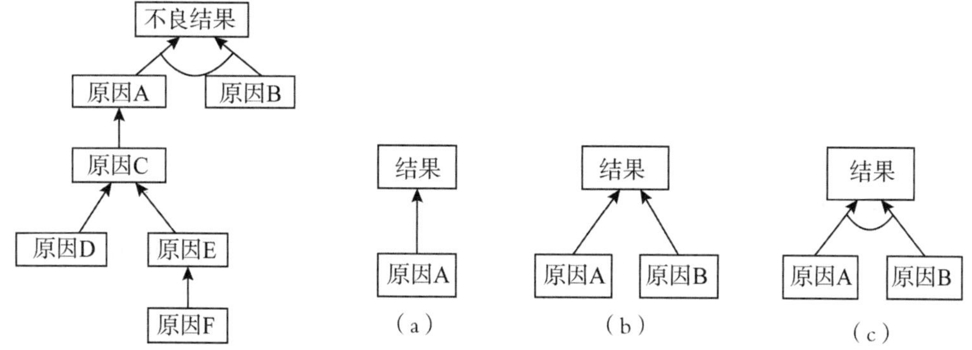

图 3-25 因果树分析示意图

图 3-26 因果关系示意图

应用因果树分析法分析油泵螺钉断裂的原因，如图 3-27 所示。

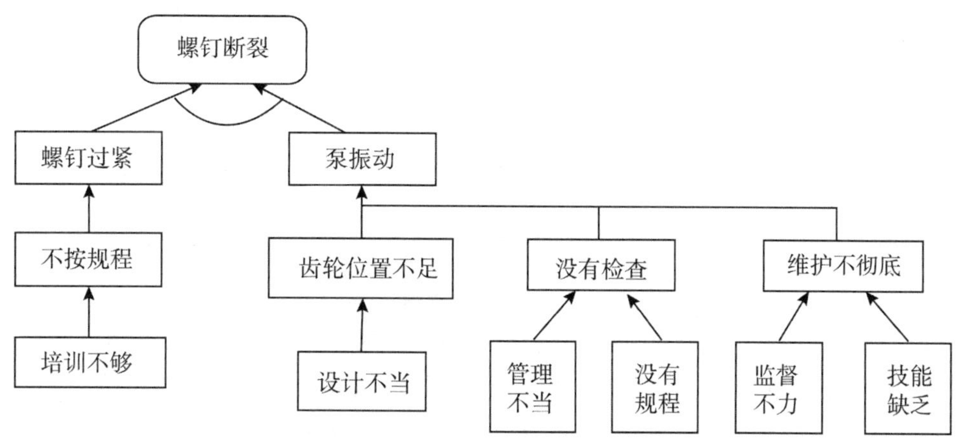

图 3-27 油泵螺钉断裂的因果树分析

因果分析注意事项：①各原因应相互独立，原因应完全穷尽；②利用科学原理挖掘原因；③利用模拟实验寻求原因；④工程经验中值得借鉴的案例。

3.5 物场模型

3.5.1 物场分析概述

物场分析法是指从物质和场的角度来分析和构造最小技术系统的理论与方法学，是TRIZ 理论中一种重要的问题识别和分析工具。它通过建立系统中结构化的问题模型来正确地描述系统中的问题，用符号语言清楚地表达技术系统（子系统）的功能，正确地描述系统的构成要素以及构成要素之间的相互联系。

物场分析法针对技术系统存在的功能问题进行建模，即物场模型（物质—场模型），而后根据物场模型的类别，再选择不同的解法进行求解。这里主要介绍其中的物场模型的构建。

3.5.2 物场模型

每个技术系统的出现都是为了实现某个确定的功能，即产品是功能的实现。能遵守 3 条定律：①所有的功能都可以分解为 3 个基本元素（两个物质 S_1 和 S_2，场 F）；②一个存在的功能必须由这 3 个基本元素组成；③将相互作用的 3 个基本元素进行有机组合，使形成一个功能。

为方便表示，功能用一个三角形来进行模型化，三角形的下边两个角分别代表两个物质（或称为物体），上角是场（或称作用、效应）。物质可以是工件或工具，场是能量形式。通常，任何一个完整的系统功能，都可以用一个完整的物质—场三角形进行模型化，称为物场模型（或物质—场分析模型），如图 3-28 所示。如果是一个复杂的系统，可以用多个物质—场三角形来进行模型化。

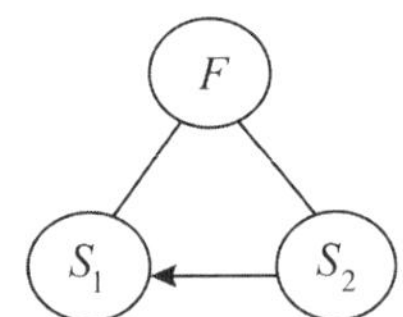

图 3-28 物场的基本模型

从上面的说明看到，物场分析方法引入了三个基本概念：物质、场、相互作用。

物质是指任何一种物质，包括各种材料、技术系统（或其子系统）、外部环境甚至各种生物。如桌子、方位、空气、水、地球、太阳、人、计算机等。物质用符号 S 表示，对于一个系统中的多种物质，可以利用下角标的序号加以区别，如 S_1、S_2、S_3 等。

场是物质引起粒子相互作用的一种物质形式，这里的场包括物理学中的重力场、电磁场、强相互作用场（核力场）、弱相互作用场（基本粒子场），及技术系统中的场（如力场、声场、热能场、电场、磁场、电磁场、光场、化学场、气味场等，如表 3-19 所示）还包括物质之间的任何相互作用，如拍打、承受、损害、加热等，用符号 F 表示，对于一个系统中的多种场，可以利用下角标的序号加以区分，如 F_1、F_2、F_3 等。

表 3-19 技术系统中的场

符号	名称	举例
G	重力场	重力
Me	机械场	压力、惯性、离心力
P	气动场	空气静力学、空气动力学
H	液压场	流体静力学、流体动力学
A	声学场	声波、超声波
Th	热学场	热传导、热交换、绝热、热膨胀、双金属片记忆效应
Ch	化学场	燃烧、氧化反应、还原反应、溶解、键合、置换、电解
E	电场	静电、感应电、电容电
M	磁场	静磁、铁磁
O	光学场	光(红外线、可见光、紫外线)、反射、折射、偏振
R	放射场	X-射线、不可见电磁波
B	生物场	发酵、腐烂、降解
N	粒子场	α、β、γ 粒子束、中子、电子、同位素

【案例】 清洁牙齿可以描述为:S_1—牙渍(工件);S_2—洁牙机(工具);F—清洗(超声波),清洗牙渍的物场模型如图 3-29 所示。

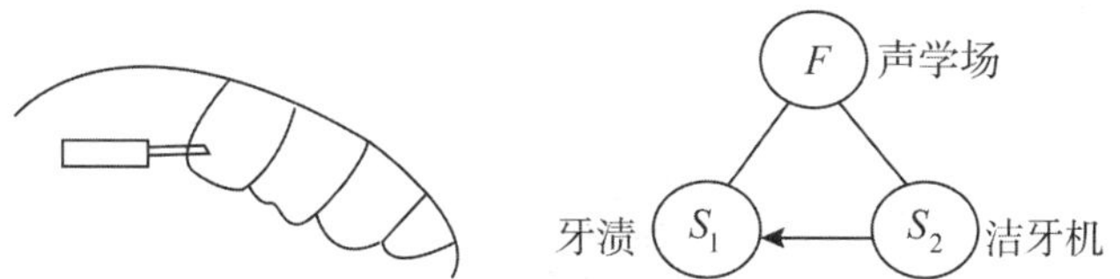

图 3-29 清洗牙渍的物场模型

【案例】 拧紧螺钉可以描述为:S_1—螺钉(工件);S_2—螺丝刀(工具);F—转动(机械场),拧紧螺钉的物场模型如图 3-30 所示。

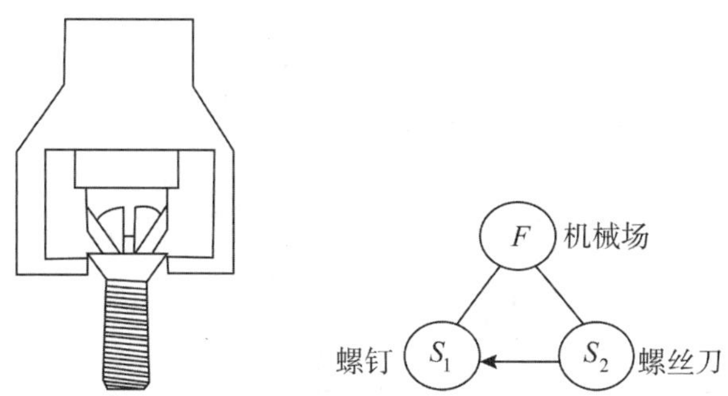

图 3-30 拧紧螺钉的物场模型

相互作用是指在场与物质的相互作用与变化中,所实现的某种特定功能。在场作用下,物质 S_2 与 S_1 之间的作用常见的有如表 3-20 所示的种类:

表 3-20 两物质间相互作用的类型

符号	意义	符号	意义
——→	期望的作用	～～～→	有害的作用
- - - - →	不足的作用	++++→	过度的作用

3.5.3 物场模型的种类

物场模型有助于使问题聚焦于关键子系统上并确定问题所在的“模型组”。事实上，任何物场模型的异常表现，都来自于这些模型组中所存在的问题。

物场模型可以用来描述系统中出现的结构化问题，这些问题的类型主要有以下四种：

(1)有用并且充分的相互作用。以洗手为例，手比较脏，有干净的水，及水量足够，如图 3-31(a)所示。其中，F 为液压场，S_1 为手，S_2 为水。

(2)有用但不充分的相互作用。以洗手为例，有干净的水，但水量不够，无法快速洗干净手，如图 3-31(b)所示。

(3)有用但过度的相互作用。以洗手为例，洗手时间过长，造成水资源浪费，如图 3-31(c)所示。

(4)有害的相互作用。以洗手为例，水不干净，导致手越洗越脏，如图 3-31(d)所示，其中，S_3 为脏水。

(5)缺少元素。以洗手为例，想洗手，但缺少水，或水压不够而出不来，如图 3-31(e)所示。

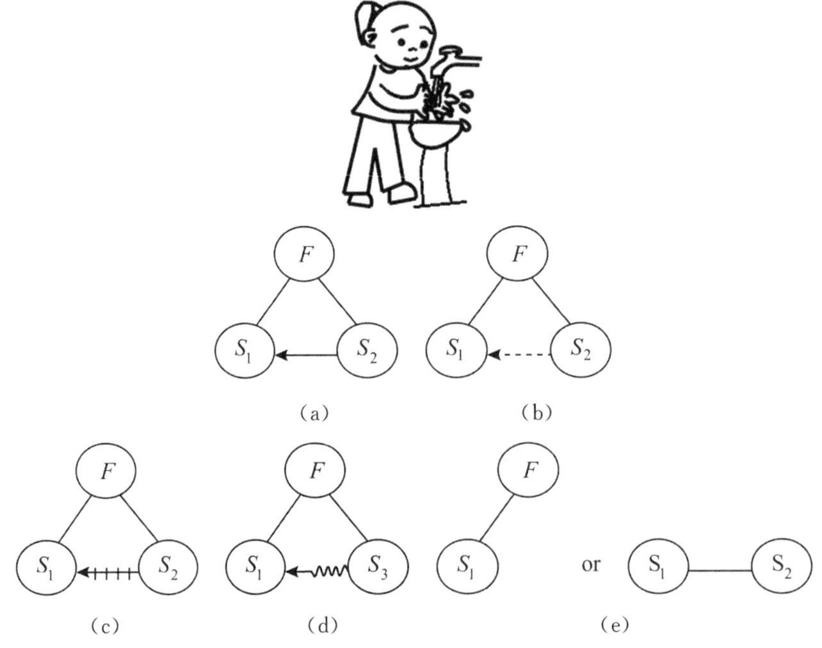

图 3-31 物质—场模型的类型

TRIZ 理论重点关注三种模型，即效应不足模型(不充分模型)、缺失模型(或不完整模型)、有害效应模型(包含过度模型),并提出 6 种一般解法和 76 个标准解应对这三种模型,将在第 4 章介绍。

3.6 问题识别工具的选择策略

前面介绍了几种问题识别的工具,根据问题类型的不同,其所选择的识别工具不尽相同。

1. 根据问题类型来选择

当遇到创新与发明问题时,若能够先意识到问题的类型,如矛盾问题、功能实现问题、如何做的问题,可以采用如下策略。

(1)对于矛盾问题,可以采用可拓建模、功能分析来建立问题模型;

(2)对于功能实现问题,可以采用物场模型、功能分析、可拓建模来建立问题模型;

(3)对于如何做的问题,可以采用因果分析、可拓建模来建立问题模型;

(4)对于暂时无法确定的问题,可以用可拓建模来建立问题的基元模型,而通过对基元模型进行分析,识别问题。

2. 根据学习难度来选择

根据创新工具难度来进行工具的选择,难度值低的工具优先。通过初步调研,各个工具的难度见表 3-21。

表 3-21 问题识别工具的难度

问题识别工具	难度
可拓建模	3.45
功能分析	3.27
因果分析	3.52
物场模型	3.08

另外要注意,这些工具不仅仅用来识别问题,也是分析问题(或求解问题)的工具,在后续的问题分析(或问题求解)也可运用。创新工具的使用应在遵守规范的基础上灵活运用,这样才能产生事半功倍的效果。

练一练

1. 常见的问题类型有哪些?每一种问题的特点是什么?问题识别包含哪些内容?
2. 简述物元、事元、关系元的模型化表示方式?
3. 物=物元?事=事元?关系=关系元?说说两者的异同点。
4. 某物元的描述为(书本,厚,70mm),正确吗?
5. 某事元描述为(拧,施动对象,螺母),正确吗?

6.“某维修工在机房里检查22号计算机的闪屏问题”用事元如何描述?

7.连接关系是关系元吗?(连接关系,轴,齿轮孔)正确吗?

8.请结合学习用品(如卷笔刀、订书机等)的零部件功能、结构关系等,建立相应的物元、事元、关系元模型。

9.请列举3～5件产品,并定义各自的功能是什么?这些产品由哪些组件组成?每一个组件对功能的作用是什么?

10.功能的概念是什么?功能包含哪些要素?试建立洗衣机的功能模型。

11.因果分析法包括哪些方法?电冰箱不制冷的问题可以用哪些方法进行分析?画出具体的分析图。

12.用鱼骨图分析某产品的质量问题(如书本的尺寸不一致、缺页等)的原因。

13.三轴分析的目的是什么?包括哪三轴?在因果轴分析时,可以用哪些方法来分析系统中问题的原因与结果?

14.请说明因果轴分析的步骤?

15.因果分析中的原因规范化描述有哪几类?

16.针对家用产品存在的问题(如洗碗机洗碗不干净、机械手表走时不准、抽油烟机滴油等)进行因果轴分析。

17.针对文件产品存在的问题(如瓶装胶水用到最后时需要等很长时间、文具盒开盖不灵活等)进行因果轴分析。

18.请对空调制冷效果不足的问题进行因果树分析。

19.物场模型有哪些要素?物场模型有什么作用?有哪些类型?

20.过度作用与有害作用的区别是什么?

21.试给出2～3物场模型的实例,并指出其类型。

22.简述您喜欢的问题识别工具的应用流程,并说明喜欢的理由(如易学、使用便捷、费时少等)?

第 4 章　问题分析

本章目标：

素质目标：养成开拓思路、与时俱进、严谨求实的习惯。

能力目标：具备对创新问题进行拓展分析、探求可能解决途径的能力。

知识目标：理解功能导向搜索、拓展方法、矛盾分析、How to 模型、多屏幕法、STC 算子法、资源分析法等分析问题的方法，并应用这些方法分析创新问题。

4.1　概　述

问题分析，是在问题识别的基础上对核心问题进行搜索或分析，找到问题的预期效应与实际效应之间的偏差，确定进一步拓展的方向（如借鉴以前的经验或其他领域的经验，找矛盾、找路径、找资源等），为后续问题求解提供依据。

在 IASE 创新方法中，用于问题分析的工具包括功能导向搜索、拓展方法、矛盾分析、How to 模型、多屏幕法、STC 算子法、资源分析法等。

4.2　功能导向搜索

功能导向搜索（Function-Oriented Search：FOS）是基于对已有成熟技术进行分析的基础上去分析解决问题的工具。功能导向搜索将功能进行通用化处理，行为和对象双管齐下。比如可以将水、酒、油等物体通用化为"液体"，将焊接、铆接、胶接等通用化为"连接"，将葡萄汁浓缩通用化为"将浆状物中的液体分离"。

功能导向搜索可以在已有的解决方案中寻找所需要的方案，不管这种方案在其他企业，还是在其他行业，一旦发现类似的解决方案，就会非常容易地将它们转化为自己的解决方案。由于功能导向搜索使用的是现有的解决方案，与新发明相比，实现较容易，所要消耗的资源（人力、时间、研发经费等）也更少。而且这种方法得出的解决方案大多经过实践证实，方案实施成功的概率很高。

功能导向搜索通过借鉴其他行业现有的成功解决方案，进行不同应用领域的迁移，是问题分析的重要工具，应优先使用。

功能导向搜索的主要步骤如下：

（1）问题识别：对所要解决的问题进行简要描述，明确问题定义，找到所需解决的关键问题，分析具体执行功能，确定所需参数；

（2）功能一般化（通用）处理：明确行为和对象，把握技术系统的关键功能，限定实际问题的范围，进一步明确问题；跟前面的功能分析一样，也是采用"动词＋名词（V＋O）"结构一般化描述功能。

(3)识别领先领域:搜索其他相关或者不相关领域中执行类似功能的技术,这里需要不同专业的技术人员进行交流,充分了解各行业可能存在的类似功能;

(4)搜索领先领域解决方案:确定领先领域后,对该领域进行专利查询,对查询到的专利进行整理,得到功能导向搜索最终结果。另外,也可以从科学效应库或其他知识库中进行查询。

其中问题识别与功能一般化处理在第 3 章已经叙述,这里主要进行问题领先领域识别和搜索该问题在领先领域的解决方案。对于初学者,领先领域一时无法确定,可以直接在知识库(专利库、科学效应库等)进行搜索类似的解决方案。

【案例】 往复敲击机构的设计问题。

现需要设计一种能够实现往复敲击墙面的机构,要求电机不需正反转的条件下,敲击装置自动执行往复的敲击运动。

应用功能导向搜索方法,按照其流程进行分析,如表 4-1 所示。后续可在这些搜索结果的启发下,进行拓展分析,构建自己的往复运动方案。

表 4-1 往复敲击机构的功能导向搜索

步骤	结果
问题识别	通过机构实现敲击头的往复直线运动,即在电机连续单向运转的条件下,采用机构达到敲击头往复的敲击
功能一般化处理	关键功能:移动位置
识别领先领域	机械工程领域
领先领域解决方案	图 4-1 为一些检索到的往复运动机构

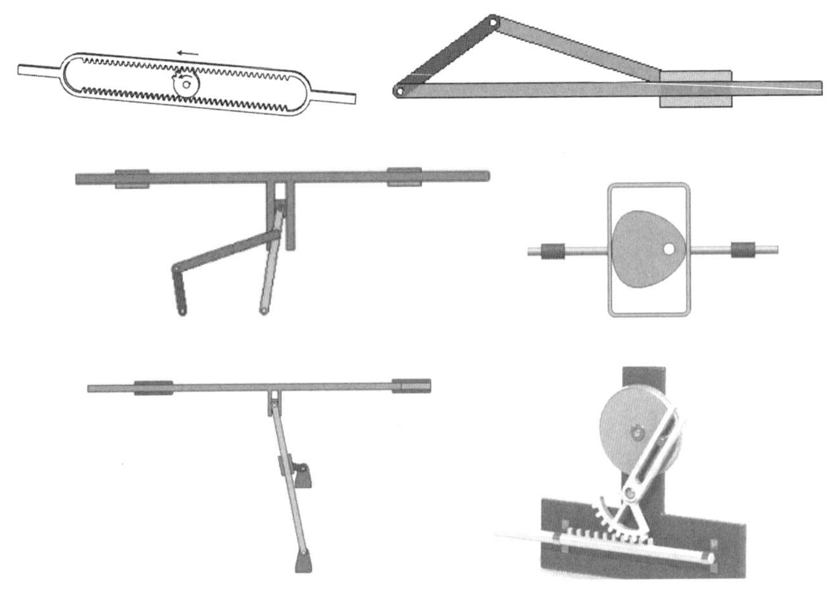

图 4-1 常见的往复运动机构

4.3 拓展方法

拓展分析方法是用形式化的方法对基元进行拓展，从而得到多种创新路径或解决矛盾问题的多种思路的方法。

任何对象都具有可以拓展的特性，不同的特征对应着不同的用途。拓展分析方法包括发散树方法、相关网方法、蕴含系方法和分合链方法。

4.3.1 发散树方法

1. 发散规则

可拓学指出：基元（物元、事元、关系元等）均可拓，基元的三要素（对象、特征、量值）均可拓，故对于基元来说，三要素的拓展变化组合起来就有六种可能，这六种可能就是下面的六个发散规则。

（1）一对象多特征多量值，即由一个基元可以拓展出多个同对象不同特征不同量值的基元。根据该规则，在进行创新或处理矛盾问题时，如果利用已有基元不能解决，则可以考虑利用该基元的对象与其他特征形成的基元去解决，即保持对象不变，拓展出该对象的其他特征及其量值。这里的对象包括物、事与关系，如表 4-2 所示，是物元的一对象多特征多量值发散。

表 4-2 物元的一对象多特征多量值

特征 / 量值 / 对象	容量/ml	重量/g	价格/元	…
水杯 D	550	100	19.9	…
	350	65	12.4	…

（2）多对象一特征多量值，即由一个基元可以拓展出多个同特征不同对象不同量值的基元。根据该规则，在进行创新或处理矛盾问题时，如果利用已有基元不能解决，则可以考虑与它同特征的其他对象及其相应的量值构成的基元去解决，即保持特征不变，拓展出该特征的其他对象与量值，如表 4-3 所示。

表 4-3 物元的多对象一特征多量值

特征 / 量值 / 对象	颜色
手表 D	金色
键盘 D	黑色
打印纸 D	红色
便利贴 D	彩色
…	…

(3)一对象多特征一量值,即由一个基元可以拓展出多个同对象不同特征同量值的基元。根据该规则,在进行创新或处理矛盾问题时,如果利用已有基元不能解决,则可以考虑与它同对象、同量值的其他特征构成的基元去解决,即保持对象与量值不变,拓展出该对象与量值的其他特征,如表 4-4 所示。

表 4-4 物元的一对象多特征一量值

特征 / 量值 / 对象	宽度/mm	重量/g	价格/元	…
直尺 D	15	15	15	…
直尺 D′	20	20	20	

(4)多对象多特征一量值,即由一个基元可以拓展出多个不同对象不同特征同量值的基元。根据该规则,在进行创新或处理矛盾问题时,如果利用已有基元不能解决,则可以考虑与它同量值的其他对象及其相应的特征构成的基元去解决,即保持量值不变,拓展出该量值的其他对象与特征,如表 4-5 所示。

表 4-5 物元的多对象多特征一量值

特征 / 量值 / 对象	数量/页	长度/mm	重量/g	…
笔记本 D	297	297	297	297
打印纸 D	297	297	297	297
课本 D	297	297	297	297
…	297	297	297	297

(5)多对象一特征一量值,即由一个基元可以拓展出多个不同对象同特征同量值的基元。根据该规则,在进行创新或处理矛盾问题时,如果利用已有基元不能解决,则可以考虑与它同特征、同量值的其他对象构成的基元去解决,即保持特征与量值不变,拓展出该特征及其量值的其他对象,如表 4-6 所示。

表 4-6 物元的多对象一特征一量值

特征 / 量值 / 对象	价格/元
鼠标 D	28
桶 D	28
保温杯 D	28
…	28

(6)一对象一特征多量值,即由一个参变量基元可以拓展出多个不同参变量下的同特征不同量值的基元。根据该规则,在进行创新或处理矛盾问题时,如果利用已有基元不能解决,则可以考虑与它同对象、同特征的其他量值构成的基元去解决,即保持对象与特征不变,拓展出该特征的其他对象与量值,如表 4-7 所示,是一个温度随时间变化的水。

表 4-7 物元的一对象一特征多量值

特征 / 量值 / 对象	温度/℃
水 D(30s)	38
水 D(2min)	76
水 D(4min)	97
…	…

2.发散树方法及其分析流程

根据上述发散规则,可以从一个基元出发,拓展出多个基元,从而为创新或解决矛盾问题提供多条可能的途径。

在解决实际问题的过程中,有时只用某一发散规则,有时需要综合应用若干个规则才能找到创新或解决矛盾问题的较优路径。这样的发散过程形成了一种树状结构,故称为发散树。

将利用发散规则寻找创新问题的路径的方法称为发散树方法。该方法的基本流程如下:

(1)列出拟分析的基元 B;

(2)根据要解决的问题,选择应用发散规则;

(3)由 B 拓展出多个基元 $B_1,B_2,\cdots,B_n$;

(4)判断是否找到创新或解决矛盾问题的路径,若找到,则结束,否则进入下一步;

(5)对 B 继续进行拓展,直至找到创新或解决矛盾问题的路径。

【案例】 水杯是生活中的一种常见用品,我们喝水或泡茶、冲牛奶等,都需要使用杯子。根据人们对产品的多样化追求,这里从杯子的特征出发对水杯进行发散,然后对特征所对应的量值进行拓展,进行不同的组合,可以构思出更多款式的水杯,如表 4-8 所示。

表 4-8 水杯的发散树拓展

对象	特征	量值	量值拓展
杯子 D	材质	玻璃	塑料，金属，木质…
	颜色	白色	蓝色，黑色……
	容量	250ml	300ml，380ml……
	价格	9.9 元	15 元，18 元……
	图案	大象	兔子，花，帽子……
	形状	圆柱	圆锥，方形，不规则形……
	…	…	…

4.3.2 相关网方法

1. 相关规则

客观世界中的任何事和物，都与其他事或物存在着千丝万缕的联系，正是这些联系的存在，使得对某一对象进行交换时，会引起与它相关的对象的变换，这种现象称为相关。例如，沸水的温度与海拔高度相关。

相关分析是根据事、物的相关性，对基元与基元之间的一种特殊关系所进行的分析。常用的相关规则有如下三种：

(1)同对象异特征相关：对于同对象两个异特性基元 B_1 和 B_2，如果它们的量值之间具有某种函数关系，则 B_1 和 B_2 为同对象异特征相关。例如，书架的“容量”特征与它的“高度”特征相关，当改变“高度”的量值时，书架的“容量”特征也会随“高度”的改变而发生变化。

(2)异对象同特征相关：对于两个异对象同特征基元 B_1 和 B_2，如果它们的量值之间具有某种函数关系，则 B_1 和 B_2 为异对象同特征相关。例如，压缩机“成本”特征与电冰箱“成本”特征相关，当压缩机的“成本”增加时，电冰箱的“成本”也会相应提高。

(3)异对象异特征相关：对于两个异对象异特征基元 B_1 和 B_2，如果它们的量值之间具有某种函数关系，则 B_1 和 B_2 为异对象异特征相关。例如，空调的“功率”特征与房间的“初始温度”特征相关，当房间“初始温度”特征改变时，空调“功率”特征会相应改变；比如房间“初始温度”较高时，空调消耗“功率”也较高。

这些相关规则大多来源于常识或领域知识，也可以通过数据挖掘从数据库或知识库中获得。若 B_1 和 B_2 相关，则记作 $B_1 \sim B_2$。

2. 相关网方法及其分析流程

根据上述相关规则，便可用形式化的方法描述基元之间的这种相关关系。由于一个基元与其他基元之间的关系形如网状结构，故称其为相关网。

在相关网中，一个基元的改变，会导致网中与其他相关的基元的变化。一般来说，相关网都是动态的，但在给定的时刻，对给定的基元，它的相关网是唯一确定的。

通过相关网寻找解决创新发明问题的路径的方法称为相关网方法。其基本步骤如下：

(1)写出要分析的基元 B。

(2)利用相关规则列出基元 B 的相关网。

(3)分析相关网，从而确定引起基元 B 变化的基元 B_i，或由于基元 B 变化而引起的变化的基元 B_i。

(4)选择应用相关网中的基元 B_i 进行创新或解决矛盾问题。

在求解创新发明问题时，有时可以采用强制解除相关关系或强制建立相关联系的方法，这也是寻找解决方案的重要手段。

【案例】 利用相关网方法设计学校文创纪念品(如纪念信封)时，对其图案构思时，需要考虑纪念品的尺度，不同游客的喜好，学校的文化内涵、人文景点、自然景点、核心成果等，犹如一张网，通过全盘考虑，就能设计出针对性强的系列文创纪念品，如表 4-9 所示。

表 4-9 文创纪念品的图案的相关网

对象	特征	量值	相关	对象	特征	量值
文创纪念品 D	图案	人物	∽	文创纪念品 D	尺寸	22.5cm×12cm
				学校 D	著名人物	张三
				学校 D	景观	钟楼
				钟楼 D	尺度	2m×2m×22m
				张三	形象	清瘦
				游客 D	喜好	艺术

在解决各种矛盾问题时，一定要注意考虑各种相关网，否则会解决了一个矛盾问题的同时，产生一些新的矛盾问题。

4.3.3 蕴含系方法

1. 蕴含规则

蕴含分析是根据事、物和关系的蕴含性，以基元为形式化工具，对事、物和关系进行的形式化分析。

(1)蕴含的种类。蕴含包括因果蕴含和存在蕴含两种类型，它们又有无条件和条件蕴含之分。

因果蕴含：设 B_1、B_2 为两个基元，若 B_1 实现必有 B_2 实现，则称基元 B_1 蕴含基元 B_2，记作 $B_1 \Rightarrow B_2$。若在条件 l 下，B_1 实现必有 B_2 实现，则称在条件 l 下 B_1 蕴含 B_2，记作 $B_1 \Rightarrow (l) B_2$。无论是 $B_1 \Rightarrow B_2$，还是 $B_1 \Rightarrow (l) B_2$，一般称 B_1 为下位基元，B_2 为上位基元。例如，手

机 SIM 卡坏了，导致手机不能使用；椅子腿断了，使得椅子不能坐人了。

存在蕴含：设 B_1、B_2 为两个基元，若 B_1 存在必有 B_2 存在，则称基元 B_1 蕴含基元 B_2，记作 $B_1 \Rightarrow B_2$。若在条件 l 下，B_1 存在必有 B_2 存在，则称在条件 l 下 B_1 蕴含 B_2，记作 $B_1 \Rightarrow (l) B_2$。例如，计算机一定有内存条；手表必有表盘。

存在蕴含主要是物元的蕴含和关系元的蕴含；因果的蕴含主要是事元的蕴含，包括目标事元的蕴含、功能事元的蕴含、需要事元的蕴含、变换的蕴含等。

(2)蕴含规则如下：

①设有基元 B 和基元 B_1、B_2，若 B_1 和 B_2 同时实现必有 B 的实现，则 B_1、B_2 的“与”蕴含 B，记作 $B_1 \wedge B_2 \Rightarrow B$；若 B_1 或 B_2 实现都有 B 实现，则 B_1、B_2 的“或”蕴含 B，记作 $B_1 \vee B_2 \Rightarrow B$。若 B 实现，必有 B_1 与 B_2 同时实现，则 B 蕴含 B_1、B_2 的“与”，记作 $B_1 B_2$。

②若 $B_1 \Rightarrow B_2$，$B_2 \Rightarrow B_3$，则 $B_1 \Rightarrow B_3$，也可以记作 $B_1 \Rightarrow B_2 \Rightarrow B_3$。

③若 $B_{11} \wedge B_{12} \Rightarrow B_1$，$B_{21} \wedge B_{22} \Rightarrow B_2$，且 $B_1 \wedge B_2 \Rightarrow B$，则 $B_{11} \wedge B_{12} \wedge B_{21} \wedge B_{22} \Rightarrow B$。即在“与”蕴含中，最下位基元的全体蕴含最上位基元。

④若 $B_{11} \vee B_{12} \Rightarrow B_1$，$B_{21} \vee B_{22} \Rightarrow B_2$，且 $B_1 \vee B_2 \Rightarrow B$，则 $B_{11} \vee B_{12} \vee B_{21} \vee B_{22} \Rightarrow B$。即在“或”蕴含中，最下位的每一个基元都蕴含最上位基元。

由上述规则所形成的系统称为基元蕴含系统，简称基元蕴含系。

2. 蕴含系方法及其分析流程

蕴含系可以是“与”蕴含系，也可以是“或”蕴含系，还可以是“与或”蕴含系。由此可见，蕴含系可以是多层的。当上位基元不易实现时，可以寻找它的下位基元，如果下位基元易于实现，则认为找到了创新或解决矛盾问题的途径。

蕴含系方法是根据上述的蕴含规则，对某个基元系统进行分析，以寻找创新或解决矛盾问题的路径的方法。其基本步骤如下：

(1)列出要分析的基元、变换或问题。

(2)根据领域知识、常识知识和蕴含规则，建立蕴含系。

(3)根据解决问题过程中出现的新信息，在蕴含系的某层增加或截断蕴含系，若无新消息，则进入下一步。

(4)通过实现最下位基元，来使最上位基元实现，从而找到创新或解决蕴含关系的手段。

无论是何种蕴含系，在创新或解决矛盾问题时，也可以采取强制建立或解除蕴含关系的手段。

【案例】 从电视机的功能考虑，它能够播放各类电视节目，那么就会有如表 4-10 所示的播放功能所拓展的蕴含系，其中事元：观众的观看与感觉并列，(电视剧播放)可能产生(噪音)与影响(邻居休息)并列。

表 4-10 电视机的功能蕴含系

对象	特征	量值	蕴含	对象	特征	量值
播放	支配对象	电视剧	=>	观看	支配对象	电视剧
	施动对象	电视机		感觉	程度	有趣
				产生	支配对象	噪音
				影响	支配对象	邻居
				消耗	支配对象	电能

4.3.4 分合链方法

事、物和关系均存在可以组合、分解及扩缩的可能性，分别称为可组合性、可分解性和可扩缩性，统称可扩性。

根据可组合性，一个事物可以与其他事物结合起来生成新的事物；根据可分解性，一个事物可以分解为若干新事物，它们具有原事物所不具有的某些特征；同样，一个事物也可以扩大或缩小。这些可扩性为解决矛盾问题提供了可能性。

将事、物和关系用基元表示后，就可以对基元进行可拓分析，包括可组合、可分解、可扩缩分析：

可组合规则 给定基元 B_1，则至少存在另一个基元 B_2，使 B_1 和 B_2 可以组合成 B，称 B 是 B_1 和 B_2 的组合基元，包括相加与相积，即 $B=B_1 \oplus B_2$ 与 $B=B_1 \otimes B_2$。例如，将台灯功能与电风扇功能进行组合，产生创意产品 LED 台灯风扇，即 LED 台灯风扇 = 台灯$\oplus$电风扇。

可分解规则 基元 B 按照一定的条件分解为若干基元，即基元 $B//(l)(B_1, B_2, \cdots, B_n)$。例如，电冰箱可分解为保鲜层和速冻层；饭盒分解为多个小格，方便将饭和菜分开；手机可以分解为屏幕、电池、喇叭、相机、机壳等。

可扩缩规则 基元在一定条件下可以扩大或缩小，这个规则为形成系列产品提供了思路。例如，螺丝的公称直径系列为 M14、M16、M18……

分合链方法是根据上述规则，利用领域知识判断基元组合、分解或扩缩的可能性实施组合、分解和扩缩，以寻找创新或解决矛盾问题的途径或方法。其基本步骤为：

(1)将所要分析的对象用基元 B 表示。

(2)利用发散树方法对基元 B 进行拓展，拓展出多个基元。

(3)根据领域知识，判断 B 是否可以与拓展出来的其他基元组合，以及是否可以分解或扩缩。

(4)考察组合后的基元、分解后的基元、扩缩后的基元是否可以用于创新或解决矛盾问题。

【案例】 现需要测量一粒米的重量，但是一粒米的重量为毫克级别，因此在称重上需要使用精密仪器进行称量。当没有精密仪器时，我们可以选择称量 100 粒大米的重量，然后将所得的重量除以 100，即可得到一粒大米的重量。

类似地，对于大件物品（几吨重，可拆卸），如果没有足够量程的称，可以将大件物品分解为多个部件，再进行称量，而后加起来就得到大件物品的重量。

4.4 矛盾分析与标准参数

4.4.1 矛盾与矛盾分类

1. 系统中的矛盾

任何产品作为一个系统，都包含一个或多个功能，为了实现这些功能，产品由具有相互关系的多个零部件组成。为了提高产品的市场竞争力，需要不断对产品进行改进设计。当改变某个零件、部件的设计，即提高产品某些方面的性能时，可能会影响到与这些被改进设计零部件相关联的零部件，结果可能使产品或系统另一些方面的性能受到负面影响，于是设计出现了矛盾（Contradiction）。

矛盾是客观社会中普遍存在的现象，在创新与发明中也会碰到各种各样的矛盾（冲突），前面介绍可拓建模时，也提到可拓创新中，会碰到目标与条件的矛盾或两个目标之间的矛盾，可拓创新方法中称为不相容问题与对立问题。发明问题的核心是解决矛盾，系统的进化就是不断发现矛盾并解决矛盾，从而向理想化不断靠近的过程。发现矛盾才会导致创新，故创新过程也是求解矛盾的过程。

2. 矛盾分类

TRIZ 理论中将矛盾（冲突）分为管理矛盾、技术矛盾和物理矛盾。

（1）管理矛盾。管理矛盾是指在管理系统中一个管理原理或规定的改进而导致另外一方面管理目标的削弱或呈现出两种相反的状态。

（2）技术矛盾。一个技术系统中总是存在许多评价参数，当某个参数得到改善，而导致另外的参数恶化，这两个参数相反的表现就是技术矛盾。

（3）物理矛盾。技术系统中，某个参数出现两个完全相反的要求，如梁的尺寸既要大又要小，即产生了物理矛盾。

这里主要求解技术矛盾和物理矛盾。针对技术矛盾和物理矛盾，TRIZ 分别提供了矛盾矩阵和分离原理两种工具来解决，但这两种方法最终都归结为使用 40 个发明技巧（原理）求解，具体的矛盾问题求解将在第 5 章进行详细讲述。

4.4.2 技术矛盾

在技术系统中，当改进系统中某个参数，而引起了系统中另一个参数的恶化，这种矛盾称为技术矛盾。技术矛盾是日常生活中常见的一类矛盾，是参数间的矛盾，即同一系统不同参数之间产生了矛盾，如设计书桌时，希望桌面上能放很多物品，就增加桌板厚度，但很厚的桌板很重，会恶化桌腿的受力，这里就出现了桌板厚度与桌腿受力的矛盾。

识别技术矛盾是定义技术矛盾的前提。在技术系统中，技术矛盾通常表现为：①在一个子系统中引入一种有用功能后，会导致系统产生一种有害功能，或加强了已存在的一种有害功能；②减弱一种有害功能会导致系统的有用功能的削弱；③加强系统的有用功能或削弱有害功能，会使另一子系统或系统变得复杂。

针对一个技术系统，如果提出了一个解决方案，那么带来了什么好的结果（这个就是改善的参数），但又带来什么不好的效果（这个就是恶化的参数）。通过这样的描述，就能找到矛盾中的改善参数和恶化参数，同时也要明白，技术矛盾的描述可以反过来的，即对"所提的解决方案反方向"分析，那么改善了什么，但恶化了什么。可以采用填表（表 4-11）的方式寻找技术矛盾的双方。

表 4-11　技术矛盾分析

	技术矛盾 1	技术矛盾 2
如果	提出的解决方案（F）	提出的反向解决方案（－F）
那么	改善的参数（A）	改善的参数（B）
但是	恶化的参数（B）	恶化的参数（A）

【案例】 如果增加计算机内存容量，这样就会提高计算机的运算性能，但是会增加计算机的成本；如果降低内存容量，这样就会降低计算机的成本，但是运算性能也会随之降低。

根据填表的方法，可以定义如表 4-12 的技术矛盾为：

表 4-12　计算机硬件配置的技术矛盾

	技术矛盾 1	技术矛盾 2
如果	增加内存容量	降低内存容量
那么	提高运算性能	降低计算机成本
但是	增加了计算机成本	降低了运算性能

4.4.3　标准工程参数

为了标准化描述技术矛盾，TRIZ 理论给出了 39 个标准工程参数（如表 4-13 所示，具体定义见附录 B），利用 39 个标准工程参数就足以描述工程中出现的绝大部分技术内容。故在应用矛盾矩阵来解决实际问题的时候，先把构成技术矛盾的两个参数，分别用 39 个标准工程参数表示，这样就可以把创新与发明中存在的矛盾，转化为标准的技术矛盾，进而就可以查询矛盾矩阵，找到推荐发明技巧了。

表 4-13　39 个标准工程参数名称

序号	名称	序号	名称	序号	名称
1	运动物体的重量	14	强度	27	可靠性
2	静止物体的重量	15	运动物体的作用时间	28	测试精度
3	运动物体的长度	16	静止物体的作用时间	29	制造精度
4	静止物体的长度	17	温度	30	作用于有害因素作用
5	运动物体的面积	18	光照度	31	物体产生的有害因素
6	静止物体的面积	19	运动物体的能量	32	可制造性
7	运动物体的体积	20	静止物体的能量	33	可操作性
8	静止物体的体积	21	功率	34	可维修性
9	速度	22	能量损失	35	适应性或通用性
10	力	23	物质损失	36	系统的复杂性
11	应力或压力	24	信息损失	37	测控的复杂性
12	形状	25	时间损失	38	自动化程度
13	结构的稳定性	26	物质的数量	39	生产率

【案例】　创新设计多色签字笔，会碰到一个矛盾，即增加笔芯数量，会提升签字笔的通用性，但加剧了签字笔的复杂性，用标准工程参数表示如表 4-14 所示。

表 4-14　签字笔的技术矛盾标准工程参数的表示

	技术矛盾 1	技术矛盾 2
如果	增加笔芯数量	减少笔芯数量
那么	提高通用性 No. 35	减少系统复杂性 No. 36
但是	增加了系统复杂性 No. 36	降低了通用性 No. 35

4.4.4　物理矛盾

当对某个技术系统的同一个参数提出了相反的要求时，就出现了物理矛盾。例如，设计汽车，希望汽车体积大一些，这样可以搭乘更多的乘客，但在汽车停放时，又希望汽车体积小一点，这样便于停放，即对汽车的尺寸提出了互斥的要求。

物理矛盾出现的几种情况：①一个子系统中有用功能加强的同时导致该子系统中有害功能的加强。②一个子系统中有害功能降低的同时导致该子系统中有用功能的降低。

在生活与工程中存在很多物理矛盾。常见的物理矛盾如表 4-15 所示。

表 4-15 常见物理矛盾

类型	几何类	材料及能量类	功能类
举例	长与短	多与少	喷射与堵塞
	宽与窄	黏度高与低	推与拉
	厚与薄	功率大与小	冷与热
	圆与非圆	时间长与短	运动与静止
	锋利与钝	密度大与小	强与弱
	对称与非对称	导热率高与低	软与硬
	水平与垂直	温度高与低	成本高与低
	平行与交叉	摩擦系数大与小	快与慢

针对物理矛盾问题，如何准确地描述和定义其中的物理矛盾，对于问题的求解十分关键，也可以按填表法分析物理矛盾，如表 4-16 所示，即分析表中的参数 A，及其条件与原因，就能提取出物理矛盾。物理矛盾不一定要求用标准参数描述。

表 4-16 物理矛盾分析

	物理矛盾	
如果参数	A	
需要	B	因为(C)
但是	—B	因为(D)

【案例】 笔记本电脑设计时会碰到一些物理矛盾，如为了提升性能，其体积要大一些比较好，但是为了方便携带，又希望笔记本体积越小越好。运用填表法分析其物理矛盾如表 4-17 所示。

表 4-17 笔记本电脑的物理矛盾分析

	物理矛盾	
如果参数	体积	
需要	大	因为(性能好)
但是	小	因为(方便携带)

4.4.5 技术矛盾和物理矛盾的关系

技术矛盾是技术系统两个参数之间存在相互制约，物理矛盾是技术系统中一个参数无法满足系统内相互排斥的需求。两者的区别如下：

(1)技术矛盾是整个系统中两个参数(特性和功能)之间的矛盾，物理矛盾是技术系统中某一个元件的一个参数(特性、功能)相对立的两个状态。

(2)技术矛盾涉及的是整个技术系统的特性，物理矛盾涉及的是系统中某个元素的某个特征的物理特性。

(3)物理矛盾比技术矛盾更能体现问题的本质。

(4)物理矛盾比技术矛盾更“激烈”一些。

技术系统中的技术矛盾是由系统中相互冲突的物理性质造成的，相互冲突的物理性质是由元件相互排斥的两个物理状态确定的；而相互排斥的两个物理状态之间的关系是物理矛盾的本质。在很多时候技术矛盾是更显而易见的矛盾，而物理矛盾是隐藏得更深入、更尖锐的矛盾。

无论是技术矛盾还是物理矛盾，它们都反映技术系统的参数属性，因此，它们之间又是相互联系的。对于同一个技术问题来说，技术矛盾和物理矛盾是从不同的角度，在不同深度上对同一个问题的不同表述，因此技术矛盾和物理矛盾可以相互转换。

【案例】 设计文具盒时会碰到一些矛盾，为了装更多的文具，文具盒的体积希望设计的大一点，但文具盒体积增加后，消耗的材料(物质的数量)增加。用技术矛盾方法分析如表 4-18 所示。

表 4-18 文具盒设计中的技术矛盾

	技术矛盾 1	技术矛盾 2
如果	增加文具盒体积	减少文具盒体积
那么	提高通用性 No. 35	降低了物质的数量 No. 26
但是	增加了物质的数量 No. 26	降低了通用性 No. 35

这个技术矛盾也可以用物理矛盾描述，如表 4-19 所示。

表 4-19 文具盒的物理矛盾分析

	物理矛盾	
如果参数	体积	
需要	大	因为(通用性好)
但是	小	因为(耗用的材料少)

4.5 How to 模型(不知所措)

从这节开始，将创新方法与成语结合，一是方便大家记忆，二是让大家认识我国的传统文化，How to 模型是解决怎么做的问题，即解决“不知所措”的问题。

在创新发明中，当面临“怎么做”(或“如何做”)的问题时，TRIZ 理论提出了科学效应方法来解决这种问题。而利用科学效应方法前需要建立 How to 模型。

How to 模型是针对“怎么做”的创新发明问题，利用简单明了的标准化词汇来描述系统所需功能的方法。其基本形式为：动词＋名词，如“升高温度”“改变尺寸”“控制力”等为后续选用科学效应提供依据。描述的要求：①功能描述要一般化，如“移除”用“移动”描述；②物质(属性)描述要通用化，如“水”用“液体”描述。例如，将初始问题“如何移除瓷杯内的水?”描述为“移动液体”。这个与前面的功能分析、功能导向搜索方法的一般化描述是一样的,这个反复出现知识能够让大家印象深刻。

TRIZ 理论中给出了 30 个标准的 How to 模型,以及这些模型的实现经常要用到的 100 个科学效应,来帮助我们解决创新发明中常见的问题。标准的 How to 模型功能代码表如表 4-20 所示,科学效应功能代码表与功能代码与科学效应对应关系表请见附录 D。

表 4-20 功能代码表(How to 模型)

功能代码	实现的功能	功能代码	实现的功能	功能代码	实现的功能
F01	测量温度	F11	稳定物体位置	F21	改变表面的性质
F02	降低温度	F12	产生/控制力,形成大的压力	F22	检查物体容量的状态和特征
F03	提高温度	F13	控制摩擦力	F23	改变物体空间性质
F04	稳定温度	F14	解题物质	F24	形成要求的结构,稳定物体结构
F05	探测物体的位移和运动	F15	积蓄机械能与热能	F25	探测电场合磁场
F06	控制物体位移	F16	传递能量	F26	探测辐射
F07	控制液体及气体的运动	F17	建立移动物体合固定物体之间的交互作用	F27	产生辐射
F08	控制浮质(气体中的悬浮粒,如烟雾等)的流动	F18	测量物体的尺寸	F28	控制电磁场
F09	搅拌混合物,形成溶液	F19	改变物体的尺寸	F29	控制光
F010	分解混合物	F20	检查表面状态和性质	F30	产生及加强化学变化

How to 模型分析可采用分析模板进行分析,如表 4-21 所示,是“针对玻璃窗外表面比较脏的问题,如何比较安全方便地擦除玻璃外表面的脏物?”的问题的 How to 模型分析。

表 4-21 How to 模型的分析模板

创新发明问题中的“如何做”	系统所需功能	How to 模型
如何驱动刷子在玻璃外表面运动?	移动物体	控制物体位移(F06)

具体步骤为:先提取创新发明问题中“怎么做”的初始问题,再进行标准化通用化描述,而后从标准功能表 4-20 中找到对应的 How to 模型。

【案例】 一堆细沙里掺杂了碎铁粒,如何将碎铁粒从细沙里分离出来呢?使用 How to 模型进行分析,并查找功能代码表,运用电磁场法,可以实行铁粒和细沙的分离。原理图如图 4-2 所示。

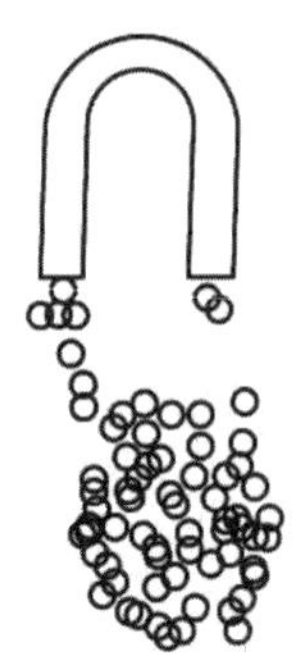

图 4-2　细沙铁粒分离原理

根据 How to 分析表，分析如表 4-22 所示。

表 4-22　细沙中铁粒分离问题的 How to 模型

问题中的"如何做"	系统所需功能	How to 模型
如何将细沙与铁粒分离？	移动铁粒	控制电磁场(F28)

4.6　多屏幕法(经天纬地)

4.6.1　多屏幕法及应用步骤

多屏幕方法按照多个屏幕(通常是九个屏幕)的提示去思考问题，是一种综合考虑问题的方法，在分析和解决问题时，不仅要考虑当前所研究的系统，还要考虑它的超系统和子系统；不仅要考虑当前系统的过去和将来，还要考虑其超系统和子系统的过去和将来。

多屏幕法是一个重要的资源分析和思维拓展的工具，具有可操作性、实用性强的特点，能够帮助设计者把结构、时间及因果关系等多个维度结合起来产生发散思维和寻求资源，对问题进行全面、系统地分析，为解决创新设计中疑难问题提供了清晰的思维路径。

多屏幕法的做法是按照如图 4-3 所示的九个屏幕的提示，对问题进行多方位多层次的思考，具体思考流程为：

(1)先从技术系统本身出发，考虑可以利用的资源，填写图中的屏幕 1；

(2)考虑技术系统的子系统、超系统中的资源，填写图中的屏幕 2 与 3；

(3)考虑系统的过去和未来，从中寻求可以利用的资源，填写图中的屏幕 4 和 5；

(4)考虑超系统和子系统的过去和未来，从中寻求可利用的资源，填写图中的屏幕 6-9。

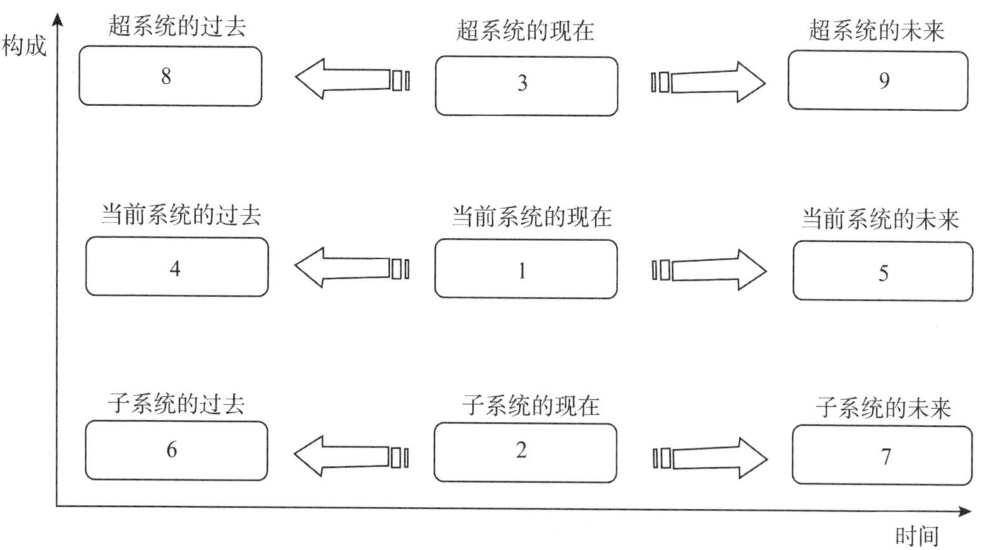

图 4-3　多屏幕法实施流程

4.6.2　多屏幕法改进

通常情况下,多屏幕法是填写九个屏幕,也称为“九宫格法”,但有时填写九个屏幕会出现困难,或填完九个屏幕还不能找到解决问题的思路,因而针对这些问题对多屏幕法进行改进或拓展。

1. 多屏幕法的简化

当填写九个屏幕有困难时,不用刻意去想,可以简化为十字架式的多屏幕法,如图 4-4 所示,这样可以提高创新效率。

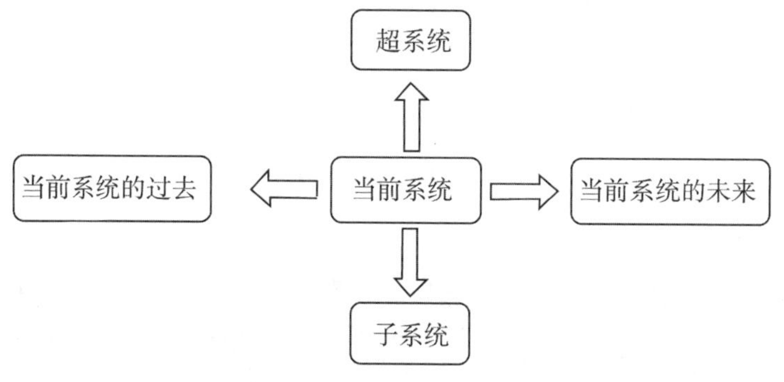

图 4-4　简化的多屏幕法

2. 多屏幕法的拓展

当填写一个九屏幕不能拓展出想要的思路,可以对九屏幕进行拓展,有两种思路拓展多屏幕法。

(1)以现有的九个屏幕中的除“当前系统屏幕”外的其他的屏幕为当前系统，再一次进行九屏幕填充，如图 4-5 所示。

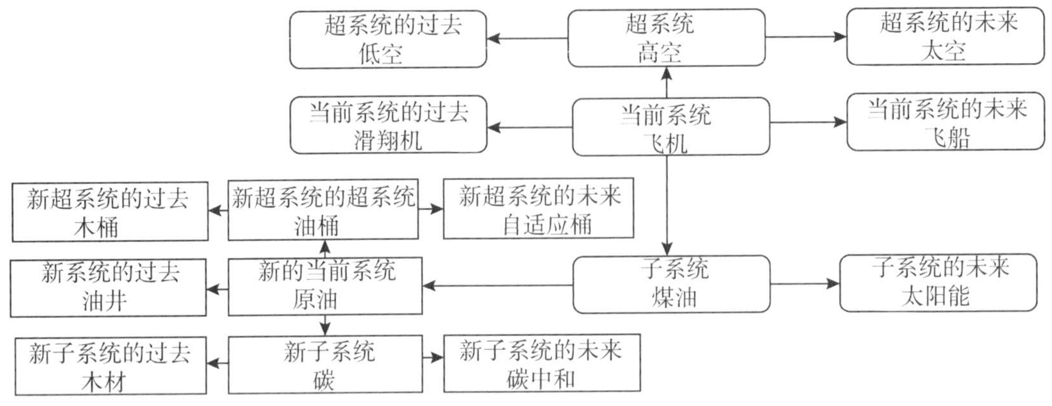

图 4-5　以子系统的过去为当前系统的多屏幕法

(2)以现有的九屏幕，增加“当前系统”反系统为当前系统，进行九屏幕填充，如图 4-6 所示。

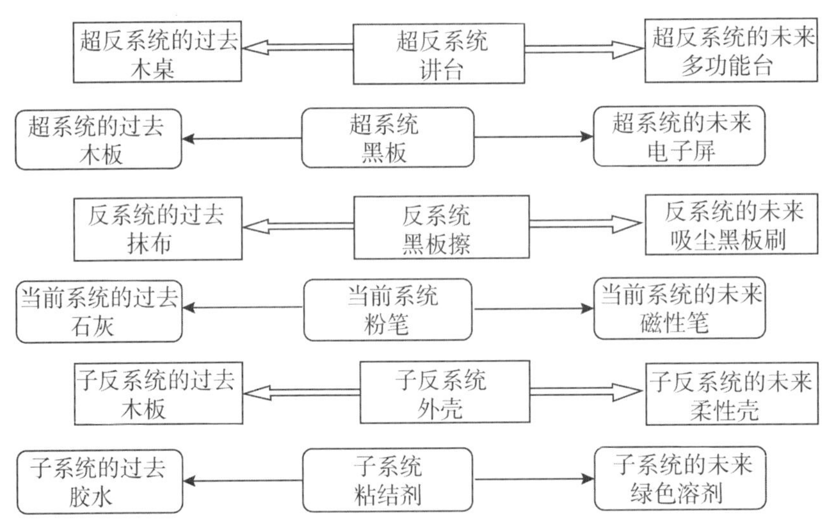

图 4-6　正反系统的多屏幕法

【案例】　桥梁的改进

针对当前的桥梁系统，按照图 4-3 所示的多屏幕填写流程，对桥梁系统进行发散思考，构成桥梁的多屏幕分析如图 4-7 所示，这样可以有序地分析各种可能的解决思路。

(1)利用子系统资源，可能的解决方案有：

①混凝土可以不使用钢筋，可采用复合材料，减少桥梁的重量。

②桥梁结构可以不用现在这种浇灌混凝土，而是借鉴古代石桥，采用混凝土块砌成，便于搭建与拆除。

(2)利用超系统资源，可能的解决方案有：

针对不同的搭建空间，桥梁的形式已经有很多样式，可以进一步设计一种能够适应搭建所在地的气候和环境变化的桥梁，即自适应桥，延长桥梁的使用寿命。

(3)利用系统未来发展的角度，可能的解决方案有：

桥梁不一定设计为大型的过水桥、马路桥、铁路桥等，也可以建造为一种能移动的桥，以需要的地方快速搭桥。如利用充气结构、磁悬浮结构、模块化桥梁(便于组装与拆卸)等。另外，未来桥梁可能是带有一些传感器(如应力传感器)，能自我诊断，与自我维护的智能桥梁。

根据上述的思路，可携带式桥的创新设计方案可以为如图 4-8 和图 4-9 所示的充气式和模块化桥梁。其中，充气式可携带桥更适合在水上搭建，当使用该结构桥梁时，对气囊充气使其膨胀，将桥梁结构两端的绳索固定在河道的两端，桥身结构漂浮在河道上，桥的两侧呈立体结构有助于人员稳定通过。模块化桥梁适合在峡谷等陆地地形上搭建。

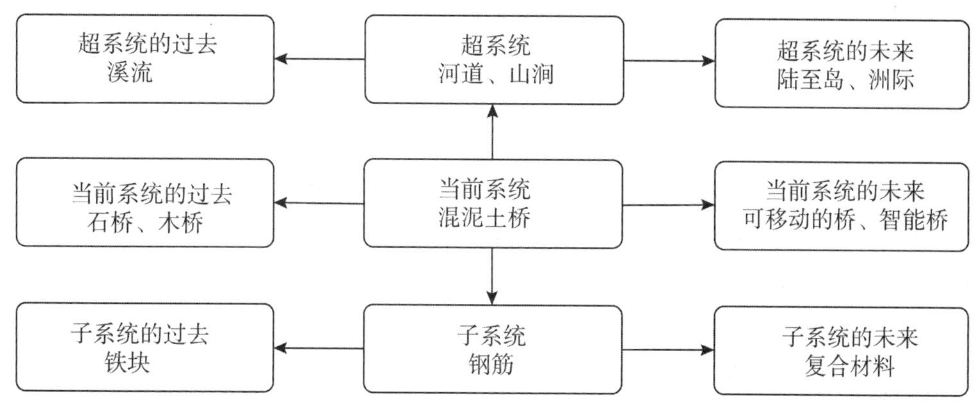

图 4-7　桥梁的多屏幕分析

图 4-8　充气式桥梁与可移动的桥梁

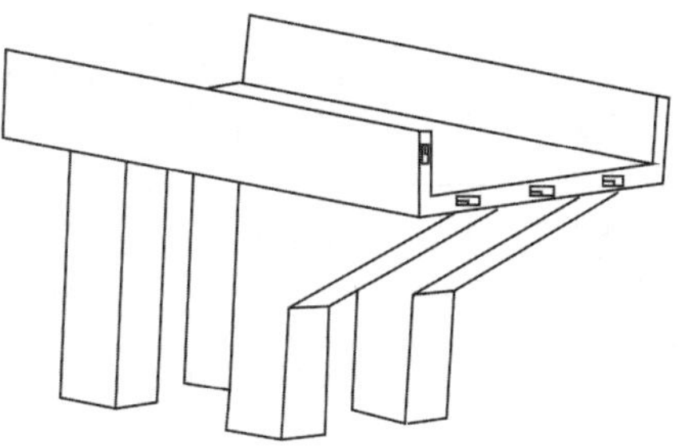

图 4-9　模块化桥梁

4.7 STC 算子法(三亲六卷)

4.7.1 STC 算子法及应用步骤

STC 算子法是从物体的尺寸(size)、时间(time)、成本(cost)三个不同方面、通过以极限方式想象系统来展开思考,打破固有的对尺寸、时间和成本的认识,获得创新思维的方法,是一种多维度思维的发散方法,如图 4-10(a)所示。STC 算子法方法从尺寸、时间和成本这三个不同角度来发散思维,获得解决方案。相对于一般的发散思维和头脑风暴,运用 STC 法能更快地得到问题的解决方案。

STC 法变化产品中的常用参数:尺寸、时间和成本,这些参数可以改变,如改为 RTC 算子法,就是将 STC 中的尺寸换成资源(Resource),同样也可以改为新颖性、结构复杂性、可靠性等。STC 算子法示意图如图 4-10(b)所示。

其实施流程为:

(1)定义求解系统的尺寸(或资源)、时间和成本;

(2)对系统的尺寸(或资源)向无穷大或无穷小方向变化,考察系统性能的变化情况;

(3)对系统构建过程的时间或其中组件运动速度向无穷大或无穷小方向变化,考察系统性能变化;

(4)考察系统成本向无穷大或无穷小方向变化时系统性能的变化;

(5)对上述三个维度的形成的方案进行综合,获得一个理想的解决方案。

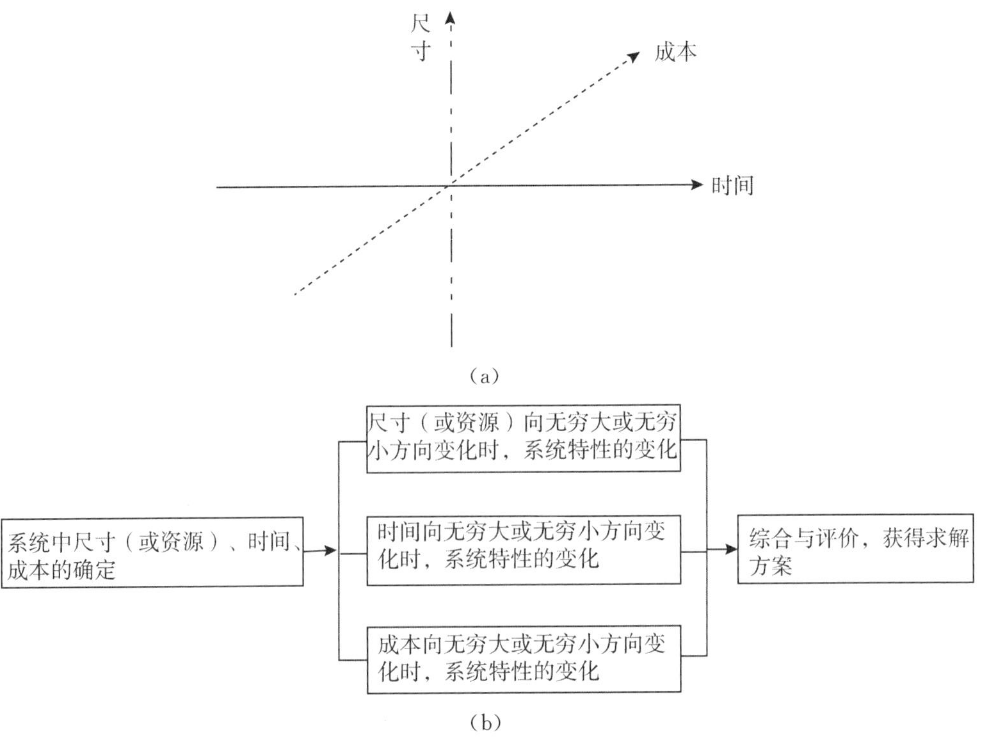

图 4-10 STC(RTC)算子法

4.7.2 STC 算子法应用实例

【案例】 菜刀的设计

菜刀是人们生活中常见的厨房用具,现有的菜刀都是上下切菜,存在切菜效率不高、菜片易粘刀等问题,如何进一步改进呢?这里应用 STC 算子法对菜刀进行发散思维,如图 4-11 所示。

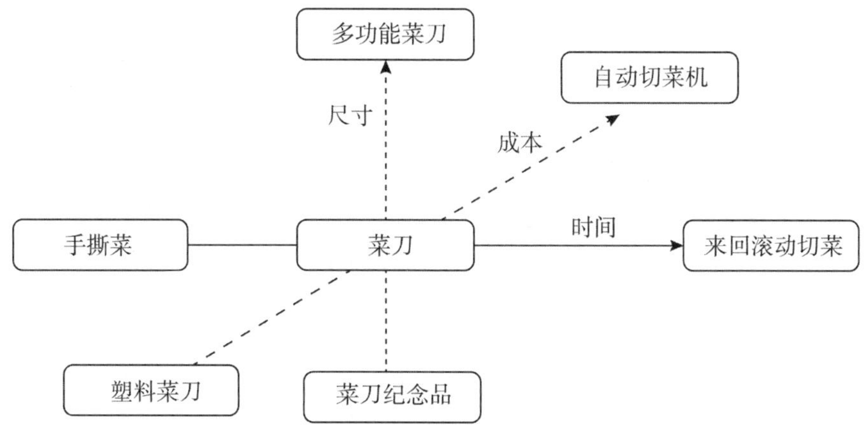

图 4-11 应用 STC 算子法对菜刀进行创新思考

如图 4-11 所示,采用尺寸—时间—成本分析法对菜刀进行创新思考,将沿尺寸、时间、成本三个轴的正向和反向进行创新思维。沿尺寸轴,增大菜刀尺寸的情况下,可以设计成多片刀拼装的组合菜刀,或多功能菜刀,这样能同时切几片,或完成多个功能,如图 4-12(a)所示;缩小尺寸的情况下,可以设计成菜刀纪念品(谐音财到),如图 4-12(b)所示。沿时间轴,在不限时间的情况下,可以设计成剪式菜刀,如图 4-13(a)所示;若要提高切菜速度,可以滚动切菜的圆形菜刀,如图 4-13(b)所示。沿成本轴,在低成本的情况下,可考虑用塑料做菜刀,如图 4-14(a)所示;在不计成本的情况,可以设计成自动切菜机,如图 4-14(b)所示。这样通过 STC 三个轴的拓展,产生了很多创意。

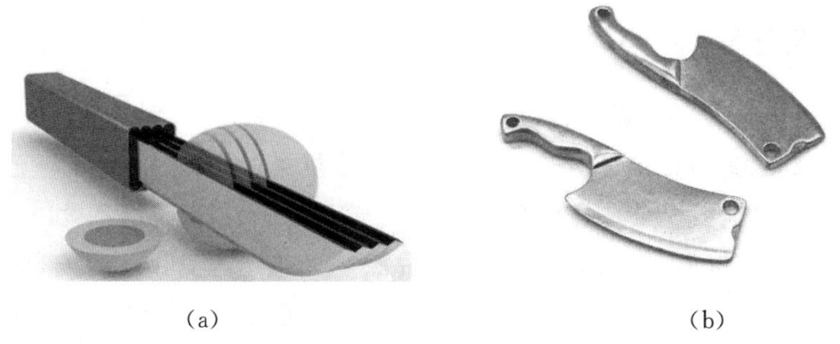

(a) (b)

图 4-12 组合菜刀与菜刀纪念品

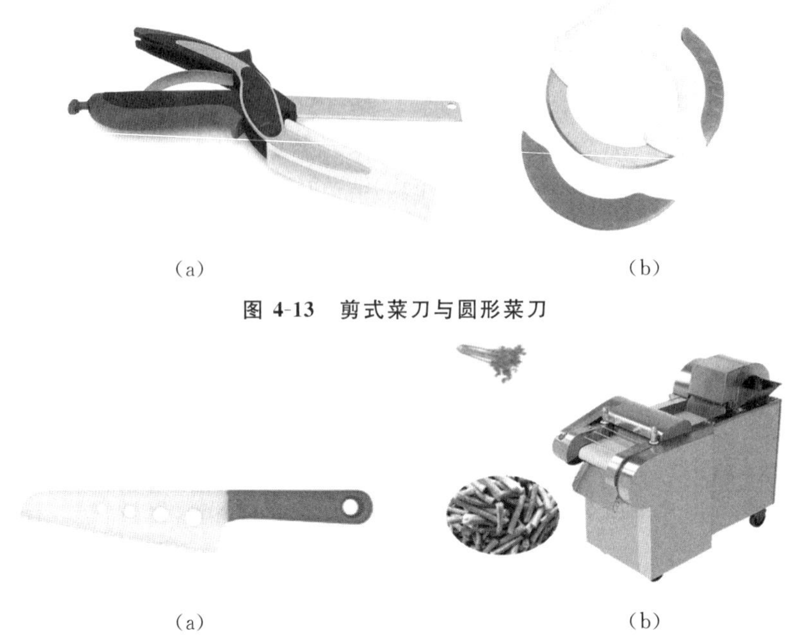

(a) (b)

图 4-13 剪式菜刀与圆形菜刀

(a) (b)

图 4-14 塑料菜刀与自动切菜机

4.8 资源分析法(物尽其用)

资源是一切可被人类开发和利用的物质、能量和信息等的总称。资源是从发现矛盾到消除矛盾(或是获得理想解)之间的一座桥梁,扮演着直接获得创意、解决矛盾和预示系统进化的关键角色。设计中的可用资源对创新设计起着重要作用,问题的解越接近理想解,可用资源就越重要。任何系统,只要还没有达到理想解,就应该具有可用资源。而发明资源通常是隐含的、不可直接利用的或者隐藏在系统或超系统(环境)中,因此,有必要对资源进行分类,详细分析,以便高效地利用资源。

前述的多屏幕法也是资源分析的一种方法,在创新与发明中,要充分利用资源,特别是要多利用免费资源、廉价资源。

4.8.1 资源分类

资源的分类如 4-15 所示。从资源的存在形态角度,资源分为宏观资源与微观资源;从资源使用的角度,资源分为直接资源与派生资源;从分析资源角度,资源分为显性资源和隐性资源;从资源与其他概念结合的角度,资源分为发明资源、进化资源和效应资源。

系统资源包括内部资源和外部资源。内部资源是指在矛盾发生的时间、区域内部存在的资源,是系统内部的组件及其属性。外部资源是指在矛盾发生的时间、区域外部存在的资源,包括从外部获得的资源及系统专有的超系统(环境)资源、廉价易得资源。这两大类资源又可分为直接应用资源、差动资源和派生资源。直接应用资源是指在当前状态下可被直接使用的资源,如物质资源、能量(场)资源、空间资源、时间资源、信息资源和功能资源等。差动资源则是指物质与场的不同特性形成的某种技术特征资源,如结构特性、材料特性、各种参数特性等。而派生资源则是指通过某种变换，使不可用资源得以利用或改变设计使之与设计相关，从而可以利用的特性资源。

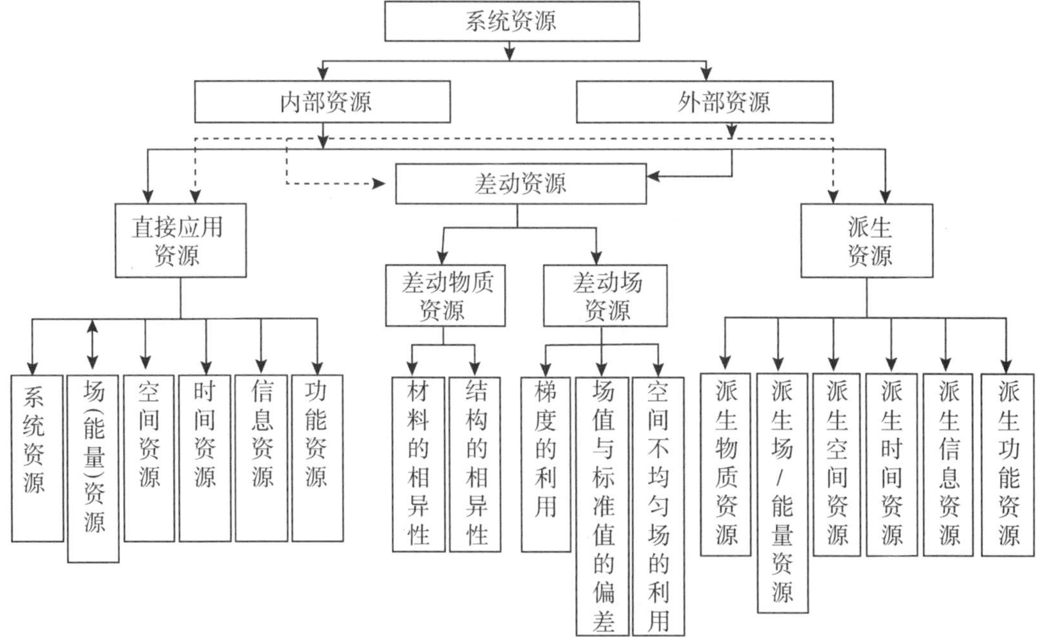

图 4-15 资源分类

这里简单介绍一些能直接应用的常用资源。

(1)物质资源：用于实现有用功能的一切物质。系统或环境中任何种类的材料或物质都可看作是可用物质资源。例如废弃物、原材料、产品、系统组件、功能单元、廉价物质和水等。求解问题时，尽可能应用系统中已有的物质资源解决系统中的问题。

(2)空间资源：系统本身及超系统的可利用空间。为了节省空间或者当空间有限时，任何系统中或周围的空闲空间都可用于放置额外的作用对象，如最大限度利用有限的空间、物体的反面、多孔材料(固、液、气)、微观空间结构、同时间的组合(同一空间，不同时间)。

(3)信息资源：系统中存在或能产生的信息，信息作为反映客观世界各种实物的特征和变化结合的新知识，已成为一种重要的资源，在人类自身的划时代改造中起着重要的作用，其信息流将成为决定生产发展规模、速度和方向的重要力量。求解问题时，尽可能地提高系统感知信息的能力，并将这些信息通过某种手段表达和反馈出来。

(4)能量资源：系统中存在或能产生的场或能量流，能够提供某种形式能量的物质或物质的转换运动过程都是能源。包括来自太阳的辐射能及其转化的多种形式的能源、来自地球本身的能量(如热能、核能)、来自地球与其他天体相互作用所引起的能量(如潮汐能、风能)。求解问题时，尽量减少能量损失、缩短能量的流动路径、提高能量的流动速度、减少能量的滞留时间、将有害能量流变为有益能量流、替换更高层级的能量。

(5)时间资源：系统启动之前、工作中及工作之后的可利用时间。求解问题时，尽可能地使过程连续，并逐步消除停顿和空闲行程。

(6)功能资源:利用系统的已有组件,挖掘系统的隐性功能。求解问题时,尽可能地使子系统的功能资源执行更多的相同或不同的功能,提升子系统的多用性。

4.8.2 利用资源原则

资源分析是对理想的资源,即无限的、免费的资源的分析利用,系统化地考虑可用的资源,因而直接触发解决问题的创新灵感。在设计过程中,合理地利用资源可使问题的解更容易接近理想解。如果利用了某些资源,可能取得附加的、未曾设想的效益。另外,设计过程中用到的资源不一定很明显,需要认真挖掘才能成为有用资源。运用资源分析,应该遵循以下基本原则:

(1)将所有的资源首先集中于最重要的子系统中。

(2)合理地、有效地利用资源,不可造成浪费。

(3)将资源集中到特定的时间和空间。

(4)利用其他过程中损失或浪费的资源。

(5)与其他子系统分享有用资源,动态地调节这些子系统。

(6)根据子系统隐含的功能,利用其他资源。

(7)对其他资源进行变换,使其成为有用资源。

4.8.3 资源分析流程及应用实例

资源分析是按照资源利用原则寻求解决问题方案的问题分析方法,其流程为:

(1)针对存在的问题,发现与寻找资源。

(2)挖掘及探究资源,挖掘就是向纵深方向获取更多有效的、新颖的、潜在的、有用的资源;探究就是针对资源进行分类,针对系统进行聚集,以问题为中心寻找更深层级的资源及派生资源。

(3)整理及组合资源,资源整合是对不同来源、不同层次、不同结构、不同内容的资源进行识别与选择、汲取与配置、激活与有机融合,使其具有较强的系统性、适应性、条理性和应用性,并创造出新资源的一个复杂的动态过程。通过资源整合,把系统内部彼此相关又彼此分离的资源,以及系统外部既参与共同的使命又拥有独立功能的相关资源整合成一个大系统,取得 1+1>2 的效果。

(4)评价及配置资源,对资源进行遴选,从数量上、质量上、可用度等方面进行评价;根据评价结果,对各种资源在各种不同的使用方向之间进行分配(包括对时间、空间和数量三个要素的配置)。

【案例】 DIY 消毒笔

一旦爆发严重的社会公共卫生疫情,社会的医疗物品生产将处于紧张、防控状态,此时如何利用已有的资源 DIY 有效的自我防护物品呢?比如,乘坐电梯时,为了避免手部感染传染病毒,大家都忌讳直接用手去接触按键,此时人们就渴求有一款简易、卫生、低成本的中介物出现,可以充分利用我们身边的签字笔。

应用资源分析的步骤如下：

(1)可用资源分析。

圆珠笔实体：笔筒、笔芯、笔盖；超系统：电梯按钮、棉花团、消毒液、人。

(2)解决方案。

例如，将废弃的圆珠笔实体中的子系统笔芯拿走，在笔盖塞入用消毒液浸泡着的棉花团。当人乘坐电梯时，打开笔盖，用笔尖去按按钮；当把笔尖旋入笔盖时，笔盖中棉花团里的消毒液可以将病菌灭杀。DIY 消毒笔如图 4-16 所示。

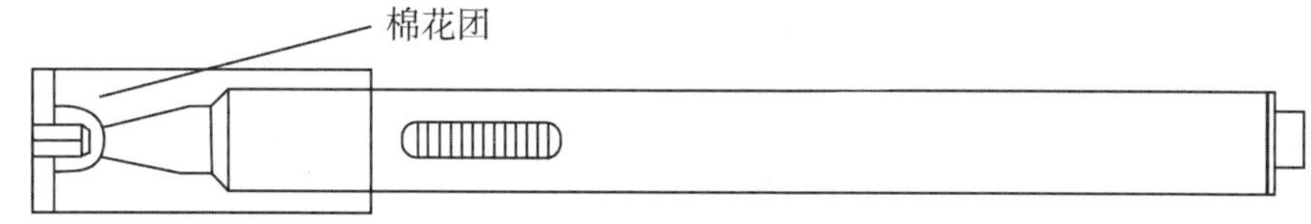

图 4-16 DIY 消毒笔

【案例】 食品的保存

为了将过多的食物保存下来，古人曾用腌制法抑制细菌的繁衍以使食品不腐坏。是否可以应用资源分析法来拓展保存食物的方法？

应用资源分析的步骤如下：

(1)可用资源分析。

系统：食物；超系统：风、火、阳光、柴、吸附剂。

(2)解决方案。

去除食物中的水分，是长期保存食物的途径，利用身边可用的资源去除食物中的水分，也可以达到长期保存食物的目的。例如，用风能将食品中过多的水分风干，或者用柴火产生的热能将食品制成熟食，或者烟熏食品，或者用太阳提供的温度场将食品过多的水分除去，也可以用吸附剂吸掉食物中的水分。

4.9 问题分析工具的选择策略

问题分析的实质是在识别核心问题的基础上进行分析，分析矛盾双方或能够利用的资源，其中寻求能够利用的资源是问题分析的重要方面，为后续的问题求解奠定基础。前面介绍了几种问题分析的工具，往往会面临着一个问题：该如何选择？针对这个问题，这里建立一个选择策略。

1. 根据问题类型来选择

根据不同的问题分析的性质，如矛盾分析、拓展分析、资源分析、如何做的分析，可以采用如下策略：

(1)优先选用功能导向搜索，试图寻求问题的现有解决思路；

(2)对于矛盾问题，可以采用矛盾分析来对矛盾进一步分析，或用拓展分析来发散矛盾双方不相容(或对立)拓展思路；

(3)对于寻求资源的问题,可以采用拓展分析、多屏幕法、STC 算子法、资源分析来寻求系统、超系统、子系统可以利用的各类资源;

(4)对于如何做的问题,可以采用 How to 模型来建立标准的功能描述(即 How to 模型);

(5)对于暂时无法确定性质的分析,可以用拓展分析来发散思路。

(6)也可采用多种方法分析,而后选择合适的分析结果为后面求解服务。

2. 根据难度来选择

在第 2 章介绍了工具的难度,这里可以根据难度来进行工具的选择,难度值低的工具优先。通过初步调研,各个工具的学习难度如表 4-23 所示。

表 4-23 问题分析工具的难度

问题分析工具	难度	问题分析工具	难度
功能导向搜索	2.7	多屏幕法(经天纬地)	2.94
拓展分析	3.25	STC 算子法(三亲六眷)	2.91
矛盾分析	3.44	资源分析法(物尽其用)	3.10
How to 模型(不知所措)	2.44		

练一练

1. 试用功能导向搜索拓展灭蚊、灭蟑螂、灭鼠等的方案。

2. 在文具(如多用直尺、多功能橡皮擦、多功能文具盒等)研发中碰到困难,请用功能导向搜索去寻求更多的解决方案。

3. 针对某种日用品(如剪刀、筷子、勺子、指甲刀等),写出一个多维物元,并利用发散树进行分析。

4. 根据某个生活用品(如闹钟、充电器、排插、椅子等)的功能,写出一个多维事元,并利用发散树进行分析。

5. 观察某种文具(如卷笔刀、订书机、胶水等)的结构关系,写出一个多维关系元,并利用发散树进行分析。

6. 请结合生活中的具体问题列举一些可扩规则解决问题的案例。

7. 某种铁钉(或螺钉、小螺母等小零件)的重量较轻,只有一种量程在 0~8kg 的磅秤,请问如何称量这种铁钉(或螺钉、小螺母等小零件)的单个重量?

8. 试着找出日常生活的某物品(如剪刀、铁夹、别针等)的相关网,并根据这个相关网获得新的创意。

9. 将笔记本电脑设计成模块化结构,不同的功能在不同的模块上,用户可以根据需要进行组合。请根据拓展分析方法从现有的笔记本拓展出这种产品创意。

10. 有个空调重量为 20kg,包括箱体、送风机、过滤器、压缩机、蒸发器、冷凝器、控制电路等，如果箱体的重量为 2kg，压缩机的重量为 8kg，蒸发器的重量为 2kg，送风机的重量为 2kg，冷凝器的重量为 3kg，过滤器的重量为 1kg、控制电路的重量为 2kg，试给出空调物元的蕴含系。

11. 请给出夏天吹空调、用洗碗机洗碗、用烤箱烤面包这些问题的蕴含系。

12. 试以日常生活物品(如文具盒、手电筒、书桌等)为当前系统，用多屏幕法进行发散分析。

13. 请就健身工具(拉力机、健骑机、哑铃、跑步机等)，用多屏幕法进行发散分析。

14. 试以日常生活物品(如茶几、水杯、热水壶等)为当前系统，用 STC 算子法进行发散分析。

15. 请针对室内家具(书柜、床、沙发、书桌等)，用 STC 算子法进行发散分析。

16. 请描述日常用品(窗帘、防盗网、台灯等)中存在的矛盾。

17. 零件连接时，常用螺栓螺母来连接，为了连接紧固，需要较大的拧紧力，但拧紧力过大会导致螺母滑牙，请分析其中的矛盾。

18. 请用 How to 模型分析幕墙清洁、桥梁安全监测、车轮故障诊断等问题。

19. 请调查周围同学中需要达到的功能实现问题，根据调查的功能实现问题，建立 How to 模型。

20. 请对飞行汽车、电动冲浪、太空旅游等问题进行资源分析。

21. 请就日常生活中碰到的困难进行资源分析，寻求可以利用的资源。

22. 请结合自己专业课程设计中存在的矛盾问题，并给出矛盾描述。

23. 寻找和分析资源的原则是什么？工程中的矛盾有哪些类型？构成物理矛盾的根本原因是什么？

24. 请就这些问题分析工具进行比较，以案例说明这些分析工具的实质。

25. 请选择您喜欢的问题分析方法，简述理由，并给出一个用这个分析方法进行创新分析的实例。

第5章　问题求解

本章目标：

素质目标：形成巧妙变换、换位思考、积极应对的思维方式。

能力目标：具备问题求解、求解方法的应用能力。

知识目标：理解可拓变换方法、发明技巧、矛盾求解方法、物场求解方法、技术进化方法、裁剪方法、科学效应库方法、金鱼法、小矮人法等求解方法，并能应用这些方法构建创新问题的多种解决方案。

5.1　概　述

问题求解，是在问题分析、拓展思维(发现与分析矛盾、物场模型构建、基元模型拓展等)的基础上，沿着拓展的方向进行变换、矛盾求解、物场求解、功能求解、效应求解等，建立解决问题的预期效应与实际效应的偏差技术的方案。

问题求解同样需要工具的辅助，求解工具包括可拓变换、发明技巧(原理)、矛盾求解方法、物场问题求解方法、技术进化方法、裁剪、科学效应库等。

5.2　可拓变换

前面的拓展分析已经给出创新发明问题求解的多种途径，再进行可拓变换，将获得创新与发明问题的创意。通过某些可拓变换，不可知问题可以变为可知问题，不可行问题可以转化为可行问题。

可拓变换包括基本可拓变换、变换的运算、传导变换及共轭变换。其中基本可拓变换有置换变换、增删变换、扩缩变换、分解变换、复制变换；变换运算有四种：积变换、与变换、或变换、逆变换。这里主要介绍基本可拓变换，其他内容可参考附录或其他可拓创新方法书籍。

1. 基元的置换变换

基元的对象、特征、量值均可根据拓展分析后的路径进行置换变换，生成新对象创意。

(1)基元的量值的置换变换。把基元的对象关于某特征的量值换成另外一个量值的变换，例如根据使用的场所对书架高度与材料的量值进行置换变换，结果如表5-1和图5-1所示。

表 5-1　量值的置换变换

变换前			变换方式	变换后		
对象	特征	量值	置换	对象	特征	量值
书架 D	高度	2200mm		书架 D′	高度	1200mm
	材料	钢			材料	木

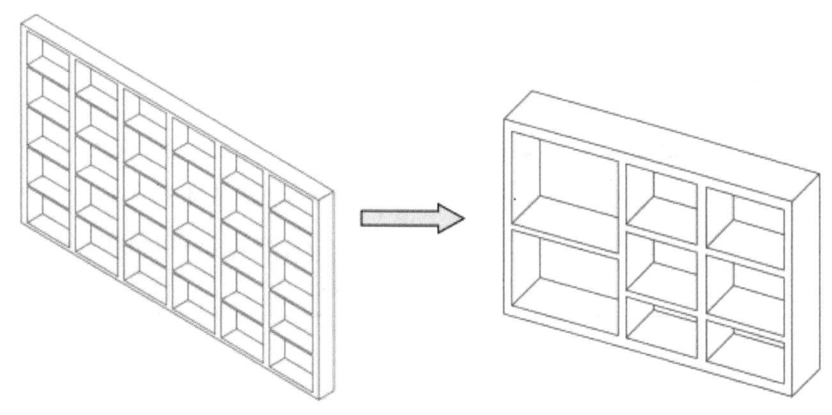

图 5-1　书架

对某物元的量值的置换变换，一定会导致其对象发生传导变换。但对某事元或关系元的量值的置换变换，不一定会导致其对象发生传导变换。

(2)基元的对象的置换变换。把基元的对象换成另外一个对象的变换，此时，该基元的特征和量值可以保持不变。例如表 5-2，现有一款以不锈钢为材料的水杯，根据拓展分析的结果，可以作如下物元的对象的置换变换。

表 5-2　对象的置换变换

变换前			变换方式	变换后		
对象	特征	量值	置换	对象	特征	量值
水杯 D	材料	不锈钢		保温杯 D′	材料	双层不锈钢
	保温性	差			保温性	好

根据置换变换获得的不锈钢保温杯如图 5-2 所示。

图 5-2　不锈钢水杯和保温杯

(3)基元的特征的置换变换。把基元的特征换成另外一个特征的变换,此时,该基元的量值可以保持不变,也可以变为新量值。例如表 5-3 所示,某款冰箱的高度为 1780mm,长为 450mm,可作高与长特征的置换变换,则可得到类似冰柜创意,如图 5-3 所示。

表 5-3　特征的置换变换

变换前			变换方式	变换后		
对象	特征	量值		对象	特征	量值
电冰箱 D	高	1780mm	置换	电冰箱 D′	长	1780mm
	长	450mm			高	450mm

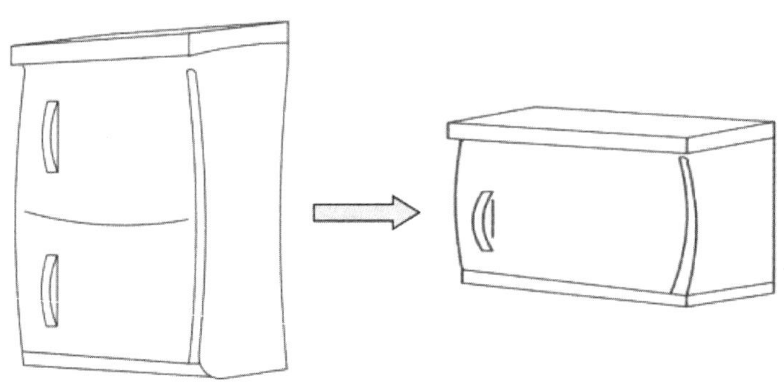

图 5-3　冰箱特征的置换

2. 基元的增删变换

(1)基元的量值的增删变换。把基元的对象关于特征的量值通过增加或删减变换变成另外一个量值的变换。

对基元的量值实施增删变换,其对象一般都会发生传导变换。同样地,对基元的对象实施增删变换,其关于某些特征的量值也会发生传导变换。

(2)基元的对象和量值的增删变换。把基元的对象和它关于特征的量值通过增加或删减变换变成另外一个对象和量值的变换,对基元的对象实施增删变换,其关于某些特征的量值也会发生传导变换。

【案例】 手表具有查看时间的功能，手机可以传递信息，当对两者进行增删变换，则可以获得具有创意性的电话手表。增删变换如表 5-4 所示，可以获得结合了看时间和打电话功能的创意产品——手环(见图 5-4)。

表 5-4　增删变换

变换前			变换方式	变换后		
对象	特征	量值		对象	特征	量值
查看	支配对象	时间	增删	查看＋传递	支配对象	时间＋信号
	工具	手表				
传递	支配对象	信号			工具	智能手环
	工具	手机				

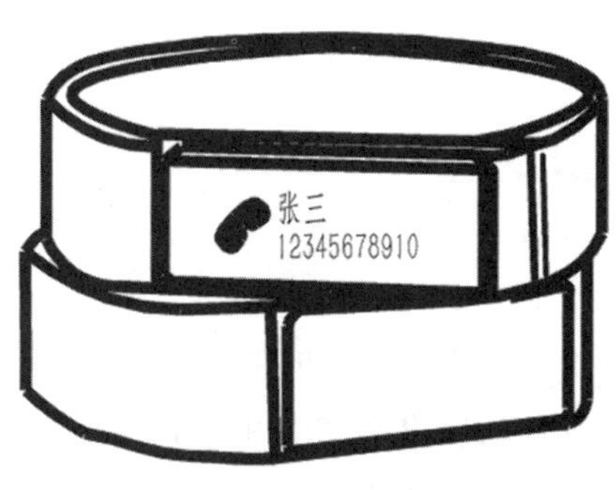

图 5-4　智能手环

3. 基元的扩缩变换

(1)基元的量值的扩缩变换。把基元关于某个特征的量值通过扩大或缩小变换变成另外一个量值的变换，称为基元的量值扩缩变换。量值的扩大或缩小变换，必然导致对象的扩大或缩小。

(2)基元的对象的扩缩变换。把基元的对象通过扩大或缩小变换变成另外一个对象的变换，称为基元的对象扩缩变换。对象的扩大或缩小变换，一定是该对象关于某个特征的量值发生的扩大或缩小变换，但不一定导致该对象关于所有特征的量值的扩大或缩小。

【案例】 床是常用的家具，但是对小房间来说，大尺寸床会占地方甚至放置不下，如学校宿舍就很难容纳大尺寸的床。如果通过扩缩变换，则可以获得小尺寸的床，如表 5-5 和图 5-5 所示。

表 5-5 扩缩变换

变换前			变换方式	变换后		
对象	特征	量值	扩缩	对象	特征	量值
床 D	长	200cm		床 D′	长	180cm
	宽	150cm			宽	90cm

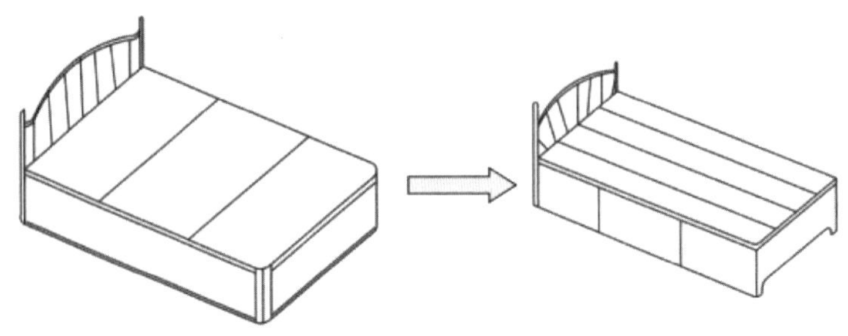

图 5-5 规格不同的床

4.基元的分解变换

物元的分解变换是把某个物元关于某特征的量值分解成多个量值,相应地,对象也被分为多个对象的变换。把产品设计成模块组合或可调整的方式是属于分解变换。

事元的分解变换包括两种:①把某个事元关于某特征的量值分解成多个量值,相应地,动作也被分为多个动作的变换。②把某个事元的动作分解为多个动作,相应地,关于某些特征的量值也被分解为多个量值的变换。在这两种情况中,也有相应的动作或量值不做分解的特例。

关系元的分解变换类似事元。

【案例】 电脑可以分解为硬盘、内存、主板、CPU、电源等,当一个电脑被淘汰了,当整体卖,可能不值什么钱,但其硬盘、内存、电源等还完好,可以继续使用,这样分解开来单独销售,会获得较高收益。如表 5-6 和图 5-6 所示。

表 5-6 分解变换

变换前			变换方式	变换后		
对象	特征	量值	分解	对象	特征	量值
电脑 D	状态	不良		硬盘	状态	良好
	尺寸	470×240		内存	状态	良好
	…	…		…	…	…

图 5-6　电脑的分解变换

5. 基元的复制变换

复制是一种特殊的基本变换，如晒照片、复印、扫描、印刷、光盘刻录、录音、录像、反复使用的方法、产品的复制等。这种变换在信息领域中应用非常广泛。

批量生产也是一种复制，它既包括实体的复制，也包括虚部的复制。提供的条件可分为两类：一类是可以反复使用的条件；另一类是不可复制的，只能分配使用的条件。

复制变换可细分为很多类型。实施复制变换后，对象至少变为两个，即原对象和复制后的对象，也可以是多个。根据复制后的对象不同，复制变换分为扩大复制、缩小复制、近似复制、多次复制。

【案例】 某人定制的手摇风扇，通过批量生产，就复制出很多同样的手摇风扇，如表 5-7 所示，这是实体的复制。

表 5-7　复制变换

变换前			变换方式	变换后		
对象	特征	量值		对象	特征	量值
手摇风扇 D	叶片颜色	红色	复制	手摇风扇 D_i	叶片颜色	红色
	重量	100g			重量	30g
	…	…			…	…

6. 规则的变换

规则又称为准则，是进行创新或解决矛盾问题的重要条件。在实际问题中，这些规则都是可以改变的，有时矛盾问题的产生可能是由于规则的不恰当导致的，改变规则，也可能使矛盾问题解决。对产品创新而言，改变规则也可能生成新的产品创意。

规则的基本变换方法也与基元的变换方法类似，如置换变换、增删变换、扩缩变换等。

研究规则的变换，就是对元素和实数之间的映射关系进行变换，可为创新或化解矛盾问题开辟新的路径。

【案例】 某签字笔有笔杆与笔帽等，笔杆长度与笔帽的长度存在一定的映射关系，现假设原来笔帽长度是笔杆长度的 1/4，可以采用规则变换，设计出一种笔帽长度是笔杆长度的 1/5 的签字笔，如表 5-8 所示。

表 5-8 规则变换

变换前			变换方式	变换后		
对象	特征	量值		对象	特征	量值
笔杆 D	长度	v	规则变换	笔杆 D	长度	v
笔帽 D	长度	$v/4$		笔帽 D′	长度	$v/5$

7. 论域的变换

论域一般指领域或范围（集合），论域变换是指领域（或范围、集合）的变换。其基本变换方法包括置换变换方法、增加变换方法、删减变换方法和分解变换方法。当论域为实数域时，论域还可作数扩大变换和数缩小变换。在经典集合和模糊集合中，都把论域看作是确定不变的，而在可拓集合中，认为论域也可以变换，为创新与发明问题的解决提供了新的思路。

论域变换给予的启示是：在处理创新与发明问题的过程中，不能“就事论事”，要敢于对所要考察对象的应用领域进行置换、扩大或缩小变换，从而突破原有问题的矛盾性，或许能得到一种极具创造性的结果。

【案例】 指纹是每个人独有的生物特征，对指纹的运用主要是侦查领域。而随着生物技术的发展，人们将指纹技术应用到防盗领域（即将应用领域从侦查领域变换到防盗领域），从而创造了指纹锁技术。指纹锁如图 5-7 所示。

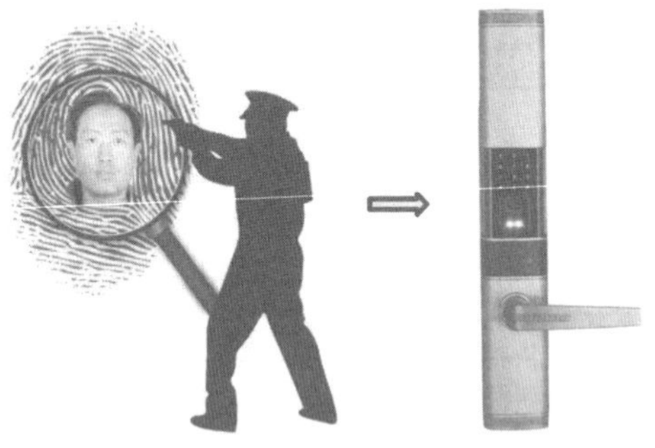

图 5-7 论域变换

5.3 发明技巧

5.3.1 发明技巧概述

自 1946 年开始，阿奇舒勒对世界各国的大量发明专利进行研究，发现其中的一些规律，总结出四十个发明技巧（也称发明原理），能直接指导创新与发明问题的求解。本书将这些发明技巧与我国成语相结合，以便于大家理解和记忆、应用，表 5-9 给出发明技巧的使用频率与其实现的特征转换规则。

表 5-9 发明技巧使用率与特征转换规则

序号	发明技巧(发明原理)	使用率排位	实现的特征转换规则
1	化整为零(分割)	3	产生新的特征(包含空间、时间和物质的分割)
2	拨沙捡金(抽取)	5	抽取出有用的特征,隔离有害的特征
3	天圆地方(局部质量)	12	局部具有特殊的特征,确保相互作用中产生所需的功能
4	错落不齐(不对称)	24	形状特征最佳化
5	珠联璧合(组合)	33	利用多种效应和特征组合成创新产品
6	一应俱全(多用性)	20	一物具有多种特征,运用不同的特征产生组合的功能
7	层出不穷(嵌套)	34	协调利用空间资源
8	分庭抗礼(重量补偿)	32	施加反向力,抵消重力
9	先发制人(预加反作用)	39	产生需要的反向特征
10	未雨绸缪(预操作)	2	构造方便操作的特征
11	防患未然(预先防范)	29	预防产生不需要的特征
12	平起平坐(等势性)	37	在重力(势力)场中稳定高度(位置)不变
13	倒行逆施(反向)	10	利用反向特征实现所需的功能
14	毁方投圆(曲面化)	21	利用曲面形状的各种特征
15	随心所欲(动态化)	6	构建柔性、可移动、可控性好的结构或产品
16	多退少补(不足或过度作用)	16	特征量值的选择最优化
17	山不转水转(维数变化)	19	空间特征的协调转换
18	天撼地动(振动)	8	振动功能的利用
19	周而复始(周期性作用)	7	时间特征的协调转换
20	马不停蹄(有效作用的连续性)	40	特征在时间维度的稳定协调作用
21	快刀斩乱麻(减少有害作用时间)	35	特征在时间维度的快速协调作用
22	修旧利废(变害为利)	22	利用有害特征实现有益的功能
23	察言观色(反馈)	36	信息特征的有效利用,时间特征和时间流的利用
24	穿针引线(中介物)	18	利用中介物的特有特征实现功能
25	自动自发(自服务)	28	利用物体自身的特征完成补充、修复的功能
26	以假乱真(复制)	11	利用廉价的复制特征资源替代各种昂贵资源
27	鱼目混珠(廉价替代)	13	利用物体特有的廉价特征,确保一次执行所需的功能
28	李代桃僵(机械系统替代)	4	利用光、声、电、磁、人的感官等新的替代特征,高效率地执行所需的功能
29	水涨船高(气压和液压结构)	14	利用液压和气动特征实现力的传递
30	薄如蝉翼(柔性壳体或薄膜)	25	利用柔性壳体和薄膜的特有作用实现功能

续表

序号	发明技巧(发明原理)	使用率排位	实现的特征转换规则
31	无孔不入(多孔材料)	30	利用多孔材料所具有的比重小、过滤性、毛细力等特有特征
32	五光十色(改变颜色)	9	利用物体的颜色特征
33	物以类聚(同质性)	38	利用相同的某个特定的特征
34	自生自灭(抛弃与修复)	15	使物体随着某一功能的完成而消失,或获得重生
35	随机应变(参数变化)	1	利用变、增、减、稳、测改变物体的各种特征,高效率地执行所需的功能
36	沧海桑田(相变)	26	利用物体相变时产生的体积膨胀、热量变化等特征实现所需功能
37	热胀冷缩(热膨胀)	27	利用物体的热膨胀实现所需功能
38	推波助澜(加速氧化)	31	利用强氧化的化学作用实现所需功能
39	孟母三迁(惰性环境)	23	利用化学惰性气体或真空的特征改变环境
40	相辅相成(复合材料)	17	组合不同特征的物体,构建具有优良特征的物体来实现所需功能

5.3.2　40个发明技巧详解

1.化整为零(分割原理)

"化整为零"是将一个技术系统分成若干部分,以便分解或合并成一种有益或者有害的系统属性。这个技巧在TRIZ理论中称为分割原理,也称分割法。

具体措施为:①将物体分成相互独立的部分;②将物体分成容易组装和拆卸的部分;③增加物体的可分性。该技巧的启示为:当系统因为太重或太大而不易操控时,可考虑将其分割成若干轻便的子系统,使每一部分均易于操控。

【案例】 如图5-8所示,普通水瓶只能灌装一种饮料,把普通水瓶分割,这样可以同时灌装两种饮料,解决人们多样性的需要。

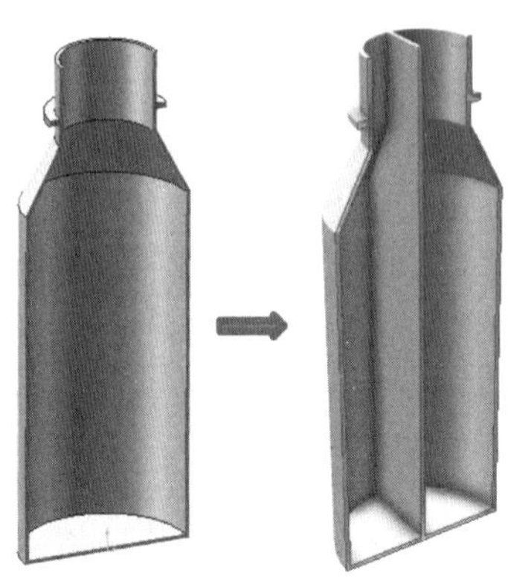

图5-8　水瓶的分割图

2. 拨沙捡金(抽取原理)

“拨沙捡金”是指将系统中有用或者有害部分(属性)抽取出来。在 TRIZ 理论中称为抽取原理,也称抽取法。

具体措施为:①从物体中抽出有负面影响的部分或属性,加以隔离;②从物体中抽取必要的部分,做成新产品。该技巧的启示为:把系统中的功能或部件分成有用、有害的部分,视情况抽取出来。同时也要注意不是为了抽取而抽取,而是要使系统增加价值。

【案例】 如图 5-9 所示的笔芯,把笔芯从签字笔中抽取出来,单独作为产品,笔芯能够更换,这样能有效减少笔壳的浪费。

图 5-9 笔芯

3. 天圆地方(局部质量原理)

“天圆地方”是指在某一特定区域内(局部的)改变某事物(气体、液体或固体)的特性,以便获得某种所需的功能特性。在 TRIZ 理论中称为局部质量原理,也称局部质量改善法。

具体措施为:①将物体、外部环境或作用的均匀结构改变为不均匀结构;②使物体的不同部分具有不同的功能;③使物体的各部分处于完成其功能的最佳状态。该技巧的启示为:要充分利用系统的各个部分,同时关注不均匀的结构或环境是否具有很强的适应性。

【案例】 如图 5-10 所示的多格餐盒,这种餐盒可以使固态食物(如米饭、菜)和汤液分开包装在同一个餐盒里,既方面食用又节约包装材料。

图 5-10 多格餐盒

4. 错落不齐(不对称原理)

“错落不齐”是将“各向同性”转换为“各向异性”,或是与之相反的过程。各向同性是指在物体的任一部位,沿任一方向进行测量都是对称的。而各向异性恰相反,即在物体的不同部位或沿不同方向进行测量,所得结果是不同的。该技巧在TRIZ理论中称为不对称原理,也称非对称法。

具体措施为:①把原来对称的物体修改为不对称的结构;②增加不对称物体的不对称程度。该技巧的启示为:善于对物体的状态做出改变,如改变物体的平衡、让物体倾斜、减少材料用量、降低总重量、变换几何结构等,以获得特殊的性能。

【案例】 零件设计中,经过拓扑优化设计后,结构与设计目标、约束条件协调,会出现非对称情况,如图5-11所示。

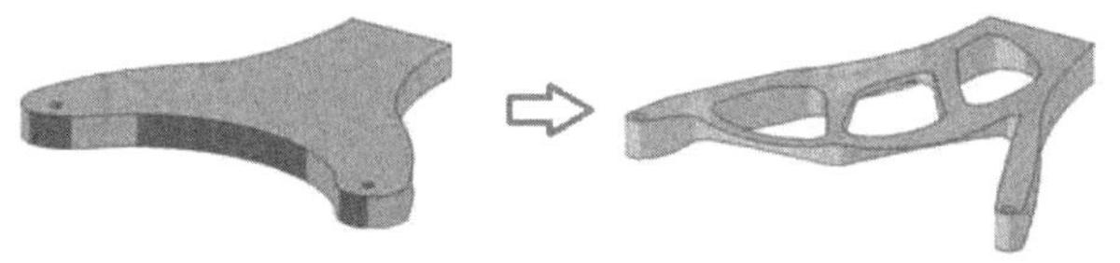

图5-11 拓扑优化

5. 珠联璧合(组合原理)

“珠联璧合”(“集众所长”)是指在物品的功能、特性或部分之间建立一种联系,使其产生一种新的、期望的结果。通过对已有功能进行组合,可以生成新的功能。在TRIZ理论中称为组合原理,或称为组合法。现在经常提到的“集成创新”(将各种有益的技术融合在一起)也是这个原理。这个技巧与技术进化工具中的“向超系统跃迁法则”的“单系统—双系统—多系统”进化路径相似。

具体措施为:①把空间相邻的物体或相邻的操作联合起来;②把时间上相同的物品或相邻的操作联合起来。该技巧的启示为:可以将新材料、新方法、新技术引入到老产品中,在时间和空间上加以组合,达到提高产品性能的目的。

【案例】 将牙刷与牙膏组合起来,设计出便携式牙刷,方便旅行使用。如图5-12所示。

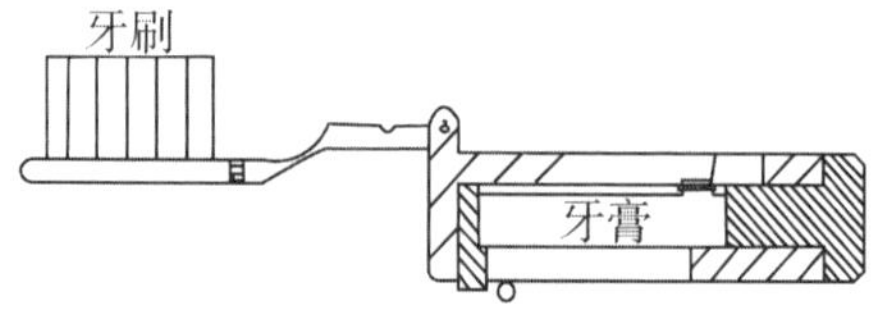

图5-12 便携牙刷

6. 一应俱全(多用性原理)

“一应俱全”是指一个物体实现多种不同功能,因而不需要其他物体。在 TRIZ 理论中称为多用性原理,也称一物多用法。

具体措施为:①使物体具备多个功能;②如果某个物体的功能被取代,则该物体可以被裁剪。该技巧提示我们,设计物品或产品时,可以考虑增多其功能。

【案例】 挂钟通常情况只指示时间,而将视力表印在钟面上,则可以测视力,这样就一物多用了,如图 5-13 所示。类似地在钟面上可以考虑显示年月日、温度湿度等信息,以进一步增加用途。

图5-13 带视力表的挂钟

7. 层出不穷(嵌套原理)

“层出不穷”是指采用一种方法将一个物体放入另一个物体的内部,或让一个物体通过另一个物体的空腔而实现嵌套,即彼此包合、彼此套合等,在 TRIZ 理论中称为嵌套原理,或称为套叠法。

具体措施为:①一个物体位于另一物体之内,而后者又位于第三个物体之内,以此类推;②一个物体通过另一个物体的空腔。该技巧的启示为:尝试在不同方向上进行嵌套,如水平、垂直、旋转、包容等,考虑空间的利用,以及被嵌套的重量。

【案例】 如图 5-14 所示的排插,两孔的插孔与三孔的插孔套叠在一起,减少了排插的尺寸。

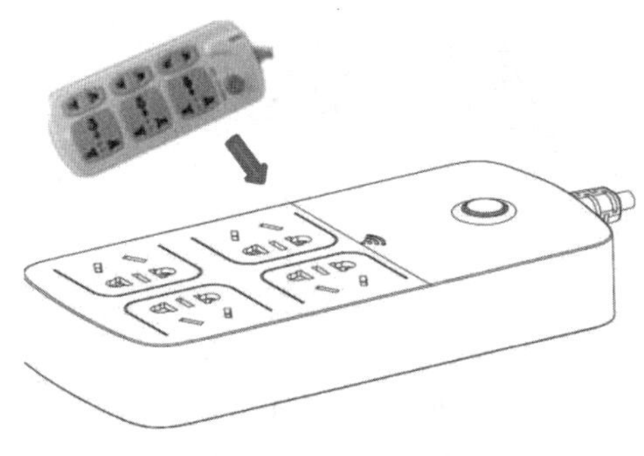

图 5-14 插孔的套叠

8. 分庭抗礼(重量补偿原理)

“分庭抗礼”是指以一种对抗或平衡的方式来减弱或消除某种效应,或纠正某种缺陷,或补偿过程中的损失,从而建立一种均匀分布形式,或增强系统其他的功能。在 TRIZ 理论中称为重量补偿原理,或称质量补偿法。

具体措施为:①将物体与具有上升力的另一物体结合以抵消其重量;②将物体与介质(最好是气体浮力和液体浮力)相互作用以抵消其重量。该技巧的启示为:尽量利用气体或液体的浮力,完成一些必要的功能。

【案例】 如图 5-15 所示,利用气球的浮力,将广告挂起,而不必依赖高大建筑物。

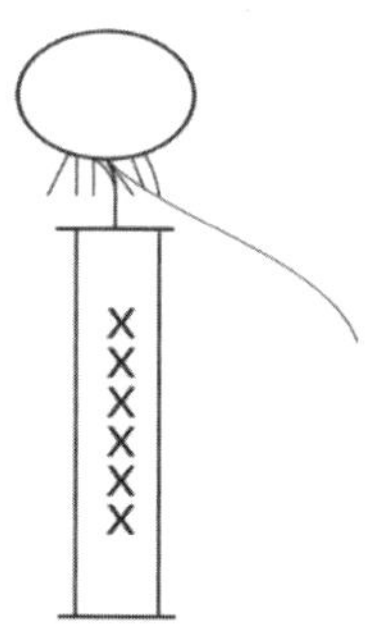

图 5-15 气球悬挂广告

9. 先发制人(预先反作用原理)

“先发制人”是指根据可能出现问题的地方,采取一定的措施来消除、控制或防止某些问题的出现,在 TRIZ 理论中称为预先反作用原理,也称为预加反作用法。

具体措施为:①事先施加机械应力,以抵消工作状态下不期望的过大应力;②如果需要某种相互作用,则事先施加反作用。设计时考虑预应力结构、带弹簧复位、发条驱动等,都属于预先反作用。该技巧的启示为:预先采取行动来抵消、控制或防止潜在故障出现。

【案例】 如果要使弓弩的弦将弩箭射出,需要预先将弦向反方向拉弯,如图 5-16 所示。

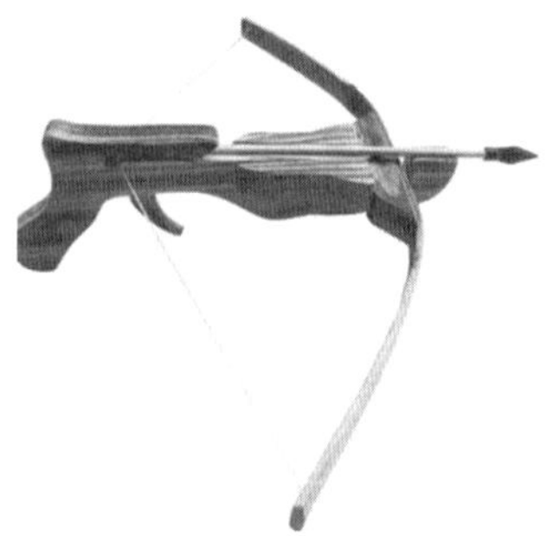

图 5-16 弩机

10. 未雨绸缪(预先作用原理)

“未雨绸缪”是指另一事件发生前,预先执行该作用的全部或一部分,这个技巧在 TRIZ 理论中称为预操作原理,也称为预操作法。

具体措施为:①预先完成要求的作用(整个的或部分的),如加工成半成品;②预先将物体安放妥当,使它们能在现场和所需地点立即完成所需要的作用。该技巧的启示为:预先考虑一些措施,在临时应用时带来方便,如方便面、备品备件、不干胶等。

【案例】 描红字帖,就是预先画好格子,并将字笔画印出一些样例,这样方便使用者练字,如图 5-17 所示。

广	广	广	广	广	广
升	升	升	升	升	升
足	足	足	足	足	足
走	走	走	走	走	走
方	方	方	方	方	方
半	半	半	半	半	半

图 5-17 字帖

11. 防患未然(预先防范原理)

“防患未然”是指对将要发生的事情,预先做好防范措施,以防止或降低危险的发生,在 TRIZ 理论中称为预先防范原理,也称为预防原理、事先防范原理或预先防范法。

具体措施为:以事先准备好的应急手段补偿物品的可靠性,即采用各种手段防止系统发生危险,考虑防撞、防漏、防跌、防坠物、防晒、防盗、防泄密、防灾等。如楼道灭火器,汽车内的锤子,弯道的防护栏,安全气囊,另外还有飞机与船上的救生衣、电梯内的对讲机等。

【案例】 当电路出现短路,或者负载功率过高时,会损坏电路的元器件,甚至引发漏电、火灾等现象,因此在电路中安装保险丝,保险丝可熔断自身切断电流,从而保护电路安全,如图 5-18 所示。

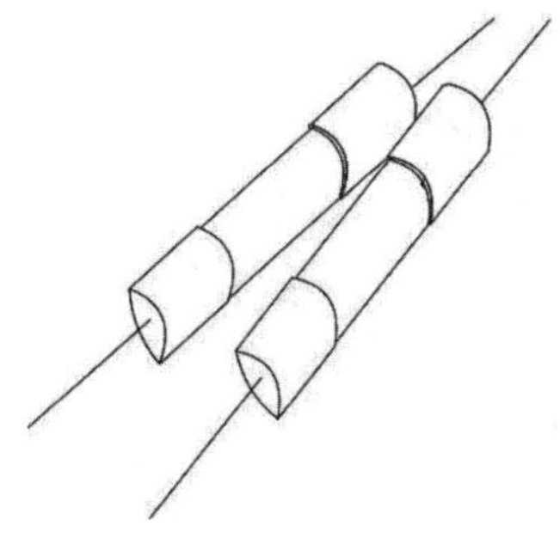

图 5-18 保险丝

12. 平起平坐(等势原理)

"平起平坐"是指改变物体的工作状态,以减少物体上升或下降的需要,在TRIZ理论中称为等势性原理,也称为等势法或相对法。

具体措施为:①使一个系统或加工过程的所有点或方面处于同一水平,以减少重力做功;②在系统内部建立关联,使系统可以支持等势状态;③建立连续或完全互联的组合及关系。该技巧的启示为:减少重力做功,充分利用环境、结构或系统内部资源,以最低的附加能量消耗来有效地消除不等位势(有害作用)。

【案例】 如图5-19所示,将书架搁书板与书桌的桌面平齐,这得桌面和书架等势,可以方便拿取书本。

图5-19 书架与书桌

13. 倒行逆施(反向作用原理)

"倒行逆施"是指施加一种相反(或反向)作用,上下颠倒或内外翻转,在TRIZ理论中称为反向原理,也称反向作用、反向功能或逆向运作法。

具体措施为:①用相反的作用代替技术条件规定的作用;②使物体或外部介质的活动部分成为不动的,而使不动的成为可动的;③将物体颠倒。该技巧的启示为:尝试使系统或物体"反转"或颠倒,看看能否获得新功能、新特征、新作用及新物体。

【案例】 向上摆放的酒杯会积尘并且容易打翻,为了解决这两种现象,可以使用架子将酒杯倒置摆放。如图5-20所示。

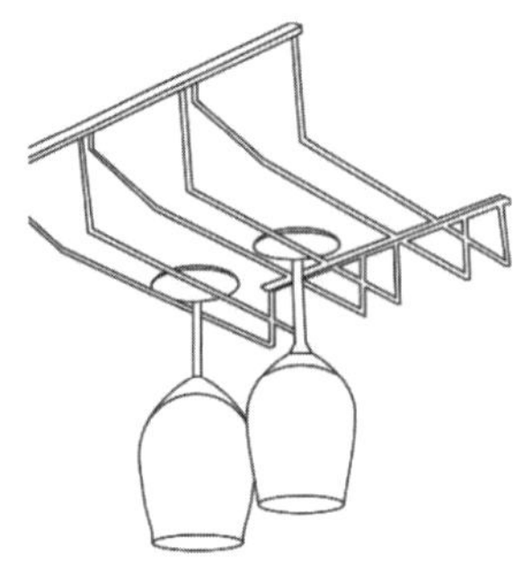

图5-20 酒架

14. 毁方投圆(曲面化原理)

"毁方投圆"是应用曲线或球面属性取代线性属性,用转动取代线性运动,使用滚筒、球或螺旋结构,在 TRIZ 理论中称为曲面化原理,也称为曲化法、类球面法。

具体措施为:①从直线部分过渡到曲线部分,从平面过渡到球面,从正六面体或平行六面体过渡到球形结构;②利用杆、球体、螺旋;③从直线运动过渡到旋转运动,利用离心力。该技巧的启示为:将直角、线性、平面、立方体转换到圆角、非线性、曲面、球面体,看看能否实现新的功能。

【案例】 如图 5-21 所示,可弯曲变形的台灯,方便使用者调整灯光的角度。

图 5-21 可变形的台灯

15. 随心所欲(动态化原理)

"随心所欲"是指使系统的状态或属性成为短暂的、临时的、可动的、自适应的、柔性的或可变的,在 TRIZ 理论中称为动态化原理,也称为动态特性法。这个技巧与技术进化工具中的动态化进化法则是一致的。

具体措施为:①改变物体的性质或外部环境,使其工作的每一阶段都达到最佳效果;②将物体分成彼此相对移动的几个部分;③使不动的物体具有移动性或柔性。该技巧的启示为:考虑将系统中的某些几何结构改为柔性的、自适应的;往复的运动改为旋转运动;让相同的部分执行多种功能;使某些刚性特征变为柔性的;使系统可在多种环境下工作。

【案例】 活动扳手采用夹爪可调结构,可以扳动不同规格的螺母,如图 5-22 所示。

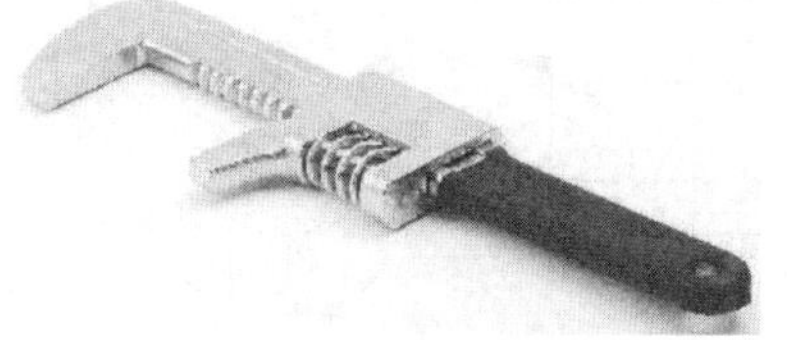

图 5-22 活动扳手

16. 多退少补(未达到或过度作用原理)

"多退少补"是运用"多于"或"少于"所需的某种作用或物质获得最终结果,在 TRIZ 理论中称为不足或过度作用原理，也称为不足作用或过量作用法。

具体措施为：如果所期望的效果难以100%实现，稍微超过或稍微小于期望效果，会使问题大大简化。该技巧的启示为：当作某件事不能直接取得最佳效果时，先从容易掌握的情况或者最容易获得的东西入手，尝试在“多于”和“少于”之间过渡，或尝试在“更多”、“更少”之间渐进调整等。

【案例】 为了节省能量，商场通常安装的是智能化的电动电梯。无人乘行时，电梯运转得很慢；有人站上电梯时，它会先慢慢加速，再匀速运转。无人乘坐便是过渡期。如图5-23所示。

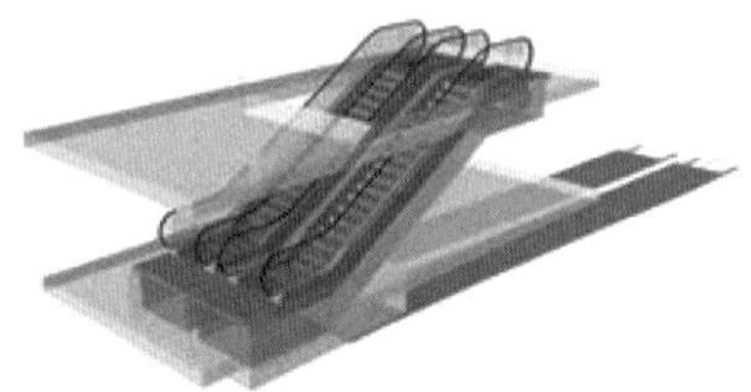

图 5-23　自动楼梯

17. 山不转水转（维数变化原理）

“山不转水转”是指改变线性系统的方位，使垂直变成水平、水平变成倾斜，水平变成垂直等，在TRIZ理论中称为维数变化原理，也称为多维法。

具体措施为：①一维过渡到二维，或者二维过渡到三维空间；②利用多层结构替代单层结构；③将物体倾斜或侧置；④利用指定面的反面或者相邻面；⑤利用投向相邻面或反面的光线。该技巧的启示为：考虑改善空间的使用效率、可达性等。如果将物体转换到新的维度上不能满足要求，则需要对其进行第二次或多次转换；考虑使用物体的另外一个面。

【案例】 平面图需要多个视图才能表达完整的空间结构，而采用三维图，只需较少的图即可表达清楚，如图5-24所示。

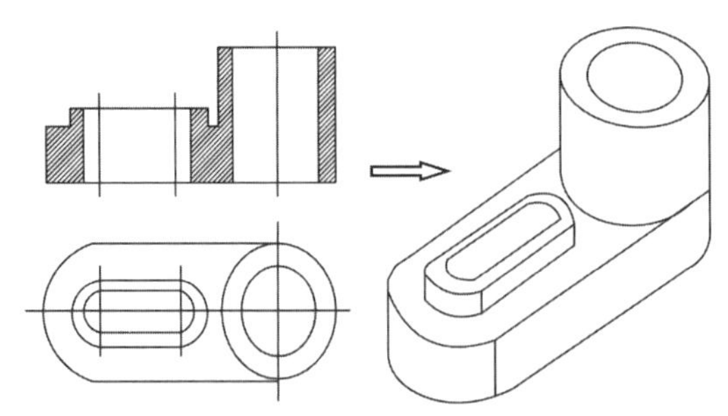

图 5-24　利用立体表达

18. 天撼地动（机械振动原理）

“天撼地动”是指运用振动或振荡，以便将一种规则的、周期性的变化范围限制在一个平均值附近，在 TRIZ 理论中称为振动原理，也称为振动法。

具体措施为：①使物体振动；②如果已在振动，则提高它的振动频率（达到超声波频率）；③利用共振频率；④用压电振动替代机械振动；⑤利用超声波振动同电磁场配合。该技巧的启示为：可以考虑运用振动，使物体发生振动，改变振动程度，利用共振，利用压电振子，利用耦合振动等。

【案例】 会议期间，为了减少手机铃声的干扰，人们通常将手机调为震动状态，如图 5-25 所示。另外还有振动浇筑、振动式电动剃须刀、超声振动碎石等。

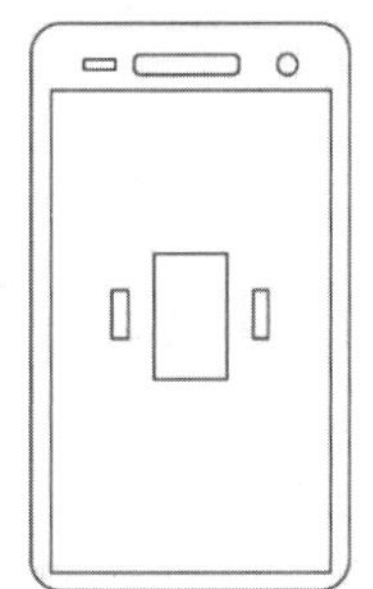

图 5-25 手机的震动模式

19. 周而复始（周期作用原理）

“周而复始”是指改变执行动作的方式，可以达到所需的效果，在 TRIZ 理论中称为周期性作用原理，也称为离散法。

具体措施为：①用周期（脉冲）动作替代连续性动作；②如果已经是周期性动作，则改变周期性；③利用脉冲的间歇完成其他动作。该技巧的启示为：尝试利用动作间隙、改变频率等。

【案例】 冲击钻就是利用周期性作用原理工作的，如图 5-26 所示。

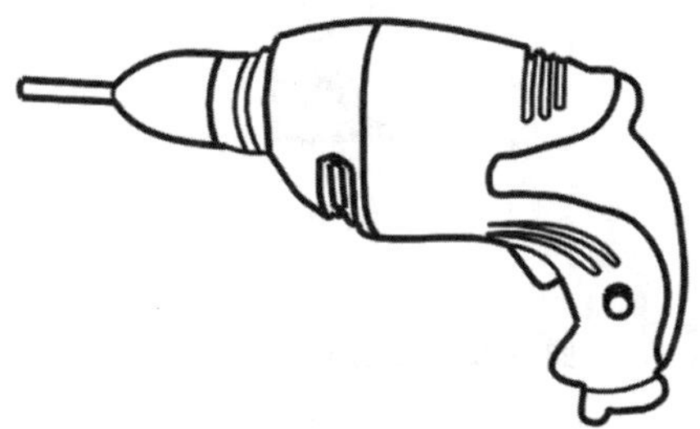

图 5-26 冲击钻

20. 马不停蹄（有效作用的连续性原理）

“马不停蹄”是指产生连续动作或消除所有空闲及间歇性动作，以提高其效率，在 TRIZ 理论中称为有效作用的连续性原理，也称为有效作用持续法。

具体措施为：①连续工作（物体的所有部分均满负荷工作）；②消除空转和间歇运转。该技巧的启示为：要消除物体的空闲部分，或保持连续工作与消除停歇时间。

【案例】 订书机的订书钉在弹簧的作用下，能够自动供给，这样的设计能够保证订书机连续装订文件，如图 5-27 所示。

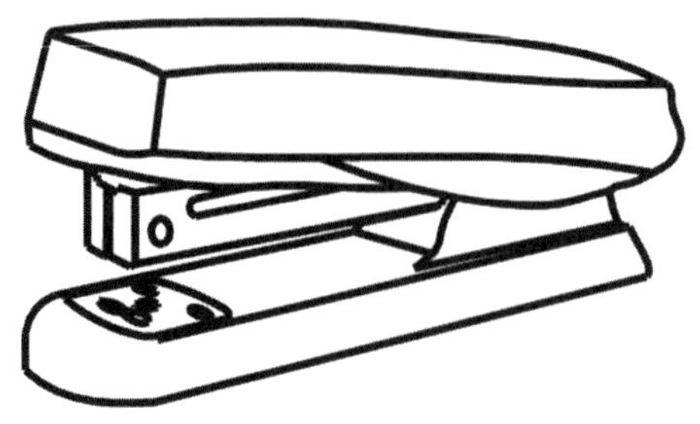

图 5-27　订书机

21. 快刀斩乱麻（减少有害作用的时间原理）

“快刀斩乱麻”是指快速执行一个危险或有害的作业，以消除有害的副作用，在 TRIZ 理论中称为减少有害作用时间原理，也称为快速法、急速动作法、减少有害作用时间法。

具体措施为：高速跃过有害的或危险的动作。该技巧的启示为：当产品在执行某个动作期间会产生有害的功能或状况，则需要考虑各种方式加快这个动作，以减少此动作的危害性。

【案例】 拖地时为了使地板快速变干，减少人员走动带来的二次脏乱现象和减少人员滑倒的安全事故，通常会将拖把甩干再进行拖地。如图 5-28 所示的自动甩水拖把。还有低电量报警声，扎手指尖取血等。

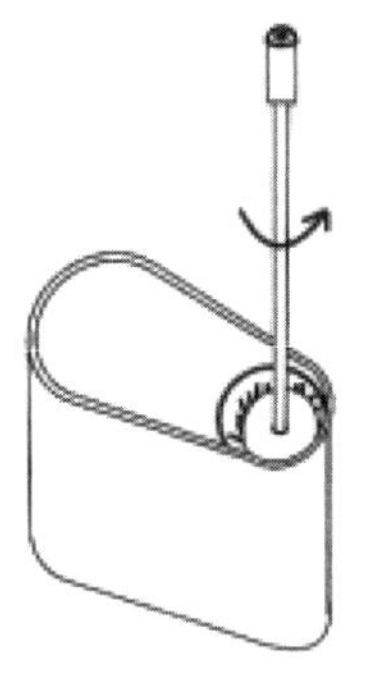

图 5-28　自动甩水拖把

22. 修旧利废（变害为利原理）

“修旧利废”是指利用各种方式从有害物（或废物、有害作用）中取得有用的价值，在 TRIZ 理论中称为变害为利原理，也称为变有害为有益法。

具体措施为：①利用有害因素（特别是介质的有害作用）获得有益的效果；②通过有害因素与另外几个有害因素的组合来消除有害因素；③将有害因素加强，使其不再有害。该技巧的启示为：把不能用的物品改造成能够使用的物品，或者几种有害作用相互结合以消除其的有害作用。

【案例】 将垃圾进行分类,分为可回收垃圾、厨余垃圾、有害垃圾、其他垃圾,其目的是提高垃圾的资源利用价值,做到物尽其用,减少垃圾处理量和设备的使用,降低处理成本,减少土地资源的消耗。分类垃圾箱如图 5-29 所示。

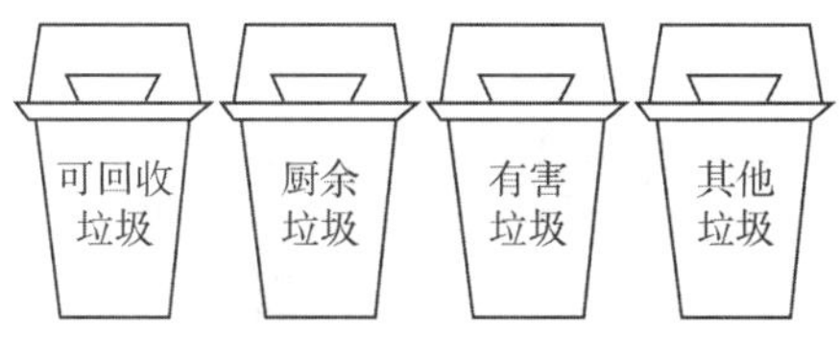

图 5-29 垃圾分类标记

23. 察言观色(反馈原理)

“察言观色”是指将一种系统的输出作为输入返回到系统中,以便增强对输出的控制,在 TRIZ 理论中称为反馈原理,也称为反馈法。

具体措施为:①引入反馈信号;②如果已有反馈,则改变它的大小或作用。该技巧的启示为:要善于利用反馈信息,来修正系统的功能。

【案例】 抽水马桶的控制系统,通过注入浮物检测水箱的水位,将检测到的信息反馈给注入阀门,当水箱水位低于预定水位时,注入浮物下降打开注入阀门,水进入水箱;当水箱水位达到预定水位时,注入浮物上升关闭注入阀门,进水停止,这个注入浮物就是一个反馈元件,如图 5-30 所示。类似的系统还有花房温度控制系统,家用电饭煲保温控制系统,数控车床误差检测系统等。

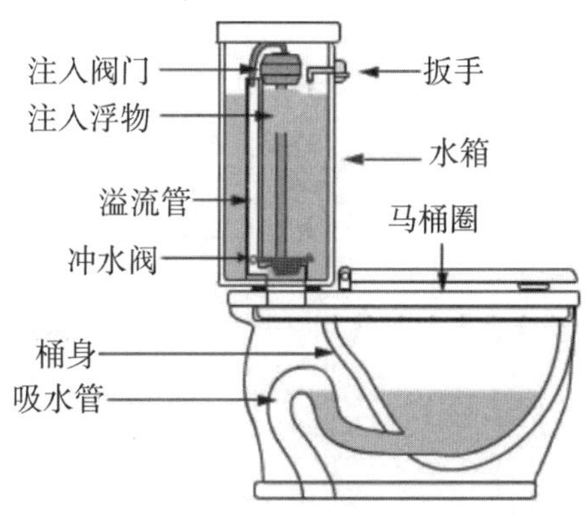

图 5-30 抽水马桶的反馈控制

24. 穿针引线(借助中介物原理)

“穿针引线”是指利用某种可轻松去除的中间载体、阻挡物或过程,在不相容的部分、功能、事件或情况之间经调解或协调而建立的一种临时连接,在 TRIZ 理论中称为中介物原理,也称为中介法。

具体措施为:①利用可以迁移或有传送作用的中间物体;②把另一个(易分开的)物体

暂时附加给某一物体。该技巧提示我们，要善于利用工具，如在不匹配或有害结构（功能、动作）之间，利用一种临时中介物，阻隔这种有害的作用。

【案例】 如图 5-31 所示，烧烤架的隔网就是一个中介物，用来隔开食物与炭火，防止食物烧焦。还如，加热食物时，利用水做中介物，可以防止食物与火直接接触而烧糊。

图 5-31　烧烤架隔网

25. 自我服务原理

"自动自发"是指在执行主要功能（或操作）的同时，以协助或并行的方式执行相关功能（或操作），在 TRIZ 理论中称为自我服务原理，也称为自助法。

具体措施为：①物体应当为自我服务，完成辅助和修理工作；②利用废料（能源的和物质的）。该技巧的启示为：要巧妙地利用"自然控制机构"，如利用重力、水力、毛细力等物理、化学或几何效应。

【案例】 太阳能路灯，路灯中的太阳能电池板将太阳的辐射转换为电能，供夜晚照明，或将其送往电池存储起来，实现了绿色能源的有效利用，如图 5-32 所示。

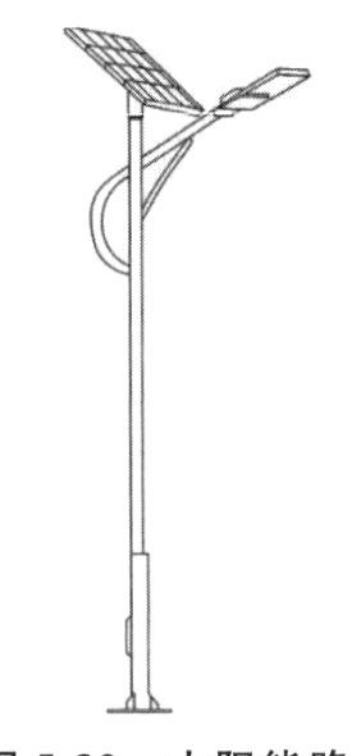

图 5-32　太阳能路灯

26. 以假乱真（复制原理）

"以假乱真"是指利用一个拷贝、复制品或模型来代替因成本过高而不能使用或不便直接使用的物体，在 TRIZ 理论中称为复制原理，也称为复制法。

具体措施为：①用简单而便宜的复制品代替难以得到的、复杂的、昂贵的、不方便的或易损坏的物体;②用光学拷贝(图像)代替物体或物体系统。此时可改变比例(放大或缩小复制品);③对于已经利用可见光的复制品,则转为红外线的或紫外线的复制。该技巧的启示为:复制其实就是一种映射,可以用多种手段实现复制,如实物缩比模型、计算机模型、数学模型等,注意要考虑复制物的比例。复制还应包括原理的移植,如将汽车玻璃升降机构移植到房间的窗户上,做成可以使玻璃收进下侧墙体的窗户模块,就可以解决擦玻璃的麻烦。

【案例】 酒店、小型餐馆等用餐场所,用假花、假盆栽作为鲜花、盆景等的替代品,减少成本或维护,如图 5-33 所示。

图 5-33 餐厅装饰用假盆栽

27. 鱼目混珠(廉价替代原理)

"鱼目混珠"是指运用廉价的、较简单的或较易处理的物体,以便降低成本、增强便利性、延长使用寿命等,在 TRIZ 理论中称为廉价替代原理,也称为替代法。

具体措施为:用廉价的不持久性代替昂贵的持久性,用一组廉价物体代替一个昂贵物体,放弃某些品质(如持久性)。该技巧的启示为:用简单替代复杂,廉价替代昂贵,"短命"替代"长寿"。替代的物体可以是机器、设备和工具,也可以是信息、能量、人及过程。

【案例】 农田上,为了驱赶前来觅食的动物,农民通常以稻草人替代人员时刻守护农田的作用,如图 5-34 所示。

图 5-34 稻草人

28. 李代桃僵(机械系统替代原理)

“李代桃僵”是指利用物理场或其他的形式、作用和状态来代替机械的相互作用、装置、机构及系统，在 TRIZ 理论中称为机械系统替代原理，也称为系统替代法。

具体措施为：①用光学，声学、味学等系统代替机械系统；②用电场、磁场和电磁场同物体相互作用；③由恒定场转向不定场，由时间固定的场转向时间变化的场，由无结构的场转向有一定结构的场；④利用铁磁颗粒组成的场。该技巧的启示为：考虑用物理场代替机械场，由可变场代替恒定场，由结构化场代替非结构化场，由生物场代替机械作用。在非物理系统中，概念、价值或属性都可以是被替代的对象。

【案例】 如图 5-35 所示的电磁阀，其中阀芯是用电磁系统驱动，替代了传统阀门利用电机转动螺母来移动阀芯的机械系统。

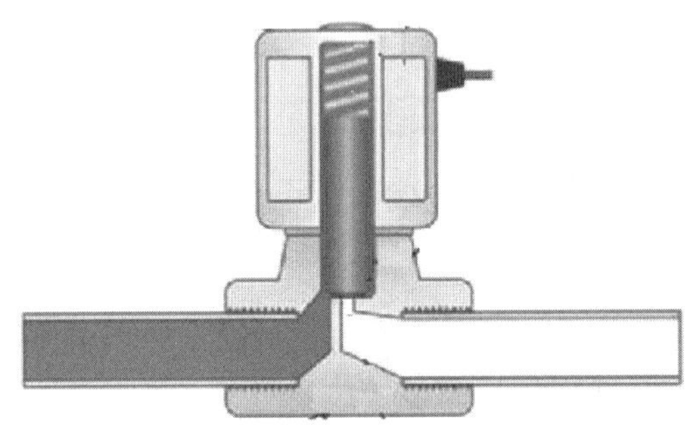

图 5-35　电磁阀

29. 气动和液压结构原理

“水涨船高”是指运用空间或液压技术来替代普通系统元件或功能，在 TRIZ 理论中称为气压和液压结构原理，也称为压力法。

具体措施为：用气体结构和液体结构代替物体的固体的部分，如充气和充液的结构，气枕，静液的和液体反冲的结构。该技巧的启示为：考虑产品系统中是否包含具有可压缩性、流动、湍流、弹性及能量吸收等属性的元件，可以用气动或液压元件代替这些元件。

【案例】 如图 5-36 所示的充气气垫泳池，可供家庭使用，满足儿童的娱乐项目需求，且价格优惠，不使用时可以折叠放置，减少占地面积。

图 5-36　充气泳池

30. 薄如蝉翼(柔性壳体或薄膜原理)

“薄如蝉翼”是指将传统刚体替代为薄膜或柔性、与柔韧壳体。或利用薄膜或柔韧壳体使物体与其环境隔离,在 TRIZ 理论中称为柔性壳体或薄膜原理,也称为柔化法。

具体措施为:①利用软壳和薄膜代替一般的结构;②用软壳和薄膜使物体同外部介质隔离。该技巧的启示为:如果想把物品与周围的环境隔离,或者想用薄的物品替代厚的物品,均可以尝试此技巧。

【案例】 装鸡蛋的盒子用薄膜制成,能容易制造出定位槽,防止鸡蛋滚动,如图 5-37 所示。真空包装袋、蚊帐、柔性门帘等也是这个原理。

图 5-37 装鸡蛋的膜盒

31. 无孔不入(多孔材料原理)

“无孔不入”是指通过在材料或物体中打孔、开空腔或通道来增强其多孔性,从而改变某种气体、液体或固体的形态,在 TRIZ 理论中称为多孔材料原理,也称为孔化法。

具体措施为:①把物体做成多孔的或利用附加多孔元件(镶嵌,覆盖)等;②如果物体是多孔的,事先用某种物质填充空孔。该技巧的启示为:可以考虑使用多孔结构代替普通结构,同时使用孔穴、气泡、毛细管等孔隙结构时,其中可以真空,也可以充满某种有用的气体、液体或固体。应用时可以关注多孔材料具有的几个重要特性:过滤分离、毛细力、节省材料、减轻重量。

【案例】 如图 5-38 所示,椰碳运动服,混有保持活性的碳颗粒,形成一种多孔渗水的表面,防止异味和有害射线侵入,并能使身体排出的汗液迅速蒸发,具有防湿、除味、防紫外线等功能。还如,用泡沫金属制作的飞机机翼结实轻便,用海绵来储存液态氨,药棉(利用多孔的结构的棉花,增加酒精而成),蚊帐,纱窗等。

图 5-38 椰碳运动服

32. 五光十色(颜色改变原理)

"五光十色"是指通过改变对象或系统的颜色,来提升系统的价值或解决检测问题,在TRIZ 理论中称为改变颜色原理,也称为色彩法。

具体措施为:①改变物体或外部介质的颜色;②改变物体或外部介质的透明度;③为了观察难以看到的物体或过程,利用染色添加剂;④如果已采用了染色添加剂,而效果不明显时,则采用荧光粉。该技巧的启示为:为了区别多种系统的特征(例如易于检测、改善测量或标识位置、指示状态改变、目视控制等)时,可以考虑使用改变各系统的颜色。

【案例】 如图 5-39 所示,为了强调教学中的重点部分,教师会使用彩色粉笔书写这些重点部分。

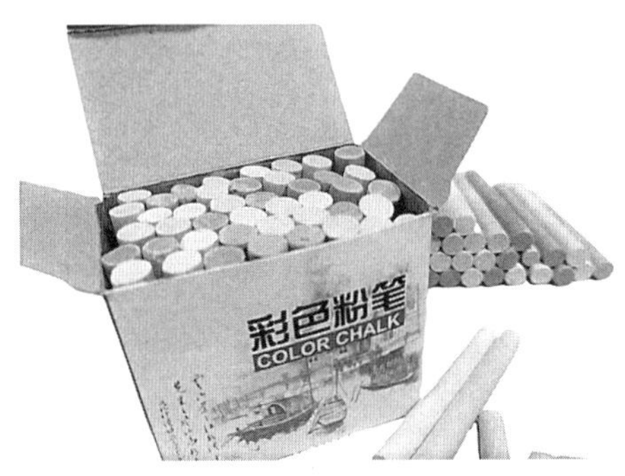

图 5-39 彩色粉笔

33. 物以类聚(匀质性原理)

"物以类聚"是指若两个或多个物体或两种或多种物质彼此相互作用,则其应包含相同的材料、能量或信息,在 TRIZ 理论中称为同质性原理,也称为均质化法。

具体措施为:两个相互作用的物体,应当用相同材料或特性相近的材料制成。该技巧的启示为:寻找材料间的等同性,即几种材料的属性相同或者接近,这样可以使几种材料在一起使用不会产生有害的结果。

【案例】 为了保证冰块融化不冲淡咖啡的味道,可以采用咖啡做冰块,如图 5-40 加咖啡冰块的咖啡。

图 5-40 冰咖啡

34. 自生自灭(抛弃或再生原理)

“自生自灭”是指抛弃原理和修复原理的结合,抛弃是指从系统中去除某物,修复是将某事物恢复到系统中以进行再利用。在TRIZ理论中称为抛弃与修复原理,也称为自生自弃法。

具体措施为:①采用溶解、蒸发等手段,抛弃已完成功能的零部件,或在系统运行过程中,直接修改它们;②在工作过程中,迅速补充系统或物体中消耗的部分。该技巧的启示为:当系统中某个零部件的功能已经完成,可从系统中去除,或者对其进行恢复以能够再利用。

【案例】 药品的“外衣”胶囊在胃内可以避免药物与胃壁的接触,以免刺激胃,但在肠里会溶解从而使药品发挥作用,如图5-41所示。火箭在飞行过程中会对部分结构进行抛弃,自动铅笔能够实现铅芯的快速补充,煮饭用的水,等等。

图5-41 胶囊

35. 随机应变(参数变化原理)

“随机应变”是指通过改变一个物体或系统的属性(物理或化学参数),以提供一种有用的益处,在TRIZ理论中称为参数变化原理,也称为性能转换法。

具体措施为:①改变聚集态(物态);②改变浓度或密度;③改变柔度;④改变温度或体积。该技巧的启示为:可以考虑改变系统或物品的各种属性(物理或化学状态、密度、导电性、机械柔性、温度、几何结构等)以实现系统的新功能。

【案例】 图5-42所示,用洗手液代替传统的洗手皂,使用更方便、卫生。

图5-42 洗手液

36. 沧海桑田(相变原理)

"沧海桑田"表示变化巨大,是指利用一种材料或情况的相变,来实现某种效应或产生某种系统的改变,在 TRIZ 理论中称为相变原理,也称为形态改变法。

具体措施为:利用物体相变转换时发生的某种效应或现象(体积变化、吸热或放热)。该技巧的启示为:可以利用相变过程(如气、液、固体之间的转换过程或反过程),产生气溶胶、吸收或释放热量、改变体积以及产生一种有用的力。

【案例】 如图 5-43 所示,为增加舞台效果,使用干冰的相变原理使产生烟雾。星级宾馆为了提高菜肴的档次,也会使用干冰使其产生烟雾缭绕的景象。

图 5-43　干冰相变产生烟雾

37. 热胀冷缩(热膨胀原理)

"热胀冷缩"是指利用对象的受热膨胀原理将热能转换为机械能或机械作用,在 TRIZ 理论中称为热膨胀原理,也称为热膨胀法。

具体措施为:①利用材料的热膨胀(或热收缩);②利用一些热膨胀系数不同的材料。该技巧的启示为:可以充分考虑利用正向或负向的热膨胀,同时,热膨胀不只限于热场,可以考虑重力、气压、海拔高度变化或者光线变化等引起的热膨胀(收缩)。

【案例】 如图 5-44 所示的热气球、温度计都利用热膨胀原理。

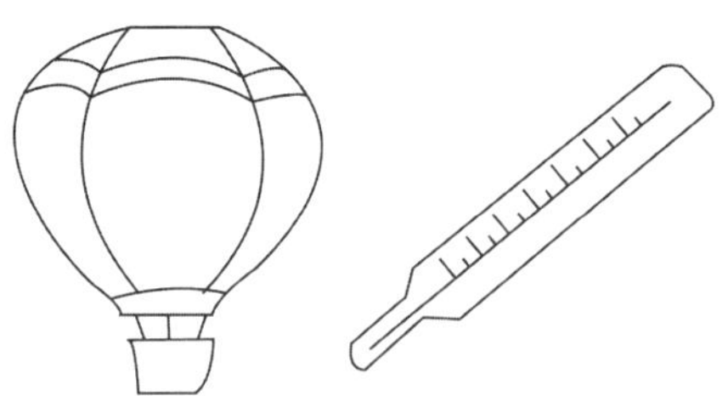

图 5-44　热气球与温度计图

38. 推波助澜(加速氧化原理)

"推波助澜"是指通过加速氧化过程或增加氧化作用强度,来改善系统的作用或功能,在 TRIZ 理论中称为加速氧化原理,也称为逐级氧化法。

具体措施为:①用富氧空气代替普通空气;②用氧气替换富氧空气;③用电离辐射作

用于空气或氧气;④用臭氧化了的氧气;⑤用臭氧替换臭氧化的(或电离的)氧气。该技巧的启示为:提高氧化水平的次序可以考虑从空气→富含氧气的空气→纯氧→电离化氧气→臭氧。在非物理系统中,"氧化剂"可以是能够导致过程加速或失稳的任何外部元素。

【案例】 用氧气——乙炔火焰做高温切割(图 5-45);用高压氧气处理伤口,既杀灭厌氧细胞,又帮助伤口愈合。

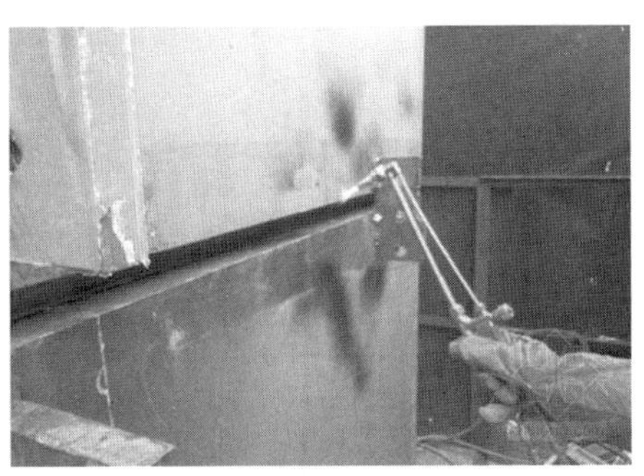

5-45 氧气乙炔切割

39. 孟母三迁(惰性环境原理)

"孟母三迁"是指制造一种中性(惰性)环境,以便支持所需功能,在 TRIZ 理论中称为惰性环境原理,也称为惰性环境法。

具体措施为:①用惰性介质代替普通介质;②在真空中进行某过程。该技巧的启示为:当营造惰性环境时,可以考虑真空、惰性气体(液体或固体)。固体惰性环境包括中性涂层、微粒或要素,同时要考虑"不产生有害作用的环境"。

【案例】 为保证食品的质量,真空包装成为一种重要的食品包装方式,图 5-46 是真空包装的大米。

图 5-46 真空包装的大米

40. 相辅相成(复合材料原理)

"相辅相成"是指通过将两种或多种不同的材料(或服务)紧密结合在一体而形成复合材料,在 TRIZ 理论中称为复合材料原理,也称为复合材料法。

具体措施为:由同种材料转为复合材料。该技巧的启示为:可以考虑改变材料成分,没有分层时可以考虑分层,没有增强纤维时可以考虑增强纤维(或各种材料)等。

【案例】 使用复合材料可以增加车刀的刚性、强度、耐热耐磨性能等，如图 5-47 所示的螺纹车刀。

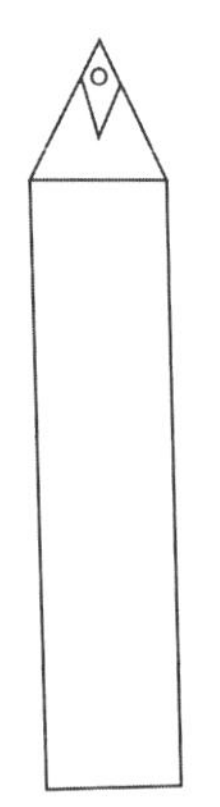

图 5-47　螺纹车刀

5.4　矛盾求解方法

5.4.1　矛盾矩阵

TRIZ 理论中的矛盾矩阵是技术矛盾问题求解的主要工具。阿奇舒勒通过对大量专利的研究与分析，当两个参数产生矛盾时，可以利用四十个发明技巧进行求解，并建立了工程参数的矛盾与发明技巧的对应关系，整理成一个 40×40 的矩阵——矛盾矩阵，如表 5-10 所示(完整的表格详见附录 E)，以便读者查找。在矛盾矩阵中，首列内容为 39 个改善参数，首行内容为 39 个恶化参数；矩阵内的数字编号为发明技巧的序号，编号的排列顺序表示发明技巧应用频率的高低。

表 5-10　40×40 冲突矩阵(部分)

恶化参数 / 改善参数	1. 运动物体的重量	2. 静止物体的重量	3. 运动物体的长度	4. 静止物体的长度	…	39. 生产率
1. 运动物体的重量	+	−	15,8,29,34	−	…	35,3,24,37
2. 静止物体的重量	−	+	−	10,1,29,35		1,28,15,35
3. 运动物体的长度	8,15,29,34	−	+	−		14,4,28,29
4. 静止物体的长度	−	35,28,40,29	−	+		30,14,7,26
…	…					…
39. 生产率	1,28,7,10	1,32,10,25	1,35,28,37	12,17,28,24	…	+

5.4.2 技术矛盾求解

技术矛盾在矛盾分析的基础上，按照改善参数与恶化参数查询矛盾矩阵，并对推荐的发明技巧进行分析，找到合适的发明技巧对矛盾问题进行求解，具体步骤如下，流程图如图 5-48 所示。

(1)根据矛盾分析的结果确定的矛盾技术参数，查找 TRIZ 矛盾矩阵。

(2)对查询得到的发明技巧进行分析。

(3)选择其中合适的发明技巧进行矛盾问题求解，建立解决方案。

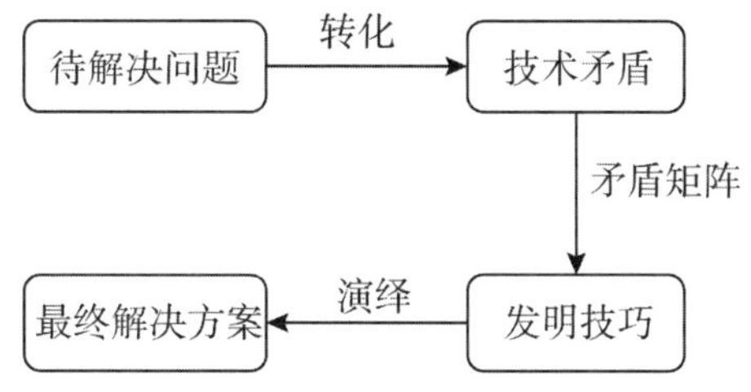

图 5-48 技术矛盾解决流程

需要注意的是，①在矛盾求解之前，要先进行矛盾分析，定义矛盾双方的标准工程参数，之后才能查询矛盾矩阵；②在矛盾矩阵中，一个技术矛盾(改善参数与恶化参数)最多对应着 4 个发明技巧，要进行分析和筛选，如果没有合适的发明技巧来解决该矛盾，需要重新进行矛盾分析，而后再查询矛盾矩阵，直到矛盾问题得到解决。

【案例】 直尺、三角块、量角器等绘图工具是数学或绘图学习必备的工具，目前学生所使用的大多是 4 件套的直尺套装，如图 5-49 所示，直尺、45°三角块、60°三角块和量角器，每个功能单一，在不同场合下需要使用不同的尺子，给学生绘图带来了极大的不便；而且成套的尺子占用空间大，材料消耗多。

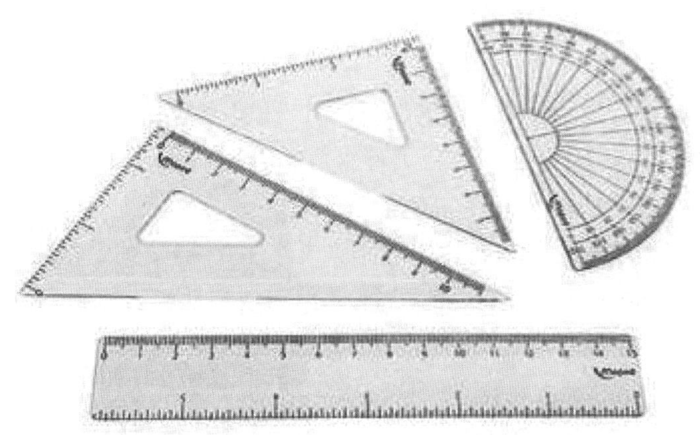

图 5-49 直尺套装

1. 确定技术矛盾

这里面临的矛盾是:4 件套装结构尺度比较大,如果要缩小整体结构尺度,就能减少套装的体积,但也可能无法实现这么多功能。

通过以上分析,直尺套装设计中的技术矛盾如表 5-11 所示。

表 5-11　直尺套装的技术矛盾

	技术矛盾 1	技术矛盾 2
如果	缩小整体结构	增大整体结构
那么	减少静止物体的体积(No. 6)	提高适应性(No. 35)
但是	减少了直尺套装的适应性(No. 35)	增加了物质的数量(No. 26)

2. 查找 TRIZ 矛盾矩阵表

根据表 5-11 中的技术矛盾的标准工程参数,查阅 TRIZ 矛盾矩阵表,找到发明技巧序号,如表 5-12 所示。这些发明技巧就构成了解决矛盾的可能解的集合。

表 5-12　矛盾矩阵简表

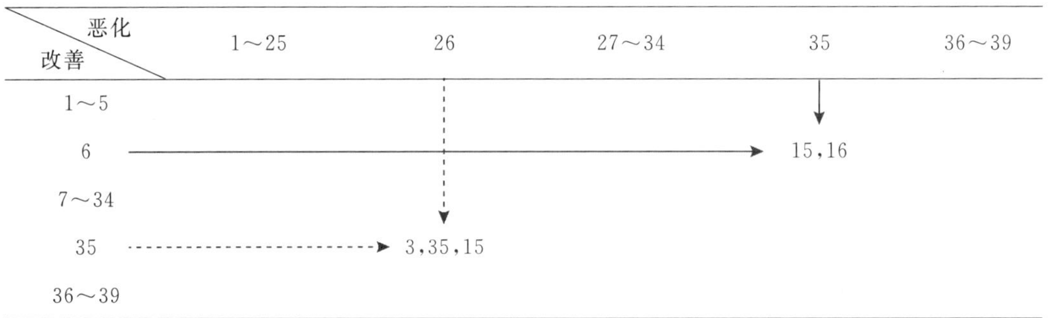

3. 推荐的发明技巧分析

从表 5-12 可知,对于技术矛盾 1,可以采用第 15,16 条发明技巧进行求解;对于技术矛盾 2,可以采用第 3,35,15 条发明技巧进行求解。查询前面有关这些发明技巧,具体措施如下:

#15 随心所欲(动态化):①改变物体的性质或外部环境,使其工作的每一阶段都达到最佳效果;②将物体分成彼此相对移动的几个部分;③使不动的物体成为动的。

#16 多退少补(不足或过度作用):如果所期望的效果难以 100%实现,稍微超过或稍微小于期望效果,会使问题大大简化。

#3 天圆地方(局部质量):①将物体、外部环境或作用的均匀结构改变为不均匀结构。③使物体的不同部分具有不同的功能。③使物体的各部分处于完成其功能的最佳状态。

#35 随机应变(参数变化):①改变聚集态(物态);②改变浓度或密度;③改变柔度;④改变温度或体积。

4. 发明技巧应用

根据推荐的发明技巧，对前面存在的技术矛盾进行求解，实现设计要求。对于技术矛盾 1，根据 #15、#16 两条发明技巧的比较分析，选择“随心所欲”技巧实施，使一个直尺实现画直线和角度的功能。

同样地，对于技术矛盾 2，选择“天圆地方”技巧实施。即直尺的不同部分具有不同的功能。根据这些发明技巧的启示，设计了如下两种多功能直尺结构方案，可以取代原来的庞杂的直尺套装。如图 5-50 所示。

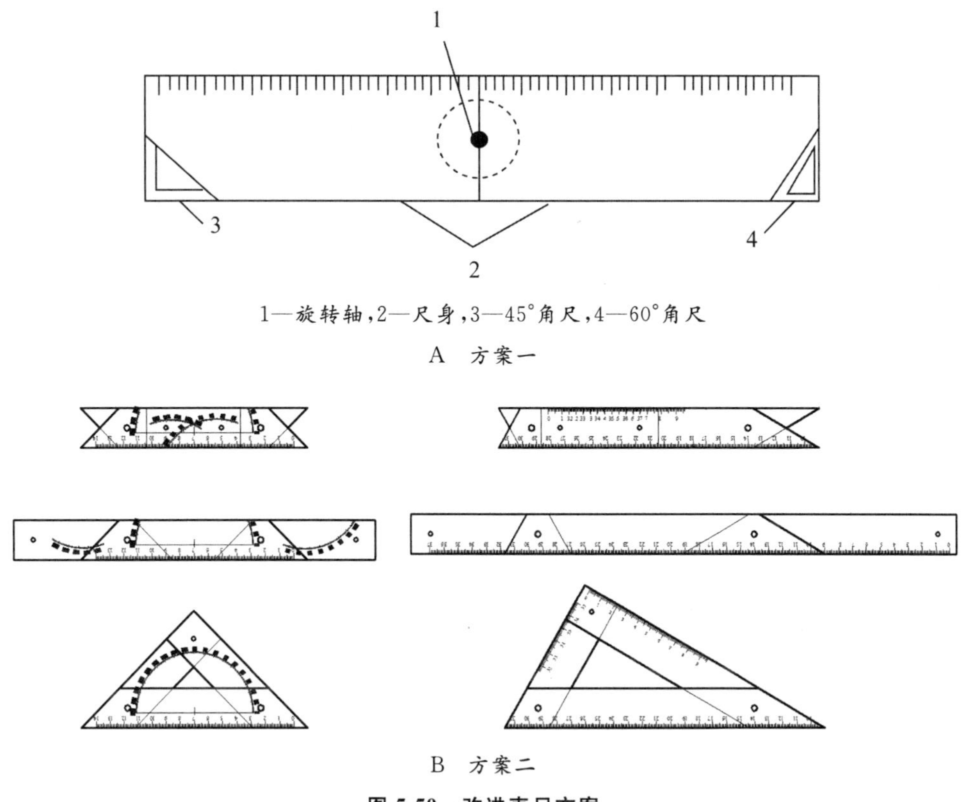

1—旋转轴，2—尺身，3—45°角尺，4—60°角尺

A 方案一

B 方案二

图 5-50 改进直尺方案

5.4.3 物理矛盾求解

解决物理矛盾的核心思想是实现矛盾双方的分离，物理矛盾的解决方法一直是 TRIZ 研究的重点内容。阿奇舒勒等人先后提出了多种解决方法。现代 TRIZ 理论在总结物理矛盾各种解决方法的基础上，提出分离原理来解决物理矛盾。

TRIZ 理论有四大分离原理：空间分离，时间分离，条件分离，系统级别分离，每个分离原理对应一系列求解问题的发明技巧，见表 5-13。

表 5-13 分离原理与发明技巧对照表

分离原理	对应的发明技巧
空间分离原理	1、2、3、4、7、13、17、24、26、30
时间分离原理	9、10、11、15、16、18、19、20、21、29、34、37
条件分离原理	1、7、25、27、5、22、33、6、8、14、25、35、13
系统级别分离原理	12、28、31、32、35、36、38、39、40

1. 空间分离原理

冲突双方在不同的空间上分离，即在空间上分离物体，使得物体的一部分表现为一种特性，在另一部分表现为另外一种特性。具体可以使用表 5-13 中对应的发明技巧进行空间分离。

使用的条件：对以上两个空间段是否交叉进行判断，即如果两个空间段不交叉，可以应用空间分离，否则不可以应用空间分离。

【案例】 空气中存在大量的粉尘；车辆排放的尾气；人与人的近距离交流会有飞沫飞溅，而飞沫中存有大量的细菌或病毒等，这些粉尘、气体、细菌、病毒很容易从人体的口腔、鼻腔进入人体呼吸道，从而影响人们的健康。口罩是一种常见的防护用品，它可以将口腔与鼻腔附近的空间与外界空间分离，即隔开粉尘、气体、细菌、病毒等与口腔、鼻腔的直接接触，以达到预防作用，如图 5-51 所示。

图 5-51 戴口罩

2. 时间分离原理

冲突双方在不同的时间段上分离，即物体在某一时间段表现为一种特性，在另一时间段表现为另外一种特性。具体可以使用表 5-13 中对应的发明技巧进行时间分离。

使用条件：对以上两个时间段是否交叉进行判断，即如果两个时间段的冲突不趋向同一个方向变化，即可以应用时间分离，否则不可以应用时间分离。

【案例】 自行车是非常便捷的交通工具。但是自行车的停放给人们带来了很多困扰，比如占据人行道，容易被偷。为了解决这一问题，创新设计了折叠式自行车，当不需要使用时，人们可以将其折叠放置在家里防止被偷，或者减少对人行道的占据，甚至可以在旅行时将其放在车的后备厢。折叠自行车如图 5-52 所示。

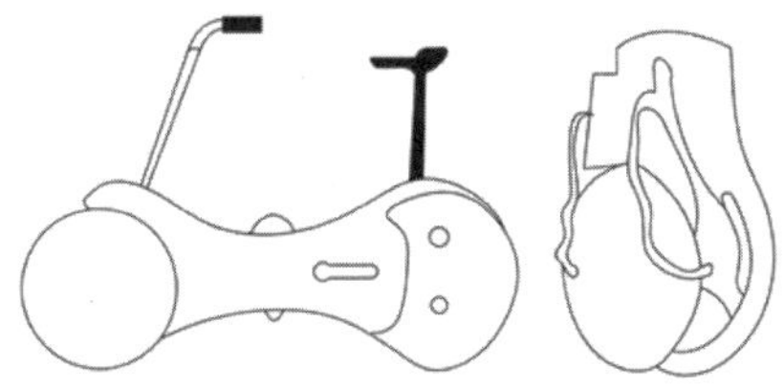

图 5-52 折叠自行车

3. 条件分离原理

冲突双方在不同的条件下分离，即物体在特定的条件下表现为某一特性，在另一种条件下表现为另一种特性。具体可以使用表 5-13 中对应的发明技巧进行条件分离。

使用条件：对以上两种条件下是否交叉进行判断。换而言之，当系统或关键子系统冲突双方在某一条件下只出现一方时，则可以应用基于条件的分离原理，否则不可以应用条件分离。

【案例】 如图 5-53 所示的交通灯。为了使交通顺畅以及减少交通事故的发生，人为定义了“绿灯行、红灯停、黄灯等”的交通规则，人们根据灯颜色的指示从而判断“行、停、等”。

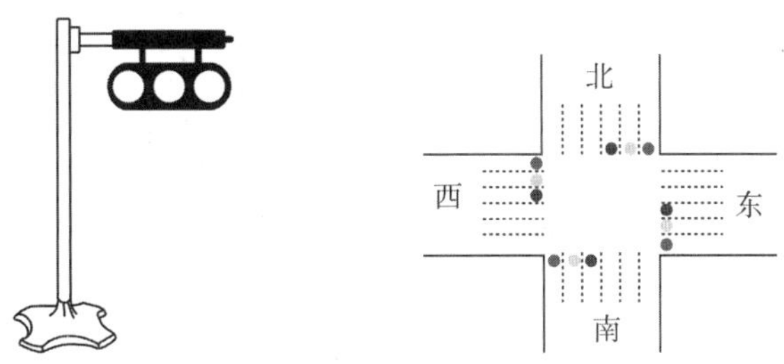

图 5-53 交通灯

4. 系统级别分离原理

冲突双方在不同的系统级别下分离，即物体在子级别表现某一特性，在高级别表现另一特性。具体可以使用表 5-13 中对应的发明技巧进行系统级别分离。

使用条件：对以上不同级别是否交叉进行判断，当两个系统级别不交叉，可以应用系统级别分离原理，否则不可以应用系统级别分离。

【案例】 如图 5-54 所示的榔头，其整体功能是锤击物体，如钉钉子；而每个局部又设计了不同功能，可以完成多项作业工作。

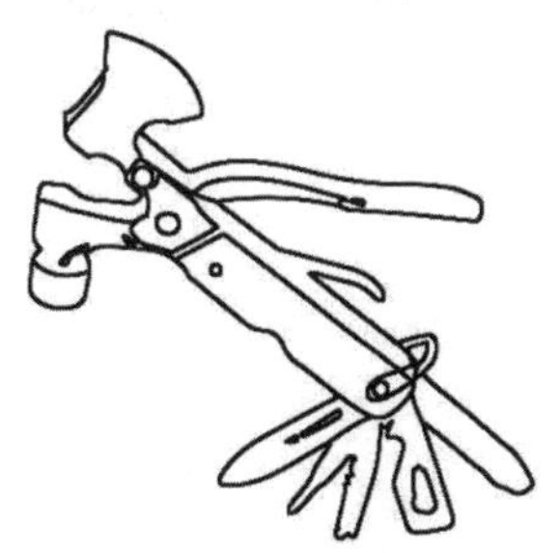

图 5-54 多功能榔头

5.4.4 运用分离原理解决物理矛盾

解决物理矛盾的核心思想是:利用分离方法,将对同一个对象的某个特性的互斥要求分离开,并分别予以满足。

在面对物理矛盾时,需要确立问题的矛盾双方,选择适用于本问题的分离原理类型,即是从空间角度分离矛盾双方,还是利用不同时间段分离矛盾双方,或者利用其他的原理分离矛盾,进而结合自身的知识和经验,利用分离原理与发明技巧对应表查找发明技巧,获得一个可行的解决方案。

解决物理矛盾的过程可以分为以下四步:①将要研究的问题抽象成物理矛盾的形式,并确定两个相反的特性;②确定解决物理矛盾的分离原理;③根据分离原理选择相应的发明技巧,得到解决物理矛盾的一般解;②根据实际情况,得出解决特定问题的特殊解,具体流程如图 5-55 所示。

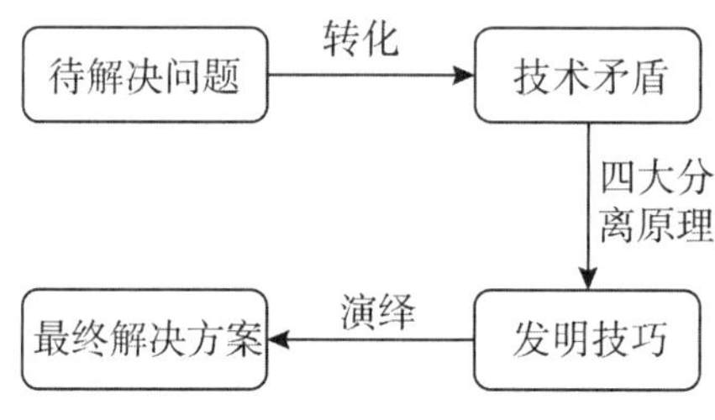

图 5-55 物理矛盾解决流程

【案例】 可变沙发的设计

(1)描述具体问题。随着建房用地的告急,住宅楼房的建筑面积逐渐减少,许多家具的尺寸也开始创新化,朝着减少占地面积的方向发展。其中,沙发是占地面积较大的家具,人们对其面积提出了既大又小的矛盾要求。

(2)定义物理矛盾。由此分析得出,面临的物理矛盾是:既希望沙发占地面积小一点,这样房间可以摆放更多家具,又希望沙发占地面积大一点,这样可以当床使用。

(3)选择发明技巧。根据问题描述分析,选用时间分离原理。查找分离原理与发明技巧对应表 5-13,在应用条件分离原理求解时可以利用的 12 个发明技巧,分别为 9(先发制人)、10(未雨绸缪)、11(防患未然)、15(随心所欲)、16(多退少补)、18(天撼地动)、19(周而复始)、20(马不停蹄)、21(快刀斩乱麻)、29(水涨船高)、34(自生自灭)、37(热胀冷缩)。

(4)获得解决方案。选用“随心所欲”的技巧,采用可折叠、伸缩的动态化结构,在沙发的底部嵌套一块等宽的活动板,通过将活动板的伸缩与上下定位,即可以改变沙发的表面积,实现沙发和床两者之间的相互转变。如图 5-56(a)是沙发的使用状态,图 5-56(b)是床的使用状态。

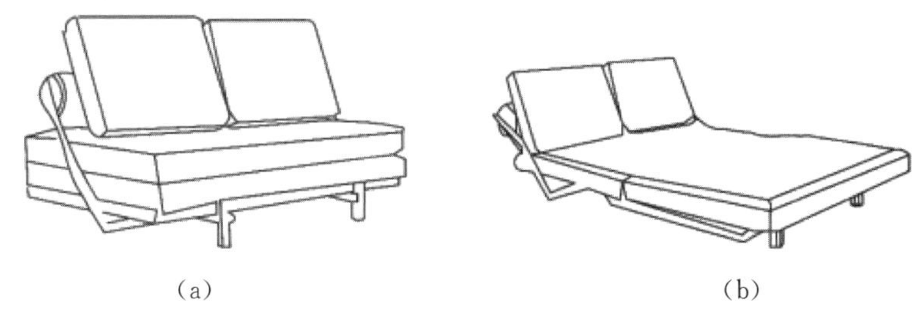

图 5-56 沙发与床的相互转变示意图

5.5 一般解与标准解

对于功能不足问题,在问题分析时建立了物场模型(或物质—场模型),物场模型共有 4 类,其中有效完整的物场模型是设计者追求的结果,不需要改进。其他 3 种,即不完整模型(缺失模型)、效应不足模型(不充足模型)和有害效应模型,都没有达到系统所需要的功能,TRIZ 中提出了对应的 6 个一般解法和 76 个标准解法,用以解决这 3 种模型。

5.5.1 一般解

一般解法是针对不完整模型、效应不足模型和有害效应模型的简易求解方法,包括 6 种解法,具体一般解法见表 5-14。

表 5-14 物场分析的一般解法

一般解法编号	存在的问题	具体解决措施
1	缺失模型	补全缺失的元素(场、物质),使模型完整
2	有害效应模型	加入第三种物质,阻止有害作用
3		引入第二个场,抵消有害作用
4	效应不足模型(不充足模型)	引入第二个场,增强有用的效应
5		引入第二个场和第三个物质增强有用的效应
6		引入第二个场或第二个场和第三个物质,代替原有场或原有场和物质

1. 一般解法 1

针对不完整模型,根据所缺失的元素,增加场 F 或工具 S_2 或作用目标 S_1,使之形成有效的完整模型。模型转换过程如图 5-57 所示。

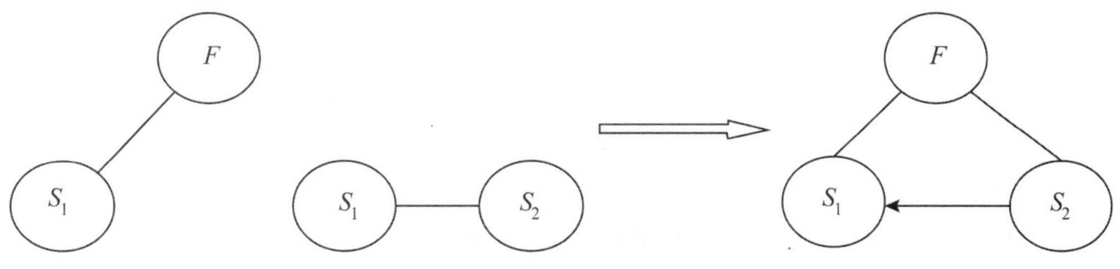

图 5-57 不完整模型的一般解法 1

【案例】 红外线体温计测体温

为了测量温度，常需要引入中间介质，常用的中间介质有水银温度计、红外测温计等。在没有引入中间介质(温度计)时，为不完整模型；当引入光学场时(红外测温计)，模型转换为完整模型，如图 5-58 所示。使用红外线测温计测体温如图 5-59 所示。

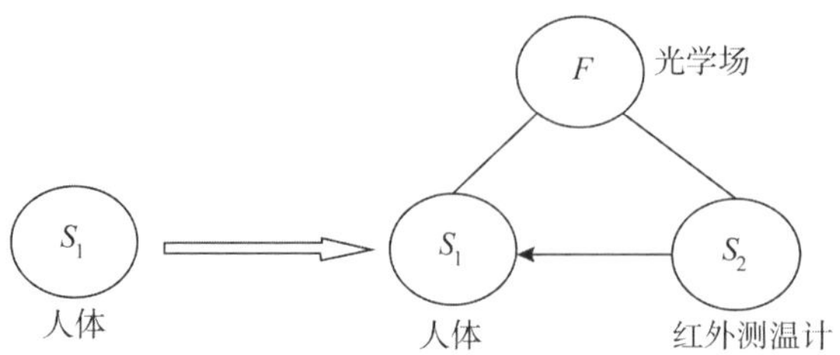

图 5-58 红外线测体温的物场模型

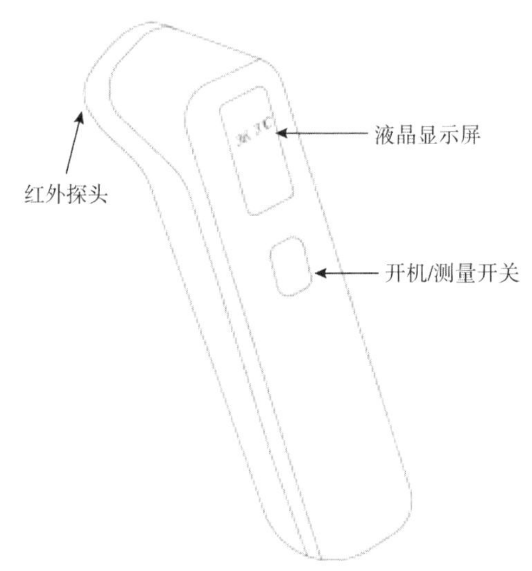

图 5-59 红外线体温计测体温

2. 一般解法 2

针对有害效应模型，引进第三种物质 S_3，而且这种物质是原有两种物质之一的变种。模型转换过程如 5-60 所示。

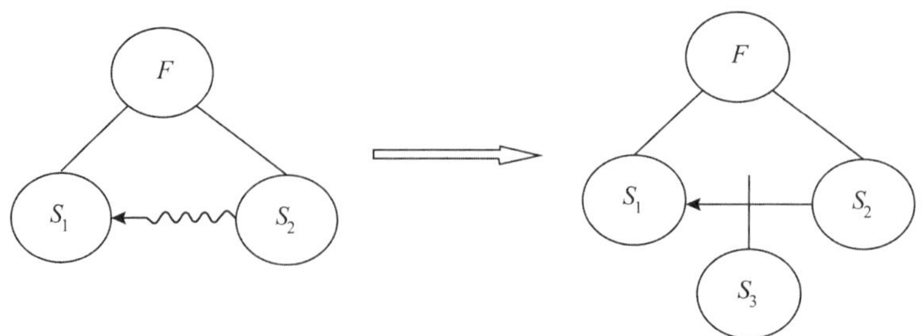

图 5-60 有害完整模型的一般解法 2

【案例】 夹紧高精工件

铣削加工时需要用虎钳夹紧工件，但虎钳直接夹紧高精度表面的工件，容易损伤工件已加工的高精度表面，这是需要用软质材料的垫块（如木块、铝块等）挡在虎钳夹爪与工件之间，这样可以减少对工件已加工表面的损害。图 5-61 为模型转换过程，图 5-62 为带垫块的虎钳夹爪。

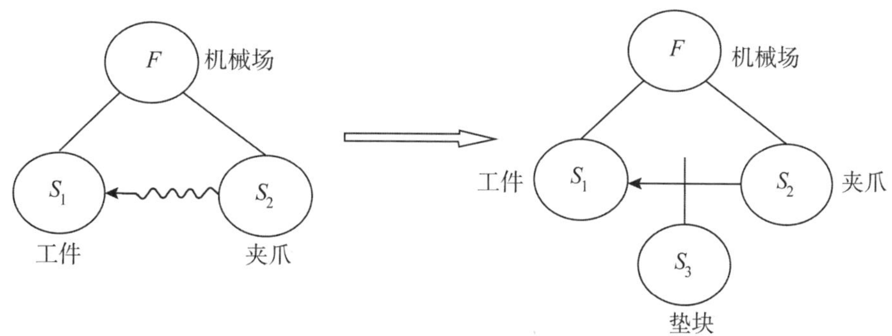

图 5-61 工件夹持的物场模型

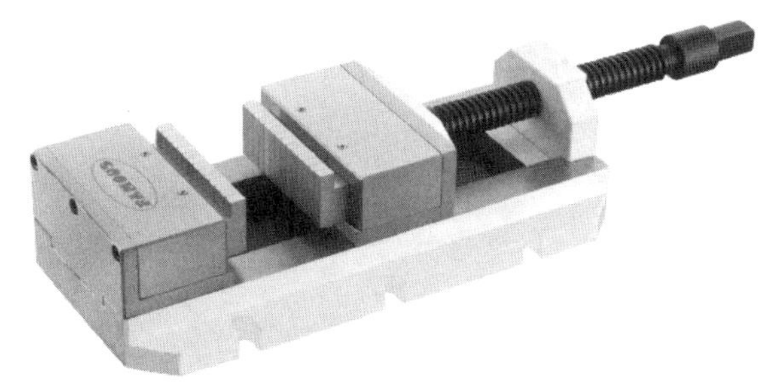

图 5-62 带垫块的虎钳夹爪

3. 一般解法 3

针对有害效应模型，增加另一个场 F_2，用于平衡产生有害效应的场，准确评估所需的能量场，如常见的机械场、电场和热场等。模型转换过程如图 5-63 所示。

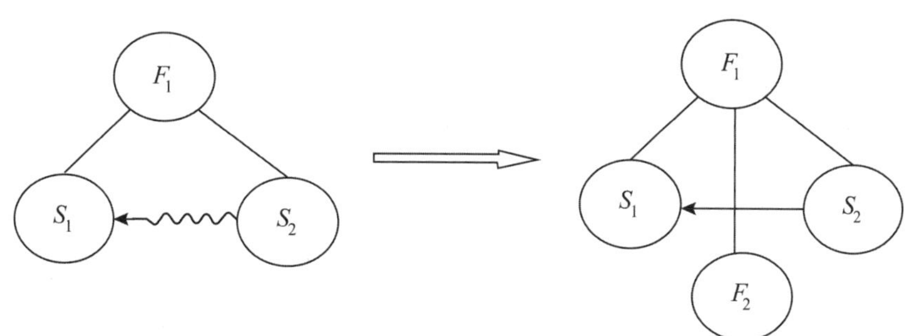

图 5-63 有害完整模型的一般解法 3

【案例】 房间里甲醛的驱散

新装修的房间，因为涂料、新家具等原因，这些材料在分子运动的作用下挥发出浓浓的甲醛味；当房间处于密闭状态时，甲醛气体一直弥留在房间中，从而对人体的健康造成极大的危害。若引入气动场，将房间的门、窗户打开，保持空气处于流通状态，甲醛就会逐渐消散，从而消除粒子场（甲醛）对人体的有害作用，物场模型如图 5-64 所示。

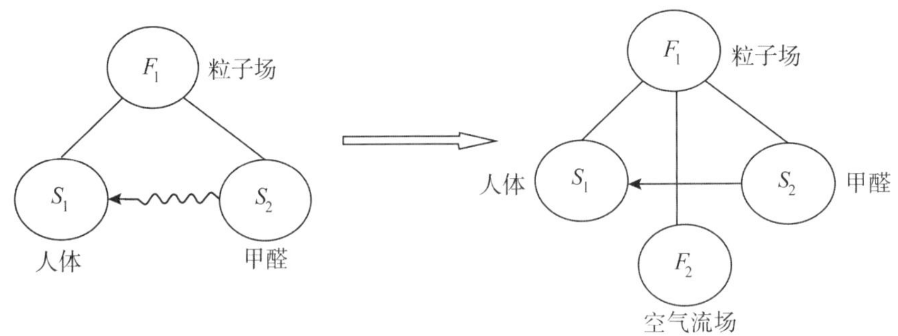

图 5-64 甲醛—人体物场模型

4. 一般解法 4

针对效应不足模型，改用新的场 F_2。即采用新的场 F_2 代替原有的场 F，达到所需的效果。模型转换过程如图 5-65 所示。

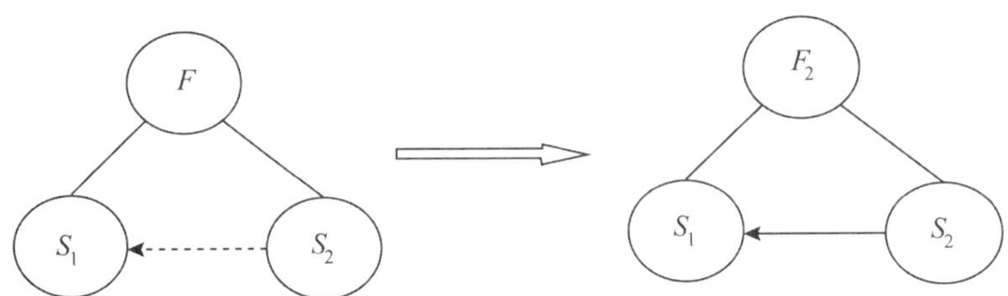

图 5-65 效应不足模型的一般解法 4

【案例】 刷牙到冲牙

大家通常是采用刷牙方式清洁牙齿，这是机械场作用，有些牙缝无法清理，属于效应不足模型。改由有压力的水冲刷，这是流场的作用，可以方便地清洗牙垢和牙缝，如图 5-66。即根据一般解法 4，采用新的场，利用压力装置产生水流，对牙齿进行冲洗，达到清洁牙齿的效果，图 5-67 为冲牙装置。

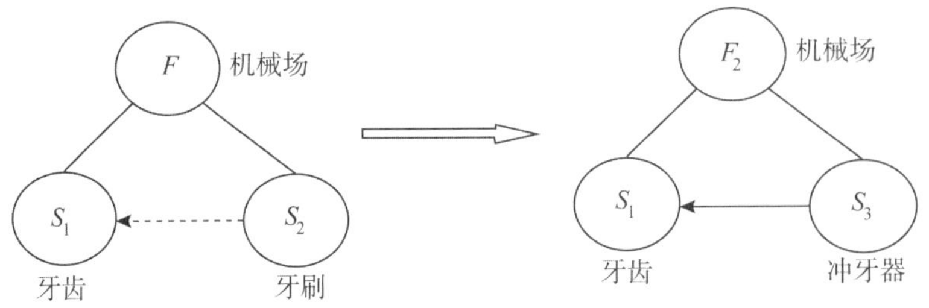

图 5-66 刷牙系统改进前后的物场模型

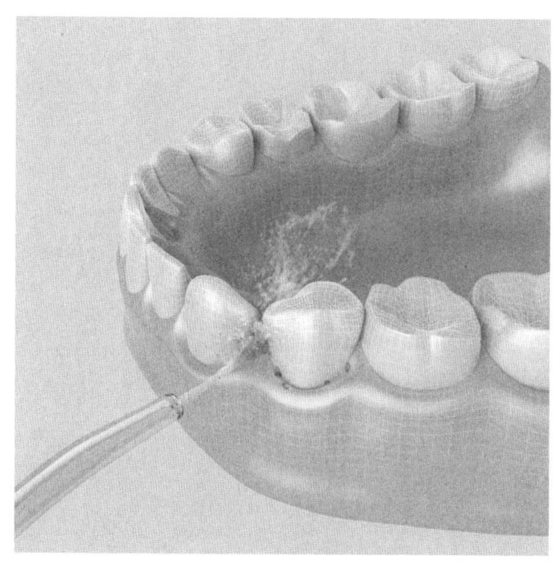

图 5-67 冲牙器

5. 一般解法 5

针对效应不足模型，增加一个新的场 F_2 来增强需要的效果。模型转换过程如图 5-68 所示。

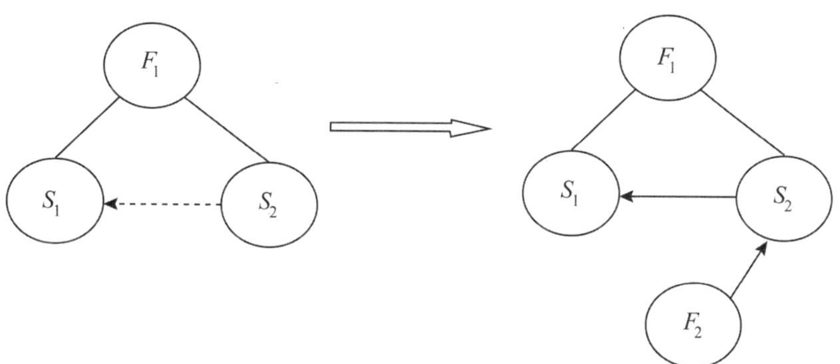

图 5-68 效应不足模型的一般解法 5

【案例】 空调扇

电风扇利用电动机驱动扇叶旋转，加速空气流通，用于清凉解暑和流通空气。但是，当环境温度过高时，电风扇的驱热效果不佳，主要是因为单一的送风功能出现效应不足。因此，针对电风扇的单一功能，结合空调制冷功能，人们发明了空调扇。空调扇以水为介质，让风吹时经过水，水的蒸发作用带来更好的降温效果，其降温效果取决于空气的湿度，若环境越干燥，降温越明显。也可以加入冰块，加冰后，制冷效果会更好。空调扇的价格比空调优惠，便携性好，降温效果优于普通电风扇。用物场模型的描述如图 5-69 所示。空调扇的结构原理如图 5-70 所示。

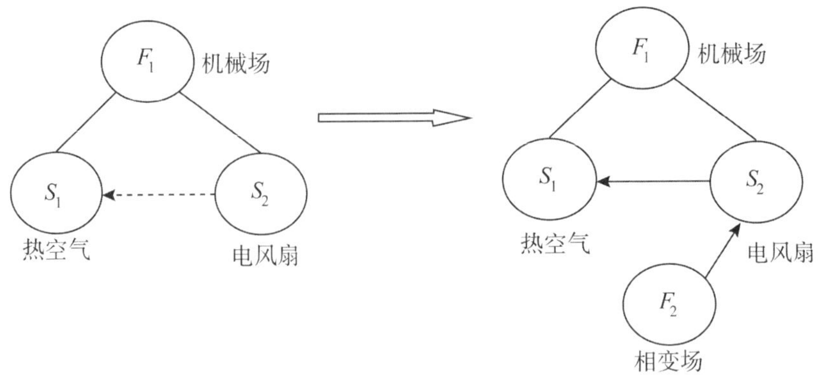

图 5-69 电风扇改进前后的物场模型

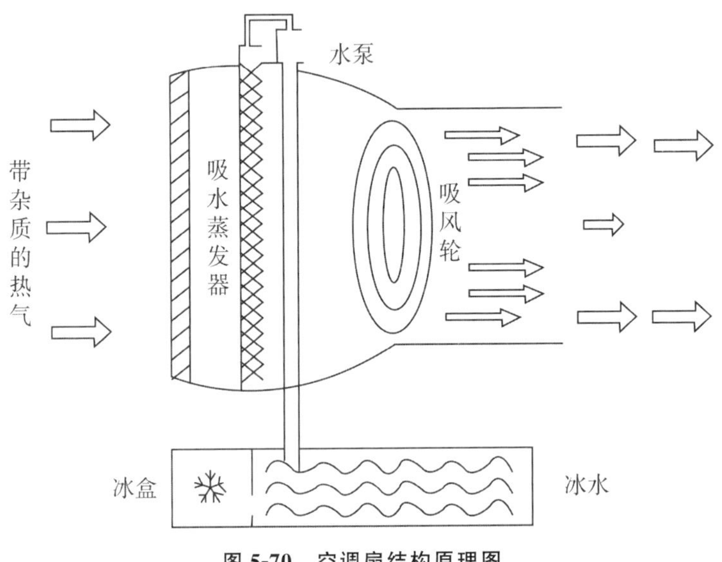

图 5-70 空调扇结构原理图

6. 一般解法 6

针对效应不足模型，增加新的场 F_2 和物质 S_3 来加强原有的效果。模型转换过程如图 5-71 所示。

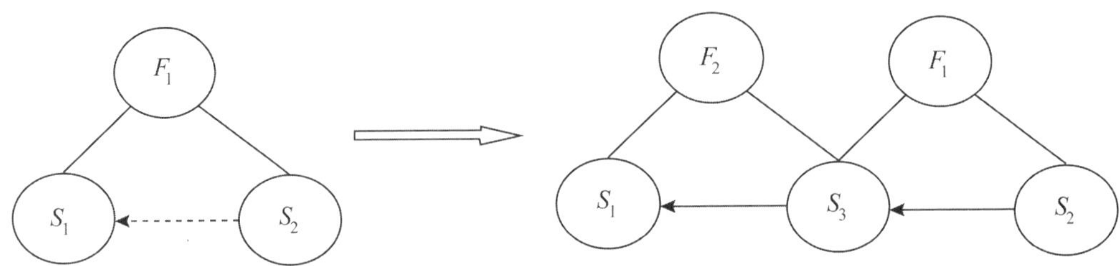

图 5-71 效应不足模型的一般解法 6

【案例】 喷雾型排风机

在医院建筑中，通常针对医院建筑自身的特点和对空气质量的品质要求，采用机械或自然的手段使室内与室外的空气对流，达到净化，而单纯的机械手段仅仅达到空气更换作用并不能进行消毒。因此通过在排风机的出口装置添加喷雾装置，使得排风机在更换空气的同时具有喷洒功能，进而实现对医院进行全面的消毒作用。物场模型的构建过程如图 5-72 所示。喷雾型排风机如图 5-73 所示。

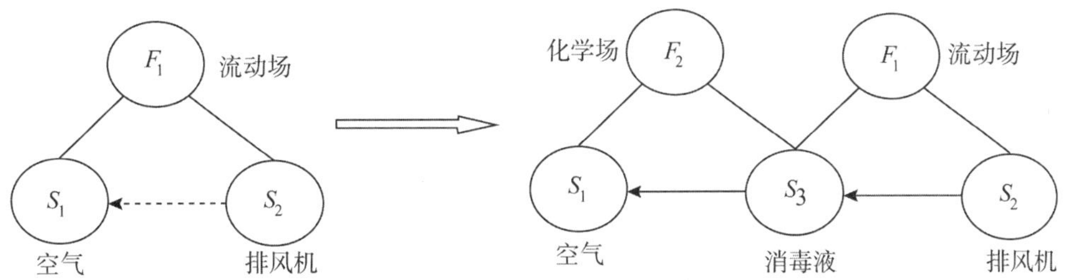

图 5-72 排风系统改进前后的物场模型

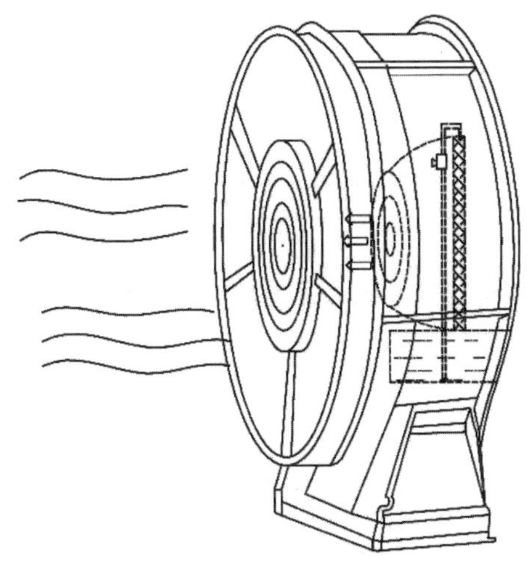

图 5-73 喷雾型排风机

5.5.2 标准解

在 TRIZ 理论中，把解决不同领域问题的通用解称为“标准解”，共总结了 76 个标准解。按照所解决问题的类型，把这 76 条标准解分为五级，如表 5-15 所示，其具体内容介绍见附录 C。

表 5-15 物场模型的标准解法

级别	标准解系统名称	子系统数量
第一级	基本物场模型的标准解 1.1 构建完整的物场模型 1.2 消除或中和有害作用，构建完善的物场模型	13

续表

级别	标准解系统名称	子系统数量
第二级	增强物场模型的标准解 2.1　向复合物场模型转换 2.2　增强物场模型 2.3　利用频率协调增强物场模型 2.4　引入磁性附加物增强物场模型	23
第三级	向双、多级系统或微观级系统进化的标准解 3.1　向双系统或多系统转换 3.2　向微观级系统转换	6
第四级	测量与检测的标准解 4.1　利用间接的方法 4.2　构建基本完整的和复合的测量物场模型 4.3　增强测量物场模型 4.4　向铁磁场测量模型转换 4.5　测量系统的进化方向	17
第五级	简化与改善策略标准解 5.1　引入物质的方法 5.2　引入场 5.3　利用相变 5.4　利用物理效应或自然现象 5.5　产生物质粒子的更高或更低形式	17

5.5.3　创新与发明问题的物场标准解求解流程

对于三类不良物场模型，也可以采用下面的四个步骤进行问题的求解。

1. 确定所面对的问题类型

首先要确定所面对的问题是属于哪一类问题，是要求对技术系统进行改进，还是要求对某件物体有测量（或探测）的需求。问题的确定是一个复杂的过程，可以按照以下顺序进行分解：

（1）问题工况的描述，以图文并茂的方式概述问题状况为最佳。

（2）对产品或技术系统的工作过程进行分析，尤其要表述清楚物流过程。

（3）组件模型分析，包括系统、子系统、超系统三个层面的组件，确定可用资源。

（4）功能结构模型分析，将各个元素之间的相互作用表述清楚，用物场模型的作用符号来表示。

（5）确定问题所在的区域和组件，划分出相关的元素，作为下一步工作的核心。

2. 对技术系统进行改进

（1）建立现有技术系统的物场模型。

（2）如果是不完整物场模型，应用标准解法第一级（S1.1）中的 8 个标准解法。

(3)如果是有害效应物场模型,应用标准解法第一级(S1.2)中的 5 个标准解法。

(4)如果是效应不足物场模型,应用标准解法的第二级的 23 个标准解法和标准解法第三级中的 6 个标准解法。

3. 对某个物体进行测量(或探测)

针对效应不足的,需要检测与测量的模型,应用标准解法第四级中的 17 个标准解法。

4. 简化标准解法

当获得了对应的标准解法和解决方案,检查模型(实际是技术系统)是否可以应用标准解法第五级中的 17 个标准解法进行简化。整个流程如图 5-74 所示。

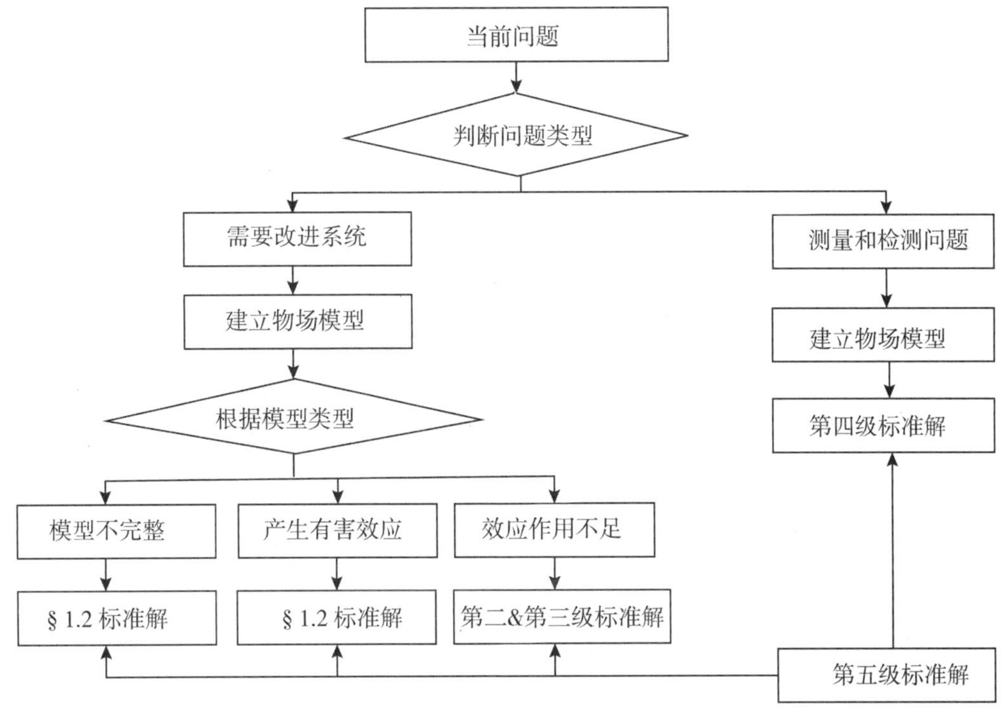

图 5-74 物场分析求解流程

【案例】 高温防护服的改进

(1)问题描述。炼钢工人容易受到高温的伤害,因而需要穿着低导热材料制作的防护服,这种衣服在短时间内效果还是不错的,但经过一段时间后,衣服内外温度达到平衡,其隔热效果会明显下降。因此需要进一步改善防护服的降温效果。

(2)建立物场模型并确定问题的类型。如图 5-75(a)为该系统的物场模型。根据上述问题描述,确定物场模型的元素为:人体(S_1)、防护服(S_2)和温度场(F_1)。由此可知,现有的系统为效应不足的物场模型。

(3)依标准解的系统改进。查询标准解,应用第二级标准解中的标准解法 15(即标准解 2.1.1,将单一的物质—场模型转化成链式模型),是引入一个 S_3,让 S_2 产生的场 F_2 作

用于 S_3，同时 S_3 产生的场 F_1 作用于 S_1，物场模型如图 5-75(b)所示。

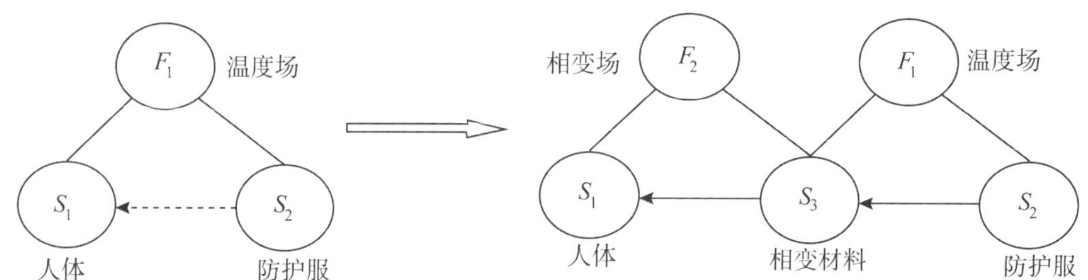

图 5-75　防护服系统改进前后的物场模型

根据上述物场模型，对防护服做一些改进：在防护服的外表面附设一个袋子，在袋子内插入充有相变材料 14 烷和 16 烷的混合物，熔点为 10～16℃，使用前，将其冷却到 0℃，以便混合物成为固相。当穿上身时，外部的高温透过相变材料后再作用在人体上，利用相变材料产生的吸热效应，使降温效果大幅提升，如图 5-76 所示。

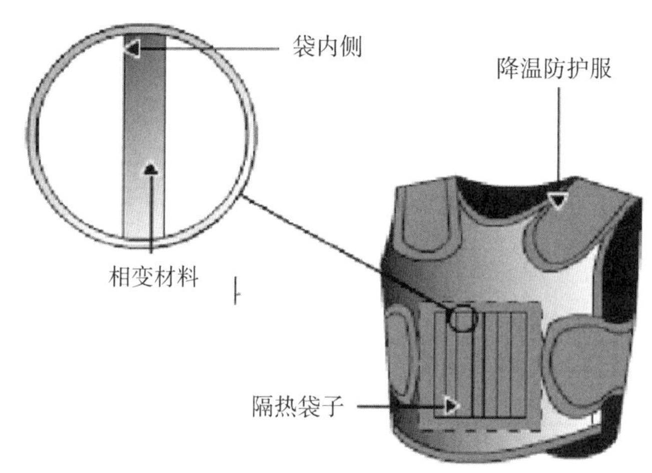

图 5-76　降温防护服

5.6　科学效应库

5.6.1　科学效应库概述

科学效应是在特定条件下，在技术系统中实施自然规律的技术结果，是场(能量)与物质之间的互动结果。科学效应也能看作是一种功能，它是物质、场或两种的组合，将输入作用转变为所需的输出作用。通过选择不同的效应、物质参数，可以控制效应的转换效果。总之科学效应是科学原理、现象、定理和定律的集中表现形式和实施的必然结果，科学效应库是将物理效应、化学效应、生物效应和几何效应等集合起来组成的一个知识库。利用科学效应库有利于突破技术人员只是对其专业知识熟悉的局限性，发散思维从其他领域寻求问题的解。科学效应和现象的应用，对解决技术创新问题具有超乎想象的、强有力的帮助和支持。

迄今为止，研究人员已经总结了大概 10000 个科学效应，但常用的只有 1400 多个。工程技术人员在创新的过程中，常常需要各个领域的知识来确定创新方案，科学效应的有效利用，提高创新设计的效率。但是，对于普通的技术人员而言，由于自身的精力与知识面的有限，认识并掌握各个工程领域的效应是相当困难的。故 TRIZ 理论将效应作为专门的问题解决工具加以研究，把高难度的问题和所要实现的功能进行了总结和归纳，发现并总结出发明问题时经常遇到的、需要实现的 30 种功能（表 4-20）及所需用到的 100 个科学效应和现象。

5.6.2 常用的科学效应

TRIZ 理论中给出了 100 个解决 How to 模型的科学效应，这里仅对几种常见的科学效应稍做介绍。

1. 磁流体

磁流体是由纳米磁性固体颗粒、基载液以及界面活性剂三者混合而成的一种具有稳定性的胶状液体，因而同时具有液体的流动性和磁性固体材料的磁性。在静态时，磁流体无磁性吸引力，当外加磁场作用时，才表现出磁性。

实际应用：磁流体密封、减震、医疗器械、光显示、声音调节、磁流体选矿等领域。其中，磁流体选矿是利用磁流体的表现比重随外磁场的变化而改变的特点对非磁性矿物进行分离，原理如图 5-77 所示。

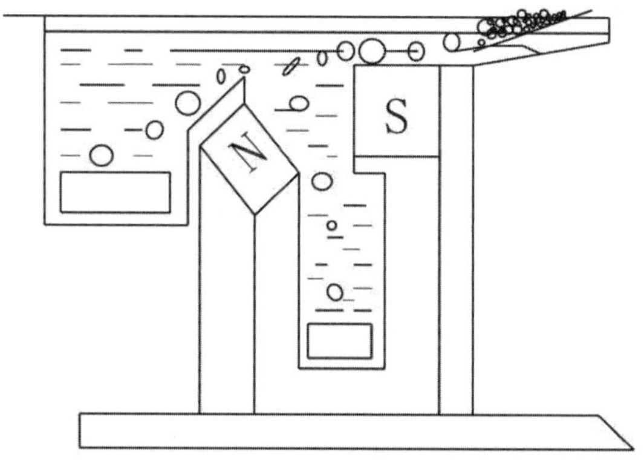

图 5-77 磁流体选矿原理

2. 共振

系统受外界激励，做强迫振动时，若外界激励的频率接近于系统频率时，强迫振动的振幅可能达到非常大的值，这种现象叫共振。

实际应用：制造超声工具、机械仪器和装置；利用原子、分子共振可以制造各种光源（如日光灯、激光）、电子表、原子钟、核磁共振等；微波炉加热食品时，炉内产生很强的振荡电磁场，使食物中的水分子作受迫振动，发生共振，将电磁辐射能转化为热能，从而使食物的温度迅速升高，如图 5-78 所示。

图 5-78　微波炉共振加热

3. 压电效应

压电效应是指某些电介质在沿一定方向上受到外力的作用而发生变形时，其内部会产生极化现象，同时在它的两个相对表面上出现正负相反的电荷，而当外力去掉后，它又会恢复到不带电的状态，如图 5-79 所示。

实际应用：压电聚合物换能器、传感器和驱动器应用；超声电机、压电打火机及燃气灶点火器，炮弹触发信号。

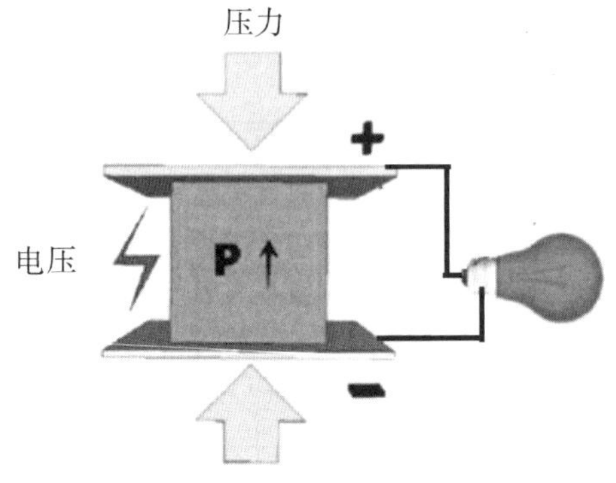

图 5-79　压电效应

4. 电泳

电泳是电泳涂料在阴阳两极，施加于电压作用下，带电荷的涂料离子移动到阴极，并与阴极表面所产生的碱性作用形成不溶解物，沉积于工件表面。

实际应用：分析化学、生物化学、临床化学、食品化学等领域。在医学及生物化学领域，常用醋酸纤维素薄膜电泳对蛋白质及其他生物大分子进行分离、分析和鉴定，其电泳分离原理图如图 5-80 所示。

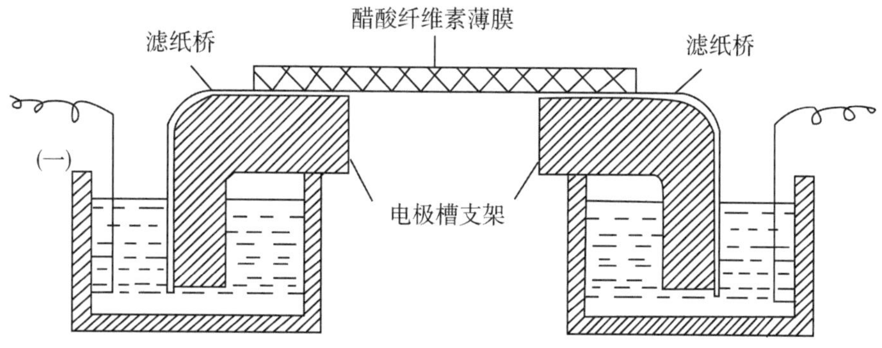

图 5-80 电泳分离原理图

5. 放电

放电就是使带电的物体不带电。放电并不是消灭了电荷，而是引起了电荷的转移，正负电荷抵消，使物体不显电性。放电的方法主要有接地放电、尖端放电、火花放电、中和放电等。大自然的闪电也属于放电现象(图 5-81)。

实际应用：日光灯的启辉器(图 5-82)；金属加工、等离子体表面处理；静电复印、静电喷涂、电气集尘、闪电的产生等。

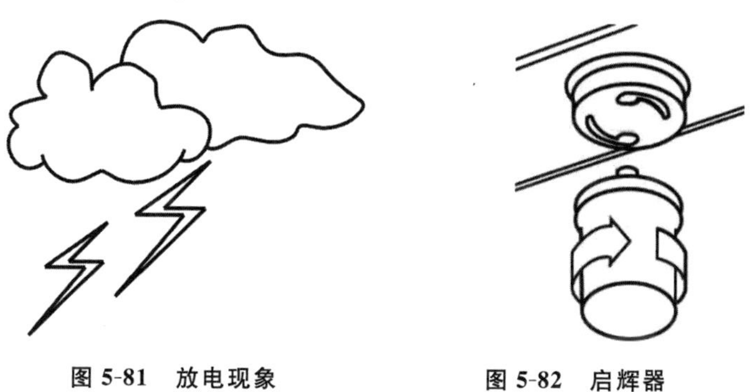

图 5-81 放电现象　　图 5-82 启辉器

6. 光谱

光谱是复色光经过色散系统(如棱镜、光栅)分光后，被色散开的单色光按波长(或频率)大小而依次排列的图案，全称为光学频谱。例如，太阳光经过三棱镜后形成按红、橙、黄、绿、蓝、青蓝、紫次序连续分布的彩色光谱(图 5-83)。

实际应用：环境污染物的检测；材料成分的检测；生物组织机能和结构的定量分析；燃烧诊断等。

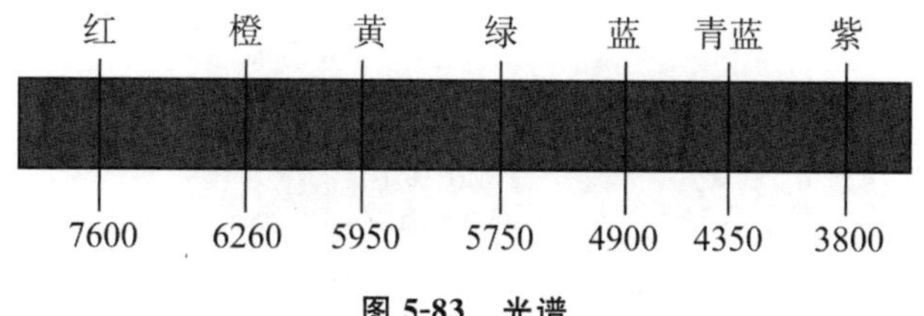

图 5-83 光谱

7. 伯努利效应

伯努利效应表征了流体的压强与流速的关系：流体的流速越大，压强越小；流体的流速越小，压强越大。

实际应用：飞机机翼，喷雾器，汽油发动机的汽化器，吸管，文丘里管（图 5-84）等。

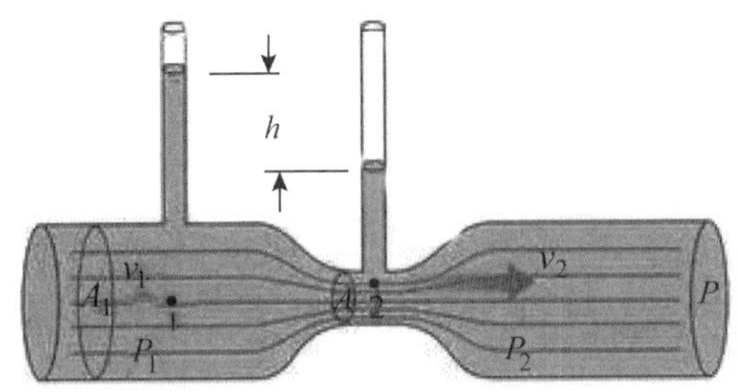

图 5-84　文丘里管

8. 浮力

浮力是指浸在液体或气体里的物体，受到液体或气体竖直向上托的力。

实际应用：热气球（图 5-85）、船、飞艇、密度计等。

图 5-85　热气球

9. 渗透现象

在两种不同浓度的溶液中间插入半透膜（半透膜允许小分子通过，不允许大分子通过），水分子或者其他溶剂分子从低浓度溶液通过半透膜进入高浓度溶液中。

实际应用：细胞吸水和失水，蔗糖溶液与纯水的相互作用（图 5-86），腌制白菜等。

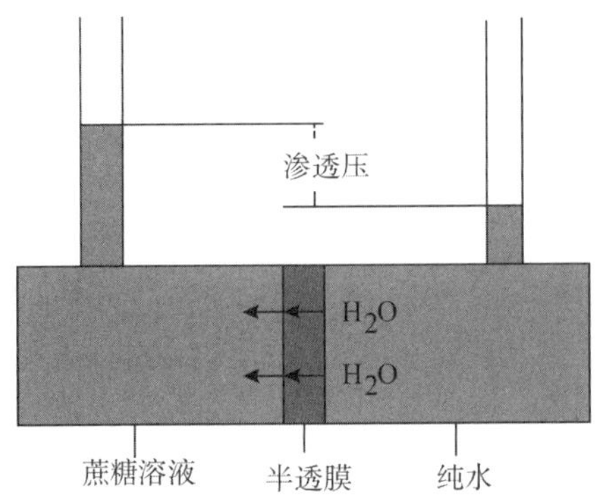

图 5-86　蔗糖溶液与纯水的相互渗透原理

10. 毛细现象

毛细现象又称毛细管作用，指液体在细管状物体内侧，由于内聚力与附着力的差异，克服地心引力而上升的现象。

实际应用：吸水纸、毛巾吸汗、真空过滤机、煤油灯(图 5-87)等。

图 5-87　煤油灯

5.6.3　科学效应库求解流程及实例

在解决“怎么做”问题的过程中，往往需要多个不同专业的知识，如各种各样的物理效应、化学效应或几何效应，以及这些效应的某些方面。对于怎么做的问题借助科学效应库，通过如下 6 个步骤求解。

(1)确定问题：首先要对问题进行分析，确定需要解决的问题。

(2)确定功能：根据所要解决的问题，定义并确定 How to 模型(实现的功能)。

(3)查找功能：代码根据功能表确定与 How to 模型相对应的代码。

(4)查询科学效应库：从表中查找此功能代码下所推荐的科学效应和现象，分析所查询到的每个科学效应和现象，优选适合解决本问题的效应。

(5)形成最终的解决方案：查找优选的每个科学效应和现象的详细解释，将科学效应和现象应用于功能实现，并验证方案的可行性，形成最终的解决方案。如果问题还没能得到解决或功能无法实现，需重新分析问题或查找合适的效应。

【案例】　墙上用图钉贴公告损坏墙面的问题

一些单位通常在公告栏用图钉或胶水贴公告以传播信息，但图钉和胶水对墙面会造成损坏，例如，图钉的钉尖要钉入墙体，拔出后留下孔洞，多次贴公告后，就会留下许多孔洞，影响墙面美观，如何解决此问题呢？

(1)明确问题既要使公告纸张能够贴在墙上，又不损坏墙面。

(2)确定功能使公告纸张固定在墙面上，可确定功能(How to 模型)为控制物体位移。

(3)查找功能代码查表 4-20，可知控制物体位移的代码为 F6。

(4)查找科学效应库查询 How to 模型与科学效应对照表，发现能够实现 F6 的科学效应有：磁力、电子力、压强、浮力、液体动力、振动、惯性力、热膨胀、热双金属。对这些效应逐一分析，选取磁力(E15)作为解决原理。

(5)形成解决方案，根据磁力效应将需要张贴公告的墙面做成铁磁表面，利用一块块小磁铁形成的磁场来替代图钉张贴公告纸张，这样就不会对墙面造成影响，如图 5-88 所示。

图 5-88　磁力张贴公告纸张

5.7　技术进化方法

技术系统的进化并非随机的，而是遵循一定的客观进化模式。所有技术都是向“最终理想解”进化的，系统进化模式可以在过去的发明中发现，并可以应用于其他系统的开发。

技术系统进化理论是 TRIZ 理论的核心内容之一。技术系统的进化是指实现系统功能的技术从低级向高级变化的过程。技术进化是客观进行着的，每解决一次技术冲突，就意味着技术系统的进化与发展。这里将介绍技术系统进化规律，包括八大进化法则和 S 曲线及它们的应用流程，并应用技术进化规律解决创新发明问题。

5.7.1　产品进化过程

研究不同时期的同一产品，如汽车、自行车、车床、计算机等，会发现这些产品今天的实现形式与其刚诞生时相比已有很大或根本性的变化，但这些产品的主要功能并没有发生变化，如汽车与自行车的主要功能是“运送货物与人”，车床的主要功能是“加工零件”。人类需求的质量、数量及对产品实现形式的不断变化，迫使企业不得不根据需求变化及实现的可能，增加产品的辅助功能、改变其实现形式。即从历史的观点看，产品一直处于进化之中。

就具体的技术系统而言，技术人员对某个或某些子系统的进行改进和完善之后，使整个系统的性能得到提高。这个不断提高的过程就是技术系统的进化过程。以自行车为例说明产品的进化过程，如图 5-89 所示。

滑板车　连杆驱动车　脚踏车

大后轮驱动　链条传动　橡胶轮胎

图 5-89　自行车的进化过程

1791 年发明的自行车称为“木马轮”，是没有手把的坐式滑板车。

1801 年，出现的自行车是现在所说的“早期脚踏车”。

1817 年，自行车前轮安装在一个垂直的轴上，使转向成为可能。

1839 年，开始出现脚蹬驱动、链轮及链条传动的自行车，但没有车闸。

1888 年，用橡胶制造内胎，用皮革制造外胎，形成充气轮胎。

20 世纪，各种新材料、新技术用于自行车零件，逐步出现了折叠、变速、防震等类型的自行车。

自行车的进化是与逐渐出现或完善的核心技术分不开的。例如，橡胶的发现促使了轮胎的出现、电子技术的发展导致了车灯系统等、新材料的出现使得自行车越来越轻。产品进化实际上是产品核心技术从低级向高级变化的过程。对于一种核心技术，产品应不断地对其子系统或部件进行改进，以提高其性能。如果没有引入新的技术或技术的新组合，技术系统将停留在当前的技术水平上，而新技术的引入将推动技术系统的进化。

技术系统的进化是存在规律的。阿奇舒勒通过研究发现：任何系统或产品都在不断进化，同一代产品进化分为婴儿期、成长期、成熟期和退出期四个阶段，这四个阶段可用生物进化中的“S 曲线”表示，如图 5-90 所示。其中横轴代表时间；纵轴代表技术系统的某个重要的性能参数，比如时钟这个系统，准确性、稳定性等就是其重要性能参数，性能参数随时间的延续呈现 S 形曲线。

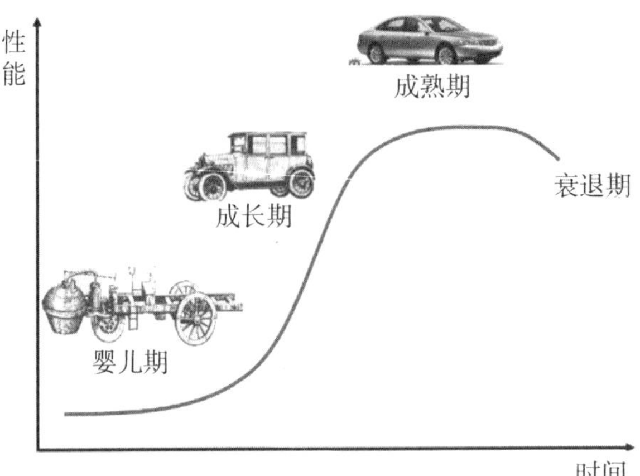

图 5-90　产品 S 曲线

5.7.2　技术系统进化法则

技术系统是在不断发展变化的，产品及其技术的发展总是遵循着一定的客观规律，而且同一条规律往往在不同的产品或技术领域被反复应用。TRIZ 理论总结了八大进化法则，用成语描述成：样样俱全、青鸟传信、相得益彰、心满意得、随心所欲、先来后到、娇小玲珑、独当一面。

法则 1　样样俱全(完备性法则)

如图 5-91 所示，完备的技术系统包括动力装置、传动装置、执行装置、控制装置，即技术系统向样样俱全的方向进化。这个法则的启示是：(1)当技术系统中这些部分不齐全时，补全是一个改进的思路，如缺少动力装置，就增加动力装置以形成新产品。像自行车增加发动机，就进化成摩托车了；玩具跑车加上遥控装置，就进化成遥控跑车了。(2)技术系统完善的方向是尽可能减少人的参与。如加工中心能实现完全自主的加工零件，加工过程中不需要人的参与。

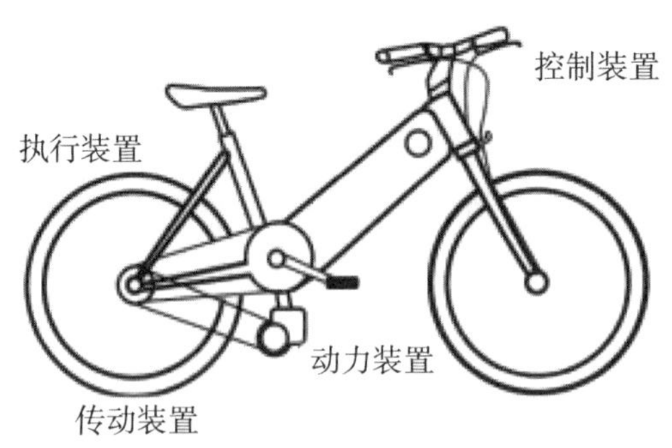

图 5-91　技术系统的组成

【案例】　独木舟是最早出现的渡水工具，经过人们漫长地改进与发展，独木舟已经具备了技术系统所需的动力装置、传动装置、执行装置和控制装置，历经竹筏时代、帆船时代、蒸汽时代，到达现在的柴油机或核动力时代。随着造船材料和船的行驶动力的不断发展，人们造的船越来越大，装载的人和货物越来越多，功能越来越完善，航程也越来越远，现代船舶行业正朝所在使用领域进行专业化地发展。比如航空母舰(图5-92)，是当今世界航海技术最具先进性的设备之一。

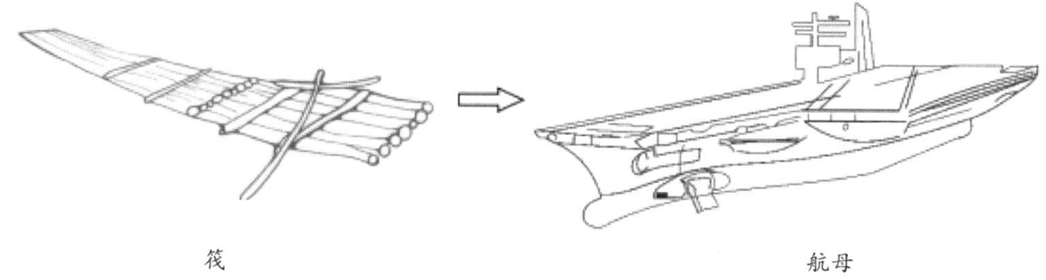

图5-92 船的进化

法则2 青鸟传信(能量传递法则)

技术系统的能量能够从能量源流向技术系统的所有元件。如果技术系统中的能量传输不通畅，就会导致技术系统不能正常工作。能量传递可以通过物质媒介(如皮带、链条、轴、齿轮等)，也可以通过场媒介(如磁场、电场、引力场、化学场等)或物—场媒介(如带电粒子流等)。这个法则的启示是：(1)简化能量的传递路径，可以使技术系统得到改进；(2)采用可控性好的能量系统及其传递方式；(3)能量传递方式尽量向“场”进化。

在设计和改进系统时，首先就要确保能量能够从能量源流向系统的各个元件。如果元件不接受能量，它就不能发挥作用，那么整个系统就不能执行其有用功能。例如手机在封闭的电梯环境中不能正常接收信号。有时通过采用可控性好的系统改变能量的传播路径，则能量的传递效率将会提高，而系统的各个元件也将得到创新性发展。

【案例】 现有的齿轮传动，如图5-93(a)所示，多数是轮齿相互接触而传动，存在轮齿折断、磨损、胶合等失效形式，影响齿轮传动的可靠性。如图5-93(b)的磁性齿轮传动，是通过磁场传动运动，齿轮间没有直接接触，就不会出现轮齿折断、磨损等问题，是能量传递方式向“场”进化的一个应用案例。

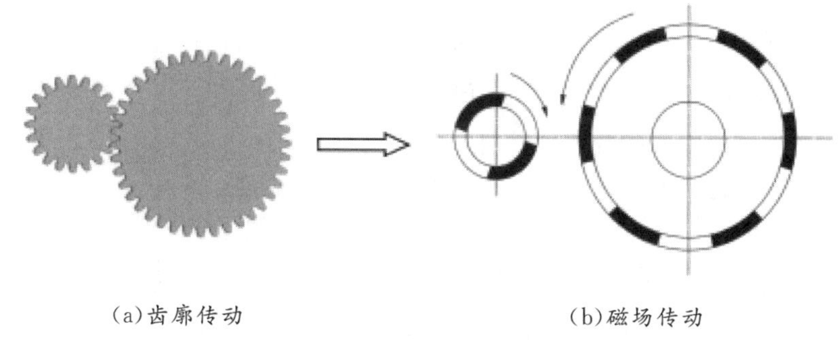

图5-93 传动方式的进化

法则3 相得益彰(协调性法则)

技术系统向着各子系统相互协调、与超系统相互协调的方向发展，需要各子系统、各参数之间、系统参数与超系统各参数之间要相得益彰，才能完成所需的功能。

协调性法则的启示是：①技术系统在结构(几何尺寸、质量、形状等)上应协调，例如，瓶口与瓶盖的大小配合；凳子的高度应该根据桌子的高度进行设计，提高舒适度；②技术系统的各性能参数（载荷、功率、电压、电流等）应协调，例如吊灯功率的大小应该根据屋顶的高度进行协定；③技术系统的执行动作之间应协调（各动作的先后顺序、各动作的速度等）。

【案例】 如图 5-94 所示的缝纫机，其刺布动作与送布动作就必须协调，才能保证缝合质量，及不会打断针头。

图 5-94　缝纫机动作的协调

法则 4　心满意得（提高理想度法则）

技术系统沿着提高其理想度及最理想系统的方向发展，达到心满意得的目标。理想化是推动系统进化的主要动力，提高理想度为创新问题解决指明了努力的方向，代表所有的进化法则的最终方向。理想度描述为：有用功能总和与有害功能总和及成本总和的比值（$I=\dfrac{\sum F_U}{\sum F_H+\sum C}$）。提高理想度就是提高系统的有用功能，降低系统的有害功能。可以从如下方面考虑提高理想度：

（1）提高系统的有用参数，例如提高客车的载客量、提高房间的容积等；也包括简化子系统、简化操作、简化组件，例如电脑的操作由复杂的 DOS 命令操作到简单的图形化操作，就是大幅简化操作，方便了用户。

（2）降低系统的有害参数，例如将纸质版书籍转为电子版，可以起到节约纸张资源的效果。

（3）提高有用参数的同时降低有害参数，例如提高计算机的性能，降低计算机成本。

（4）同步提高有用参数与有害参数，但有用参数提高幅度远大于有害参数的提高幅度，例如计算机性能提高，成本也随之增长，但性能提高的幅度较大。

（5）同步降低有益参数与有害参数，但有害参数降低的幅度远大于有益参数降低的幅度。

【案例】 从手机的进化看到，手机就是按照提高理想度方向发展的，如手机功能越来越齐全，拓展出许多新功能；手机携带越来越方便，体积小，容量大。按照这个趋势，手机将发展为：手机电池容量大，采用太阳能充电，可以长时间续航；手机没有辐射产生；手机体积进一步减小，如同手表，功能齐全，接电话时能在上方呈现对方影像；不受网络限制，可以随时随地连接；内容立体呈现，可以多方位观察等。如图 5-95 所示。

图 5-95 未来手机

法则 5 随心所欲(动态性进化法则)

技术系统向着结构柔性、可移动性、可控性好的方向发展,以适应环境状况或执行方式的变化。提升系统的动态性能使系统功能更灵活地发挥作用,或作用更为多样化,能够满足用户随心所欲的要求。

【案例】 锁的技术进化

(1)从机械锁进化为电子锁,到运用在汽车行业的遥控锁,再到普遍运用到电子设备和传统门体结构的生物锁。这是锁的柔性进化,使锁的功能变得更安全,同时也解决了人们出门忘带钥匙和丢钥匙带来的烦恼,如图 5-96 所示的手机指纹锁。

(2)提到卫生间,我们想到的是固定形式的家用卫生间或商场的公用卫生间,但是对于户外活动,建造固定的卫生间损耗资金和人力、物力,那么如何解决此难题呢?运用提高可移动性法则,移动式卫生间应运而生,如图 5-97 所示。

(3)普通车床以加工圆柱面为主,不适合复杂曲面的加工,为了提高车床的可控性,研发了数控车床。数控车床的控制系统智能化,使得多弧度、球面等复杂曲面的加工更可控,图 5-98 为数控车床的结构。

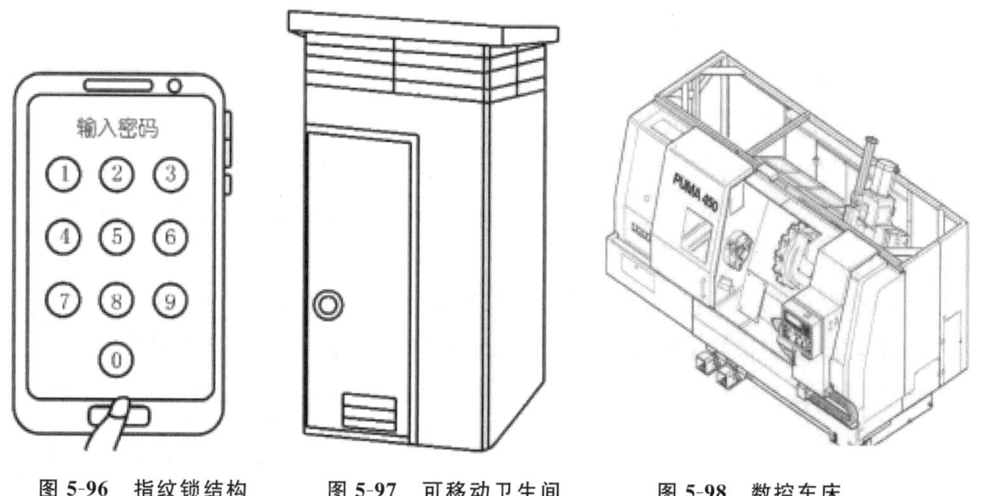

图 5-96 指纹锁结构　　图 5-97 可移动卫生间　　图 5-98 数控车床

法则 6　先来后到(子系统不均衡进化法则)

技术系统的各子系统不是同步、均衡发展的,这种不均衡发展会导致子系统间出现矛盾,解决此矛盾会使整个系统突破性发展。技术系统的进化速度取决于系统中进化最慢的子系统。这个法则的启示:改进进化最慢的子系统,就能提高整个系统的性能。

【案例】 手机的组成包括显示屏、音量键、摄像头、电池、听筒、芯片、操作系统等硬件和软件,这些组件不是同步进化的,是按照各自规律进化的,目前我国手机在多数硬件方面得到长足发展,但在操作系统方面,我国还有一定差距,于是华为公司研发了自主产权的操作系统"鸿蒙"(图 5-99),使得手机的软件系统更适合 5G 物联网环境使用,实现了移动办公、健身、社交、媒体娱乐等分布式操作,并且可以按需扩展,系统更安全,因而"鸿蒙"系统是我国手机飞跃发展的一个标志。

图 5-99　华为"鸿蒙"系统

法则 7　娇小玲珑(向微观级进化法则)

技术系统在进化过程中,沿着减少它们尺寸的方向发展,倾向于达到原子核基本粒子的尺度。这个法则的启示是:①可以把产品做得足够小,以满足特殊需要;②为了减少对空间的占用,可以把产品做成折叠的,以减少不用时占用的地面空间。

【案例】 计算机产品就是向微观方向进化的(图 5-100)。第一代计算机是电子管计算机,其体积大,运算速度慢,价格昂贵。第二代计算机采用晶体管作为电子器件,其运算速度比第一代计算机的速度提高近百倍,体积缩减为原来的十分之一。第三代计算机采用中小规模的集成电路,并且出现操作系统和信息管理系统,使计算机广泛运用到各个领域。第四代计算机的集成电路是大规模和超大规模形式,性能也大幅度提高,有的体积很小,做成平板电脑型式,目前我们所使用的计算机即为第四代计算机。

第一代计算机 　　　　第二代计算机

第三代计算机笔记本电脑

平板电脑

图 5-100　计算机的微观化进化

法则 8　独当一面(向超系统跃迁法则)

当技术系统进化到极限时,即系统自身进化资源消失时,实现其某项功能的子系统会从系统中剥离,转移至超系统,作为超系统的一部分。该法则的启示是:①技术系统是向着单系统到双系统再到多系统方向进化的,如通过集成进行创新;②技术系统通过与超系统组件合并来获得资源,超系统提供更多的可用资源;③技术系统的可用资源逐渐枯竭后,会寻求新的资源支撑系统继续发展,如通过增加功能或降低成本来提升价值。

【案例】 工兵铲，是军营中的重要装备，集挖、锯、砍、刺、切、钳、扣、钩、撬、锤、量等10余种功能于一身，是普通铁铲向超系统跃迁的案例。如图5-101所示。

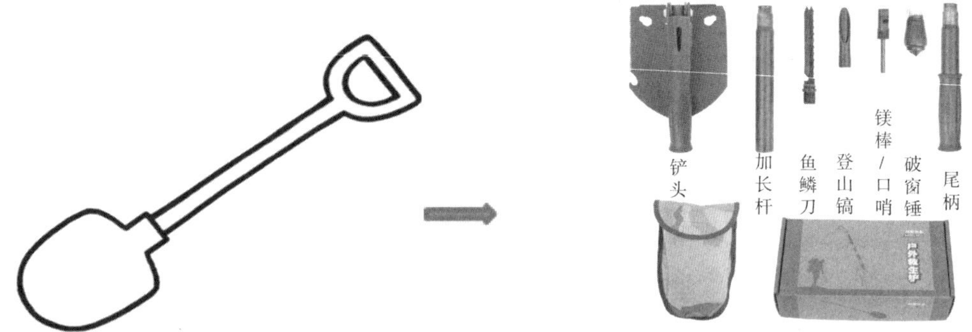

图 5-101 向超系统跃迁法则

5.7.3 S曲线及其应用

S曲线明确地把技术系统(或产品)进化过程分为婴儿期、成长期、成熟期和衰退期四个阶段。由于S曲线是可以根据现有专利数量和发明级别等信息计算出来的，因此S曲线比较客观地反映了技术进化的过程。

可以从性能参数、专利级别、专利数量、经济收益4个方面来描述技术系统进化过程，这些参数随时间的变化可以帮助人们有效了解和判断一个产品或行业所处的阶段，从而制定有效的产品策略和企业发展战略。

根据某项产品性能参数、现有专利数量和发明级别等实际量化的信息，可以计算并绘制出S曲线。从与S曲线所对应的专利数量、发明级别和利润曲线来看，呈现出如图5-102所示的发展趋势。

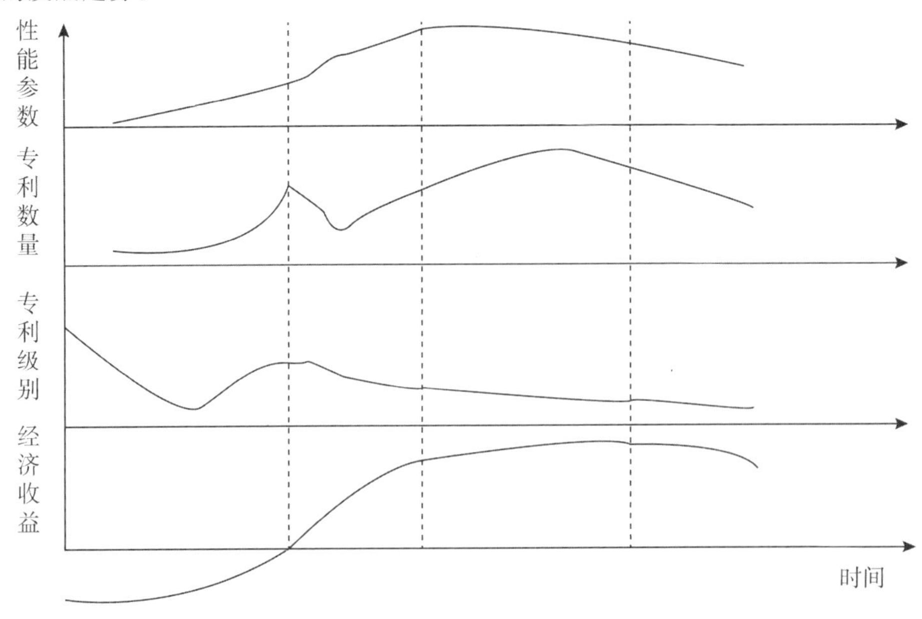

图 5-102 S曲线对应的专利数量、发明级别和利润曲线

1 技术系统的婴儿期

对应曲线的第 1 阶段，婴儿期产生的专利数量较少，但专利级别很高，性能的完善非常缓慢，系统在此阶段的经济收益为负。新的技术系统诞生时，一定会以一个高水平的发明结果来呈现。处于婴儿期的系统尽管能够提供新的功能，但该阶段的系统明显地处于初级，存在着效率低、可靠性差或一些尚未解决的问题。处于此阶段的系统所能获得的人力、物力上的投入是非常有限的，企业应该评估该技术的功能，分析技术转化为产品的主要障碍，在资金充裕的情况下投入资金进行攻关，尽快实现技术产品化，争取尽快推向市场，抢占技术领先优势。

2 技术系统的成长期

第 2 阶段的系统，性能得到急速提升，此阶段产生的专利级别开始下降，但专利数量出现明显地上升。进入发展期的技术系统中原来存在的各种问题逐步得到解决，效率和产品可靠性得到较大程度的提升，其价值开始获得社会的广泛认可，发展潜力也开始显现，从而吸引了大量的人力、财力，大量资金的投入会推进技术系统获得高速发展。企业应该不断对产品进行改进，不断推出基于该核心技术的性能更好的产品，到成长期结束要使其主要性能指标达到最优。

3 技术系统的成熟期

第 3 阶段的系统，性能达到最佳。这时仍会产生大量的专利，但专利级别会更低。这时技术系统已经趋于完善，所进行的大部分工作只是系统的局部改进和完善。此时，企业应该改进工艺、材料和外观，使成本降到最低，需要意识到系统将很快进入下一个阶段——衰退期，需要着手布局下一代的产品，制定相应的企业发展战略。

4 技术系统的衰退期

第 4 阶段的系统，其性能参数、专利等级、专利数量、经济收益 4 个方面均呈现快速的下降趋势。此时技术系统已达到极限，不会再有新的突破，该系统面临市场的淘汰。企业应当重点投入资金研发替代技术。

S 曲线与技术系统的八大进化法则指明了技术系统进化的一般规律，S 曲线与八大进化法则是相互关联的。八大技术进化法则中，提高理想度法则是核心，是其他法则的基础，其余七条法则是围绕着提高系统的理想度法则而进行的。八大技术进化法则与 S 曲线的关系如图 5-103 所示。

从图 5-103 中看到：

(1)在婴儿期，技术系统主要围绕技术原理实现，可采用完备性法则、能量传递法则、协调性法则使系统功能得以实现；

(2)在成长期，技术系统处于性能优化和产业化阶段，可以采用提高动态性法则、子系统不均衡进化法则，促进技术系统快速完善，得到市场认可；

(3)在成熟期，技术系统趋于完善，需要应用向微观系统进化对局部加以改进；

(4)在衰退期，技术系统的性能参数、盈利已经达到最高并开始下降，需要开始开发新系统，可以采用向超系统跃迁法则使系统更新换代；

(5)提高理想度法则贯穿技术系统的全生命周期。

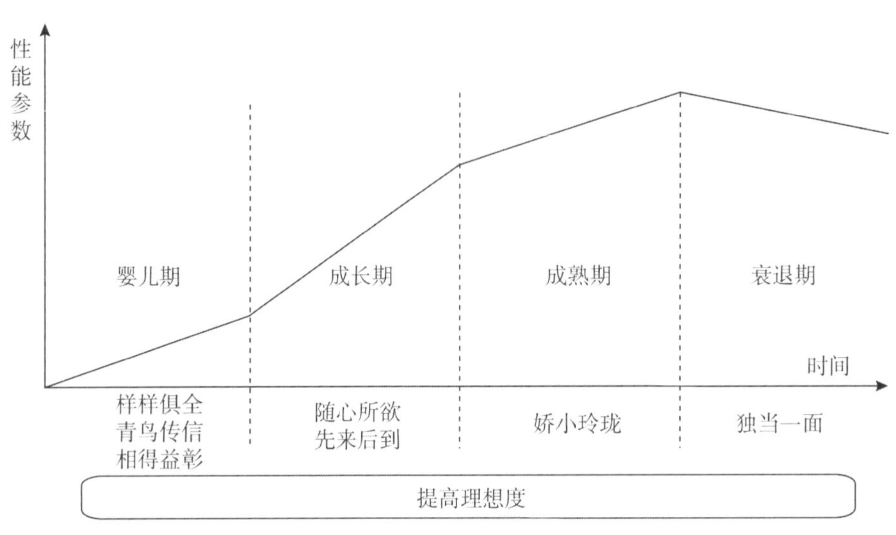

图 5-103　八大进化法则与 S 曲线的关系

5.7.4　技术进化工具的应用流程及实例

TRIZ 技术进化工具综合应用过程如图 5-104 所示。对于待解决技术系统,根据 S 形进化曲线原理分析技术系统所处的阶段,而后依次应用完备性法则、能量传递法则、协调性法则、动态性进化法则、提高理想度法则、不均衡进化法则、向微观级进化法则、向超系统进化法则,最后获得建议方案,并结合实际技术系统,建立解决方案。技术进化工具应用过程也体现了技术系统由量变到质变的实质,技术进化工具有时只需根据实际情况应用一个或者几个即可建立解决方案。

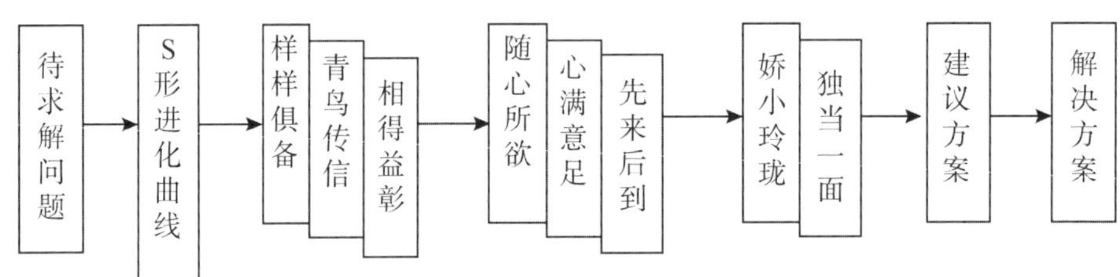

图 5-104　技术进化工具综合应用流程

【案例】 雨伞工具解决了人类雨天和晴天的出行困难问题。雨伞的主体骨架长度是固定的,为了解决方便携带的问题,运用动态性和微观级进化原理,将主体骨架设计为可折叠结构,当雨伞处于工作状态时,整体骨架为拉长状态,而正常状态下骨架伸缩为最小长度,如图 5-105 所示。当然还可以继续进化,如向超系统跃迁,如增加送风系统,增加照明系统或悬浮系统,这样可以满足人们更多的需求。

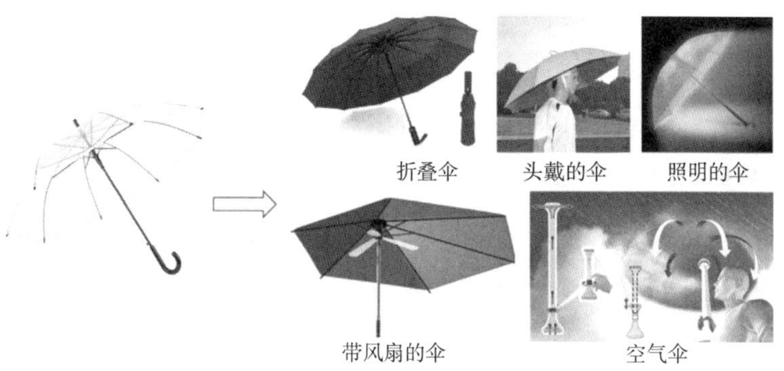

图 5-105 雨伞的进化设计

【案例】 文具盒是学生集中放置文具的工件，多数形状是一个长方形的盒子，面临着一些问题，如其中文具不能定位，导致相互撞击损坏；仅能装较小的文具等。试用技术进化法则对文具盒进行改进。

(1)协调性法则。根据固定文具要求与结构设计协调的原则，采用笔槽等定位装置，可以使其中的笔相对固定，减少携带时的损坏。

(2)提高理想度法则。增加有益功能，如增加削笔器、日历、课程表等物件，提升了文具盒的理想度。

(3)动态性进化法则。将文具盒的笔槽底盘、削笔器、橡皮仓等设计成可以调节与收纳结构，如笔槽底盘可以折叠翘起，方便学生取出铅笔。

根据上述思路，出现了如图 5-106 所示的多功能文具盒。

(4)向超系统进化法则。根据这个法则及结合提高理想度法则，文具盒还可进一步改进，如增加时间、温度显示功能。

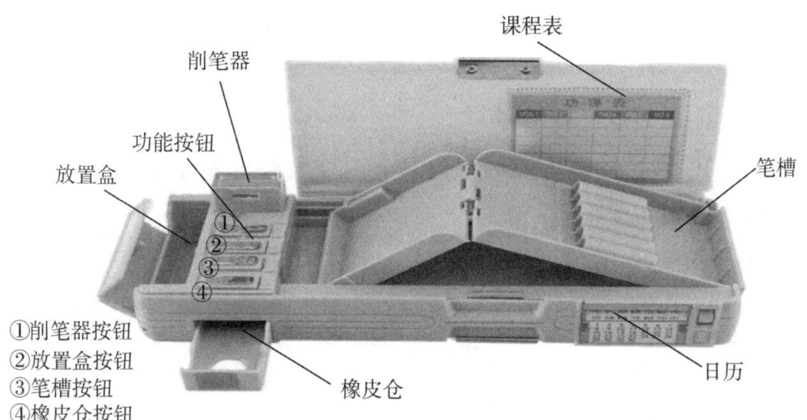

图 5-106 多功能文具盒

5.8 去粗取精(裁剪)

5.8.1 裁剪目的

系统裁剪法指的是通过裁剪系统的某个组件，然后把该组件提供的有用功能重新分配到其他剩余组件及超系统组件上，以改善技术系统，如图 5-107 所示。系统裁剪的目的是通过降低技术系统的组件成本来提高理想度。更具体来讲，就是：精减组件数量，降低系统成本；优化功能结构，合理布局系统架构；体现功能价值，规避竞争对手专利；消除过度、有害、重复等功能，提高系统理想化程度。

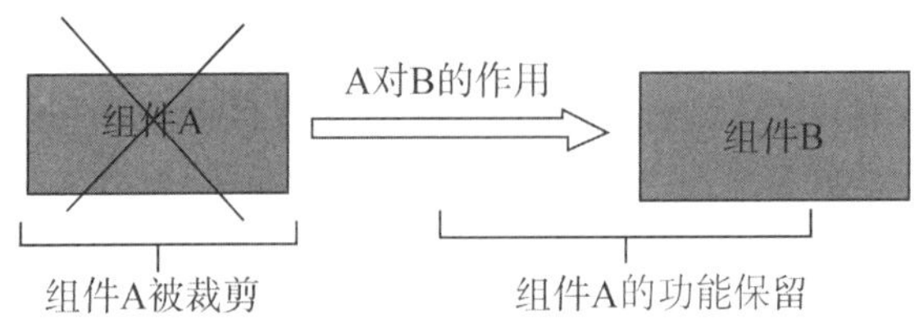

图 5-107 裁剪原理

通过裁剪，既消除了该部分产生的有害功能，又降低了成本，同时所执行的有用功能依旧存在。在裁剪前，必须考虑五个问题：①该组件所提供的功能是必要的吗？②在系统内部或系统周边，有没有其他组件可以实现该功能？③现有的资源能不能实现该功能？④能不能以更廉价的方法来实现该功能？⑤相对于其他组件而言，该组件与其他组件是不是存在必要的装配或运动关系？

5.8.2 裁剪原则

裁剪的原则主要有以下 3 点：

(1)通过对具体问题的具体分析或领域经验，选择出需要裁剪掉的组件。

(2)提供辅助功能组件的价值小于提供基本功能组件的价值，可以优先考虑被裁剪。

(3)如果希望降低技术系统的成本，可以考虑裁剪系统中成本最高的组件；如果是希望降低系统的复杂度，则可以考虑裁剪系统中复杂度最高的组件。

5.8.3 裁剪策略

如何寻找裁剪的组件？在裁剪实施时可采取下列策略依顺序进行判断，即可找到适合该系统的裁剪方式和方法。

(1)若组件 B 不存在了，组件 B 也就不需要组件 A 的作用，那么组件 A 就可以被裁剪掉，如图 5-108 所示。例如，杯盖 B 上的提柄 A 对杯盖 B 有搬移作用，当杯盖 B 不存在时，提柄 A 也就不需要了。

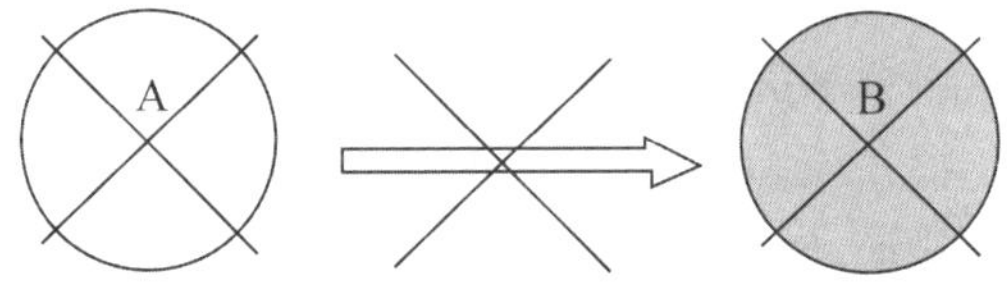

图 5-108 裁剪策略 1

(2)若组件 B 能自我完成组件 A 的功能，那么组件 A 可以被裁剪掉，其功能由组件 B 自行完成，如图 5-109 所示。例如，对于杯身 B 与杯柄 A，由于杯身 B 可以完成杯柄 A 被夹持的功能,故杯柄 A 可以被裁剪。

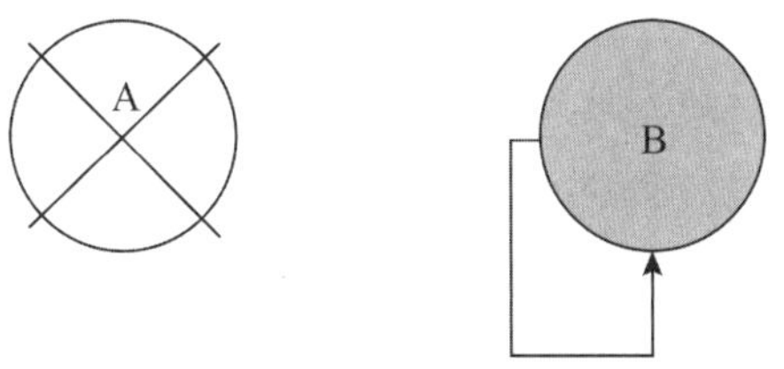

图 5-109 裁剪策略 2

(3)若该技术系统或超系统中其他的组件可以完成组件 A 的功能,那么组件 A 可以被裁剪掉,其功能由其他组件 C 完成,如图 5-110 所示。例如,水杯的杯柄 A,其功能是阻止水杯内壁 B 的热量传导到手,如果加厚杯身 C,也起到阻止热量传导,则杯柄 A 可以被裁剪。

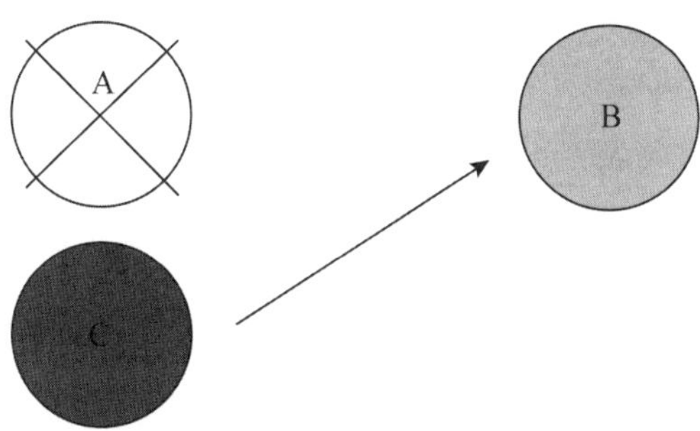

图 5-110 裁剪策略 3

(4)若技术系统的新添组件可以完成组件 A 的功能,那么组件 A 可以被裁剪掉,其功能由新添组件 D 完成,如图 5-111 所示。例如,水杯的杯柄 A,其功能是阻止水杯内壁 B 的热量传导到手,如果在杯身套一个杯环 D,也起到阻止热量传导,则杯柄 A 可以被裁剪。

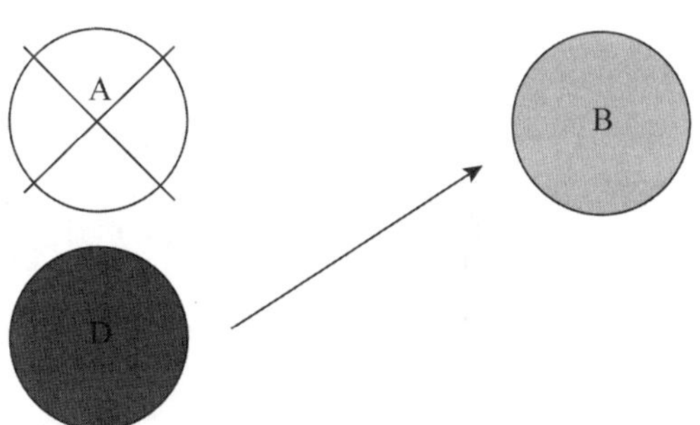

图 5-111 裁剪策略 4

裁剪方式的优先级为:1→2→3→4,选择不同的裁剪方式,得到的解决方案也不同。

5.8.4 裁剪流程及实例

根据上述介绍的裁剪策略,可以按以下步骤进行系统裁剪。

(1)确定研究的对象。

(2)对研究对象系统进行功能分析,建立功能模型。

(3)选择功能价值低、有害、作用不足、作用过度的组件进行功能裁剪。

(4)去掉(或替换)该组件,建立理想化的模型;这里可以根据裁剪需要在前述的四种裁剪策略中选择合适的策略进行裁剪。

(5)提出问题,寻找解决方案。

【实例】 牙刷的创新

(1)对研究对象进行功能分析,建立功能模型。根据 3.3 节的功能建模流程建立功能模型,如图 5-112 所示。

(2)选择功能价值较低、有害、作用不足、作用过度的组件。

经过对功能模型图 5-112 的分析,发现手柄的固定刷毛的功能,价值较低,可以用手替代,这里选择手柄作为待裁剪的组件,如图 5-113 所示。

(3)去掉此组件,建立理想化的模型。故尝试将手柄裁剪,手柄的功能由手提供,新的功能如图 5-114 所示。

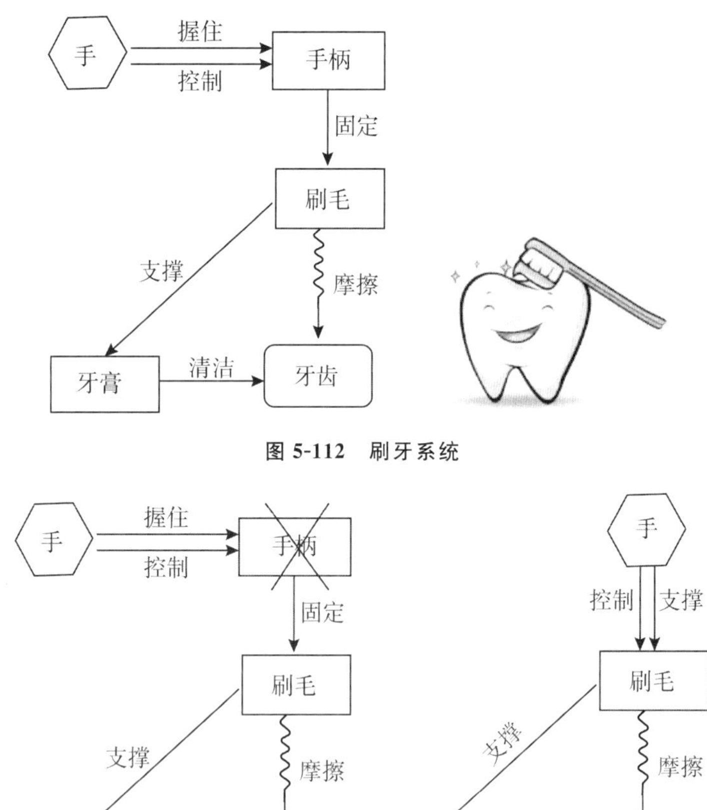

图 5-112 刷牙系统

图 5-113 裁剪对象选择 **图 5-114 裁剪后的模型**

(4)提出问题,寻找解决方案。考虑裁剪手柄后,将刷毛部分设计为空心,做成指套牙刷的产品,可以减少材料的使用,降低成本,如图 5-115(a)所示。还可以进一步裁剪刷毛、牙膏，采用超声波射流清洁牙齿牙齿。如图 5-115(b)所示。

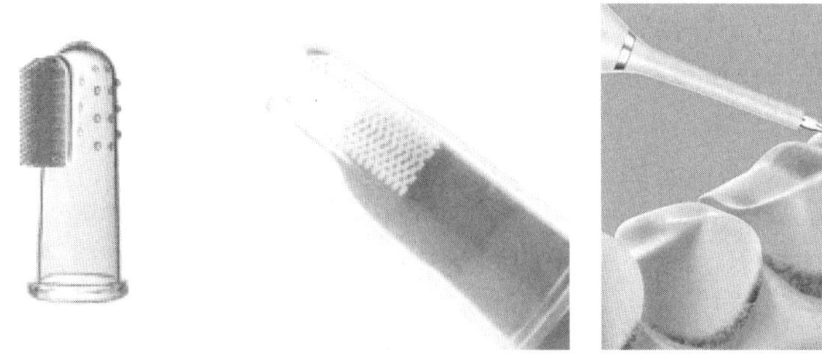

(a)指套牙刷　　(b)冲牙器冲洗牙齿

图 5-115　指套牙刷

5.9　异想天开(金鱼法)

5.9.1　金鱼法及应用步骤

“异想天开”(金鱼法)是从幻想式解决构想中区分出现实和幻想的部分，再从剩余的幻想部分中区分新的现实和幻想的部分。以此类推，直到找不出现实部分为止。金鱼法是一个反复迭代的分解过程，其本质是将幻想的、不现实的问题求解构想，集中精力解决幻想部分，找出可行的解决方案。

利用金鱼法求解创新发明问题时，先从一堆提议的解决方案中区分现实和幻想方案，对幻想方案寻求资源支持，转换为现实方案，进而找到整个问题的解决方案。如图 5-116 所示，金鱼法通过反复迭代区分现实与幻想，并集中求解幻想部分的问题达到问题求解的目标，其中幻想方案求解可以结合多屏幕法获得可利用的资源。

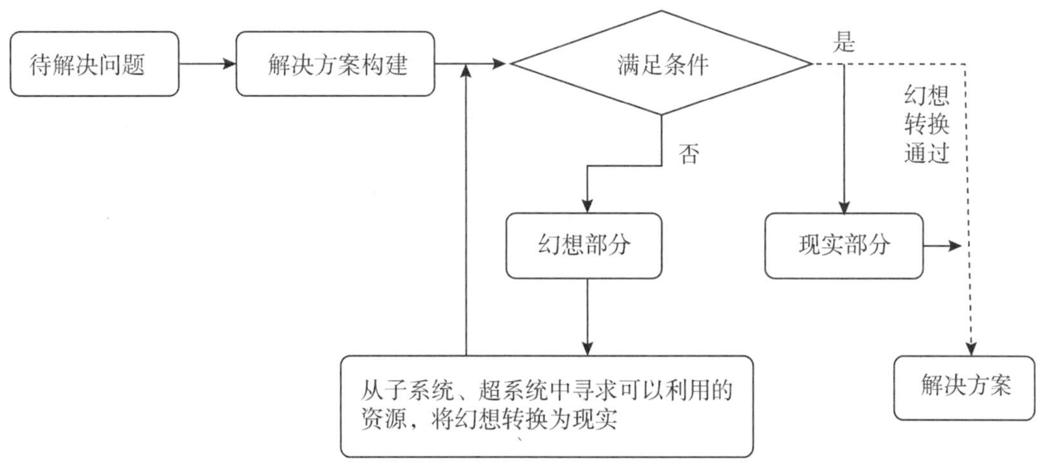

图 5-116　金鱼法解决流程

5.9.2 金鱼法应用案例

【案例】 无接触测量体温

体温计是一种常见的医用设备，用于检测人体的体温是否正常。传统的温度计，使用时需要与人体直接接触，测量时间长，存在细菌交叉感染的风险，能否不直接接触身体就测量体温呢？这里用金鱼法求解。

用金鱼法分析如下：

(1)首先，将问题分为现实和幻想两部分。现实部分：体温计通过接触身体，传导身体体温，通过检测液体的热胀冷缩显示体温；幻想部分：若人体与温度计不接触，无法实现体温测量；若测量时间过短则检测不准确。

(2)幻想部分为什么不能实现？传统水银体温计是利用热胀冷缩原理实现对体温的检测，若人体不与温度计接触则无法对水银进行热传导；若测量时间短，则无法正常判断体温。

(3)什么条件下幻想部分可以变成现实？人体会不停地向外辐射红外热能，从而在人体表面形成一定的温度场。通过检测人体向外辐射的红外热能，可以在人体不与测温仪器的接触情况下，快捷、精确地检测人体体温，也减少细菌交叉感染的可能。

(4)确定系统、超系统和子系统的可用资源。

系统确定为：体温枪；则其超系统为：人体、细菌、时间、测量数值、光；其子系统为：测温传感器、主线路板、LED 显示组件、外壳等。

(5)可能的解决方案构想：

①利用红外测温原理，设计一款红外线体温枪(图 5-117)，在不接触人体的情况下，能快速、精确地测量人体体温；

②还有可以利用紫外、超声、激光来探测体温，设计出相应的测温枪。

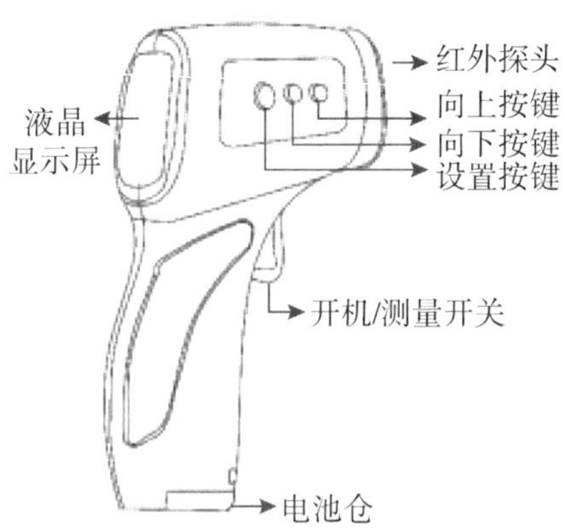

图 5-117 红外线体温枪

【案例】 “涂鸦辨人”

通常，我们通过人体的五官、身高、体型，甚至是衣着打扮的不同对人们进行辨识。但是 2020 年在武汉爆发的新型冠状病毒期间，为了保护前线医务人员，减少医务人员的感染概率，所有的前线医务人员都身穿隔离服，鞋套，佩戴口罩、护目镜和手套，在全身武装的情况下，医务人员无法通过查看人们的五官、体型、衣着打扮等去辨认对方。运用金鱼法，如何解决以上难题？

运用金鱼法解决问题的具体步骤如下：

(1)根据条件区分上述想法的现实部分和不现实部分。

现实部分：医务人员需要快速、精确辨认双方以对实施的救治方案进行交流和确认，通常是通过识别面部特征进行辨识。不现实部分：在全身武装的情况下，双方不能通过五官、体型、衣着的差异去辨认对方。

(2)医务人员精确辨认双方为什么不能实现？

因为在衣着一样、脸部被遮挡、体型无明显差异的情况下，难以快速辨认对方，所以在医务人员全身武装的情况下，相互之间的精确辨认不能实现。

(3)在什么条件下，不现实部分能转换为现实？

在医务人员队伍中，通过佩戴不一样的装饰，或在隔离服、鞋套、口罩、手套、护目镜上做标记，可以快速精确地辨认双方。

(4)系统确定为：涂鸦；其超系统为：医务人员，隔离服，鞋套，手套，口罩，护目镜；其子系为：笔，文字，图案。

(5)从上述的分析，找到可能解决的方案：用笔在隔离服上做标记(如，写名字、编号、格言等涂鸦形式)，此方法不仅有利于医务人员的交流，还可以缓解“战役”的紧张氛围，如图 5-118 所示。

图 5-118 隔离服上的涂鸦

5.10 各尽所能(小矮人法)

5.10.1 小矮人法及应用步骤

当技术系统内某些部件不能完成必要的功能和任务，并表现出相互矛盾的作用时，就用多个小矮人分别代表这些部件，通过对执行不同功能的小矮人进行重新组合，对结构进行重新设计，使各部分各尽所能，以实现预期的功能和任务。

应用小矮人法求解创新设计冲突问题的思路是:首先将当前系统各个部分想象成一群能活动的小矮人,根据功能要求,对小矮人进行分组、组合,使小矮人能够发挥各自的作用,完成必要的功能,从而构成小矮人模型。然后,再将小矮人固化成具有某种功能的部件,从而解决创新设计中的冲突问题。其应用步骤如图 5-119 所示。

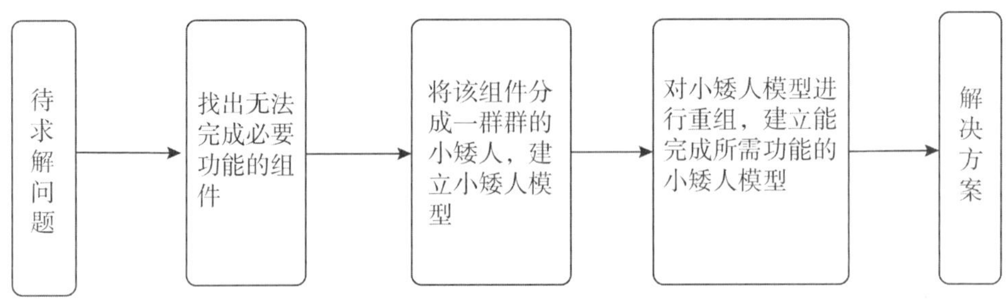

图 5-119　小矮人法求解流程

5.10.2　小矮人法应用案例

【案例】　风扇摇头的改进

常见的电风扇摇头,是通过连杆机构推动电机头而实现摇头的,容易出现卡死或出现较大噪音。对于方形的电风扇图[5-120(a)],要实现摇头,就更加困难,试用小矮人法解决此问题?

应用小人法分析如下:

(1)找出无法实现功能的组件风扇叶片只能定轴旋转,不能绕其他轴转动。

(2)建立问题的小矮人模型用小人“”表示叶片,小人“”表示外栅网,小人“”表示轴,小人“”表示框体,其中小人“”与小人“”相互抓住,如图 5-120(b)所示。

(3)重组小矮人模型,建立解决问题的方案,将小人“”与小人“”相互松开,及将轴小人“”伸长些,外栅网小人“”套在伸长的小人“”上,能相对框体小人“”转动,这样利用外栅网转动,来改变风向,如图 5-120(c)所示。根据这个思路,设计出依靠外栅网转动而实现改变风向的电风扇,如图 5-120(d)所示。

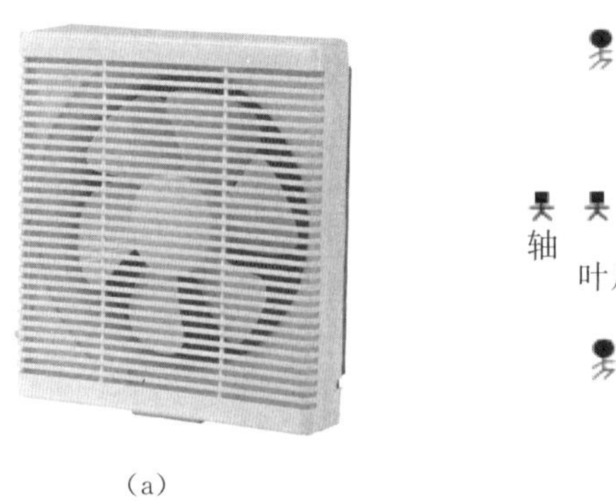

(a)

外栅网
轴
叶片
抓住
框体

(b)

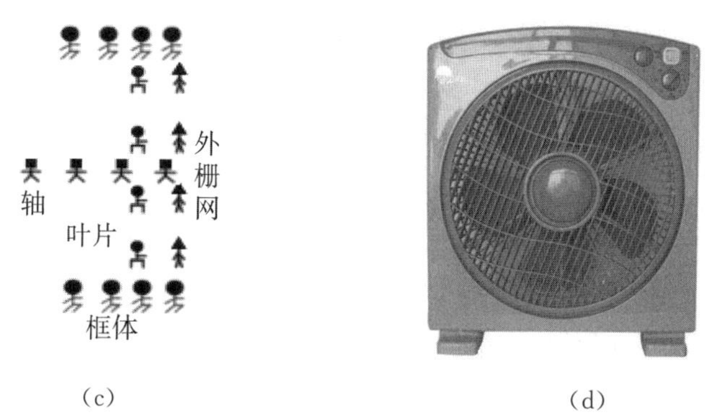

图 5-120 电风扇的创新

5.11 完美无缺(最终理想解方法)

5.11.1 最终理想解方法及应用步骤

为了避免试错法、头脑风暴法等传统创新方法中思维过于发散、创新效率低下的缺陷,TRIZ 理论在解决问题之初,首先抛开各种客观限制条件,设立各种理想模型来分析问题解决的可能方向和位置,并以取得最终理想解(ideal final result,IFR)作为终极追求目标,从而避免了传统创新发明方法中缺乏目标的弊端,提升了创新发明的效率。

最终理想解有四个特点:①保持了原系统的优点;②消除了原系统的不足;③没有使系统变得更复杂;④没有引入新的缺陷。

对于创新发明问题,首先明确设计的目的是什么,建立理想解,分析达到理想解的障碍,找到消除这些障碍的方法与资源,最后实现最终理想解,求解流程如图 5-121 所示。

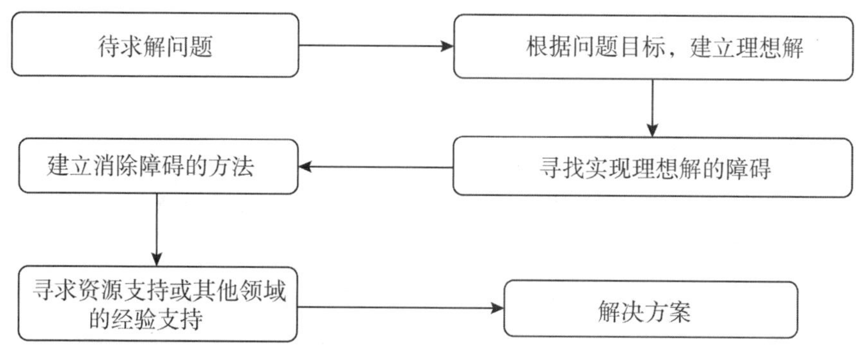

图 5-121 最终理想解求解流程

5.11.2 最终理想解方法应用案例

【案例】 减速带的改进

在校园内的道路上希望汽车减速,一般设置了显著凸起的减速带,这样迫使汽车降低车速,但会使汽车出现颠簸,导致乘员舒适性降低。试用最终理想解方法解决此问题。根据最终理想解方法的求解流程,依次分析如下。

(1)设计的最终目的是什么？汽车减速。

(2)理想解是什么？在不导致汽车颠簸的情况让汽车减速。

(3)达到理想化的障碍是什么？迫使汽车减速需要设置障碍，而障碍就会引起汽车颠簸。

(4)出现这种障碍的结果是什么？设置障碍有利于汽车减速，但不利于汽车的舒适性。

(5)不出现这种障碍的条件是什么？想办法让汽车司机认为有障碍，而实际上无障碍，这样既能让汽车减速，也不会引起汽车颠簸。

解决方案：采用立体斑马线，让司机觉得有障碍，而降低车速，在通过斑马线时也不会引起汽车颠簸，问题解决，如图 5-122 所示。

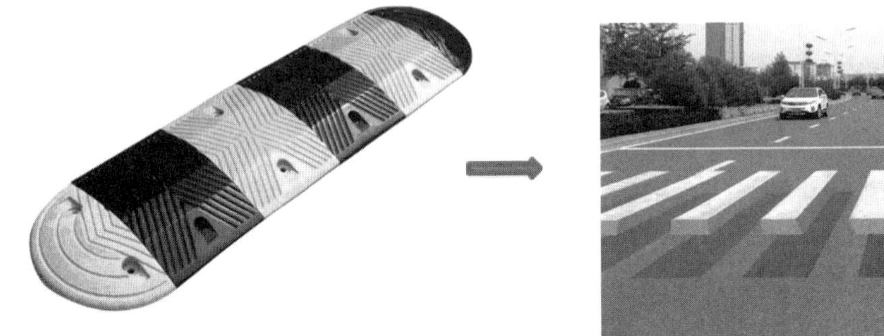

图 5-122　减速带的改进

5.12　问题求解工具的选择策略

前面介绍了几种问题求解的工具，往往会面临着一个问题：该如何选择？针对这个问题，这里建立一个选择策略。

1. 根据问题类型来选择

根据不同的问题求解的性质，如矛盾求解、变换求解、功能求解、资源求解、如何做的求解，可以采用如下策略。

(1)对于矛盾问题，可以采用矛盾求解来对解决矛盾，或根据拓展分析的思路来变换求解，或利用小矮人法求解；

(2)对于功能无法实现问题，根据物场模型，采用一般解法或标准解法求解；

(3)对于怎么做的问题，根据 How to 模型，找到相应的科学效应，利用科学效应求解；

(4)若是想简化组件，可根据功能模型，采用裁剪方法求解；

(5)对于幻想的问题，采用金鱼法求解；

(6)无法识别问题类型时，可试试技术进化法则；

(7)总体思路是：先确定最终理想解，而后对于其中的矛盾问题，采用矛盾矩阵(发明技巧与分离原理)与变换方法求解，或小矮人方法求解；对于功能无法实现问题，根据物场模型，采用一般解法或标准解法求解；对于怎么做的问题，根据 How to 模型，找到相应的科学效应，利用科学效应求解；若是想简化技术系统，可根据功能模型，采用裁剪方法求解；对于其中的幻想部分，采用金鱼法求解；最后在其他方法均不合适的情况下，选择技术进化法则来求解。

2. 根据工具难度来选择

在第 2 章介绍了工具的难度，这里可以根据难度来进行工具的选择，难度值低的工具优先。通过初步调研，各个工具的学习难度如表 5-16 所示。

表 5-16 问题求解工具的难度

问题求解工具	难度	问题求解工具	难度
可拓变换	3.4	去粗取精（裁剪）	3.32
矛盾求解方法	3.7	异想天开（金鱼法）	2.93
物场求解方法	3.21	各尽所能（小矮人法）	2.91
不知所措（How to 模型求解）	2.72	完美无缺（最终理想解方法）	2.86
技术进化法则	3.42		

练一练

1. 请结合实际情况，给出置换、增删、扩缩等基本可拓变换的实例。

2. 试用基本可拓变换（置换、增删、扩缩、分解、复制）对日常用品（如沙发、书柜、书桌、签字笔、手机等）拓展分析的结果进行变换，构思多种创意。

3. 请结合自身情况，列出一些规则（或准则）、论域（或领域）的变换实例。

4. 试列举某个常用家具的功能，并利用拓展分析与可拓变换方法，让该家具具有更多功能，或应用到其他领域，或发现其隐藏的功能。

5. 试列举某个常用文具的功能，并利用拓展分析与可拓变换方法，让该文具具有更多功能，或应用到其他领域，或发现其隐藏的作用。

6. 请用可拓变换的方法说明某个发明技巧。

7. 请结合日常生活的实际情况，给出每个发明技巧的应用实例。

8. 电风扇面临一个问题，通常希望扇叶大一点，这样可以让更多人享受凉风，但扇叶增大后，会使电风扇重量增大，不便于搬运与调整。试根据这个情况定义矛盾，并给出矛盾的标准描述，查询矛盾矩阵，给出创新的解决方案。

9. 结合自己专业学习中出现的技术矛盾，定义矛盾，查询矛盾矩阵，分析推荐发明技巧，给出创新的解决方案。

10. 针对生活用品使用中出现的矛盾问题，挖掘物理矛盾，并选用相应的分离原理，之后根据对应的发明技巧，给出合适的解决方案。

11. 物理矛盾与技术矛盾之间的关系是什么？能否相互转换？如何转换？

12. 分离原理有哪些类型？请结合文具用品的创新思路给出每个分离原理的应用案例。

13. 请用物场分析与标准解来解释微波炉的工作原理。

14. 采用管道运输小钢珠时，钢珠经过弯管，会磨坏弯管外圈壁面，请建立此问题的物场模型，应用一般解法或标准解法给出解决方案。

15. 风力发动机在较高风速的情况，会受到损伤，因而需要让风力发动机的叶片转速限制在一定的范围内，请根据物场分析方法，设计一个可变的制动装置。

16. 北方的冬季路面积雪较多，容易造成交通事故，请根据此情况，建立物场模型，选择标准解加以解决。

17. 现有洗衣机的工作原理是采用机械搅动方式（如搅拌式、滚筒式、离心式等），通过搅动的水流冲刷带走衣服中的污物。请采用其他科学效应对洗衣机的工作原理进行创新。

18. 某玻璃厂采用辊道运输玻璃成品块，但是玻璃比较脆，容易破裂，请用科学效应方法降低玻璃运输的破损率。

19. 请根据科学效应库方法解决输电线结冰后易被压断的问题。

20. 请从网上搜索机械捕鼠器的工作原理，建立功能模型，采用裁剪方法对该捕鼠器进行创新改进。

21. 请建立折叠自行车的功能模型，采用裁剪方法对自行车进行创新设计。

22. 请在专利网上搜索一个生活用品的专利，建立其功能模型，试进行裁剪，设计出新的方案。

23. 技术进化法则有哪些？请结合日常用品，给出每个进化法则的应用实例。

24. 应用技术进化法则，给出鞋柜（或茶几、书桌、椅子、衣架等）的创新设计方案（6 种方案以上）。

25. 试用技术进化法则预测手机、菜刀、砧板等日常用品的发展方向。

26. 试用 S 曲线确定石墨烯、纳米技术、量子技术等新技术的发展阶段，及未来发展方向。

27. 请用金鱼法给出如何快速地建好一座大桥或一座高楼？

28. 请用金鱼法解决电风扇叶片容易打伤手的问题。

29. 请自己异想天开一个方案（如容易擦写的笔记本、会飞的鞋等），而后用金鱼法求解，给出可行的解决方案。

30. 请用小矮人法解决如何实现插座无限扩展的问题。

31. 请用小矮人法解决电池如何防起火、手机如何防摔等问题。

32. 请用小矮人法对日常用品（如卷笔刀、座椅、电视柜等）进行创新设计。

33. 试利用可拓变换来描述各技术进化法则。

34. 请尝试用可拓变换实现金鱼法、小矮人法、最终理想解等。

35. 请用最终理想解方法解决茶几桌面易乱堆积的问题。

36. 试用最终理想解方法解决沿海地区电力不足的问题。

37. 某机械钟需要用到一种可变外轮廓的凸轮，试用问题求解方法给出几种可行的方案。

38. 试用某个问题求解方法，设计一种生活用品，如自动洗头机、自动炒菜机、自动跟踪伞、最小体积的鞋、多功能省空间的家具等。

第 6 章　方案评价

本章目标：

素质目标：养成全面评价、注意细节、实事求是的态度，树立理论自信。

能力目标：具备创新方案的评价能力。

知识目标：理解理想度评价方法、可拓优度评价方法、理想优度评价方法等评价方法，并应用这些方法对生成的创新方案进行评价选优。

6.1　概　述

方案评价，是在选定评价指标的基础上，给出各个方案的相对于评价指标的具体量值，进而根据这些量值比较选优，为后续实施方案提供依据。

方案的评价工具包括价值、理想度方法、优度评价方法、理想优度评价法等，因价值与理想度方法类似，这里主要介绍后面三种方法。

6.2　理想度方法

6.2.1　理想度

理想化是系统的进化方向，不管是有意改变还是系统本身进化发展，系统都在向着更理想的方向发展。系统的理想程度用理想度（也称理想化水平）来进行衡量。

理想度的表达式为：

$$I = \frac{\sum F_U}{\sum C + \sum F_H} \tag{6-1}$$

式中，I 为理想度；$\sum F_U$ 为有用功能之和；$\sum F_H$ 为有害功能之和（如消耗、废弃物、污染等）；$\sum C$ 为成本总和（如材料成本、时间成本、空间成本等）。

从式中可以得到：技术系统的理想化水平与有用功能之和成正比，与有害功能之和、成本之和成反比。理想度越高，产品的竞争能力越强。创新中以理想度增加的方向作为设计的目标。

对于理想度的计算，通常是先分析系统的有用功能、成本、有害功能、再根据经验或咨询专家得到有用功能、成本、有害功能的量值，而后利用式(6-1)计算得到系统的理想度。在分析有用功能时，可以细分到每个功能组件。对于单项组件有用功能指标，按模糊评判方法分为 6 个等级或根据情况自定义等级，其评价值 a_i 的取值范围为 0、0.2、0.4、0.6、0.

8、1,则有用功能之和可以用下式表示:

$$\sum F_U = \sum_{i=1}^{n} u_i a_i, \sum_{i=1}^{n} u_i = 1 \tag{6-2}$$

其中,u_i 是第 i 个组件有用功能的权重,n 是组件的个数。

同理,对于有害功能之和,可由下式表示:

$$F_H = \sum_{i=1}^{m} h_i b_i, \sum_{i=1}^{m} h_i = 1 \tag{6-3}$$

其中,b_i 是第 i 项有害功能指标的评价值,取值范围同有用功能评价值范围一致。h_i 是第 i 项有害功能的权重,m 是有害功能指标的个数。

对于成本,也有类似的计算。简化情况下,直接由技术与财务专家在[0, 1]的范围内分级打分,给出有用功能之和、成本之和、有害功能之和。

6.2.2 理想度评价实例

1. 问题描述

3D 打印铺粉机的动力传动装置是将电机的动力传递给悬臂,使悬臂拖动铺粉刷在铺设方向上水平移动。动力装置要保证铺粉装置在工作时不会出现卡死的状况,也要有较高的运动精度以避免铺粉装置发生振动。这里对铺粉机传动装置方案进行设计,并用理想度进行评价。

2. 方案设计

根据 3D 打印铺粉机对动力装置的要求,对动力传动装置进行设计,有如下方案:

方案一 丝杠传动

图 6-1 为丝杠传动方案的具体结构,导轨被固定在垫块上,垫块用来调节导轨的高度使铺粉刷的底部刚好与成型室底板接触。同步带上方的带轮与电机同轴固定,电机转动使同步带一起转动,同步带下方的带轮与丝杠同轴固定,同步带使丝杠转动,丝杠与滑块通过螺纹同轴连接在一起,丝杠转动使滑块沿导轨移动,滑块与悬臂固定在一起,悬臂末端固定有铺粉刷,从而使悬臂拖动铺粉刷移动进行铺粉。

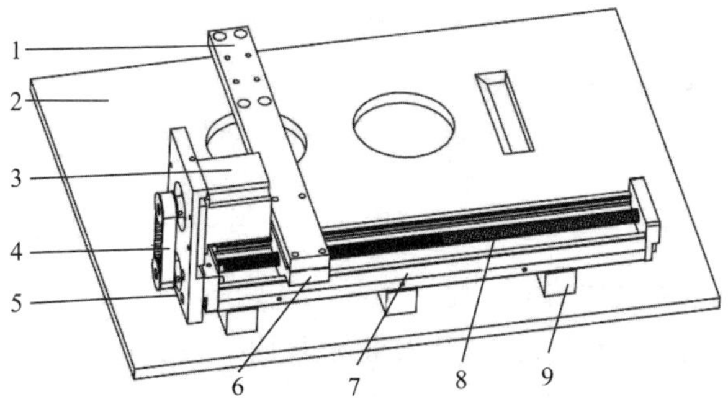

1—悬臂;2—成型室底板;3—电机;4—同步带;5—电机固定架;6—滑块;7—导轨;8—丝杠;9—垫块

图 6-1 方案一

方案二　带传动

图 6-2 为带传动方案的具体结构，电机被垂直固定在电机固定架上面；在张紧架底部的长通孔中，设有用于连接调节螺钉，调节螺钉可以使同步带张紧架移动从而使同步带被张紧；张紧架的上端有轴承压盖，通过拧紧轴承压盖上面的螺钉使其压紧轴承，其作用是保证轴承与从动轴、从动轴与同步带轮、同步带轮与套筒、套筒与轴承这些相邻零件之间在竖直方向上紧密接触，使这些零件随同步带一起转动，也用来防止这些零件的上下窜动。同步带被同步带压板紧压在悬臂连接板上，悬臂连接板与悬臂固定在一起，悬臂通过悬臂架被固定在滑块上。导轨的作用是承受铺粉刷与悬臂的重力，也可以当作运动的导向。工作时，电机驱动同步带转动，悬臂随同步带一起移动，此时滑块在导轨水平方向上的平滑运动对悬臂起导向作用。

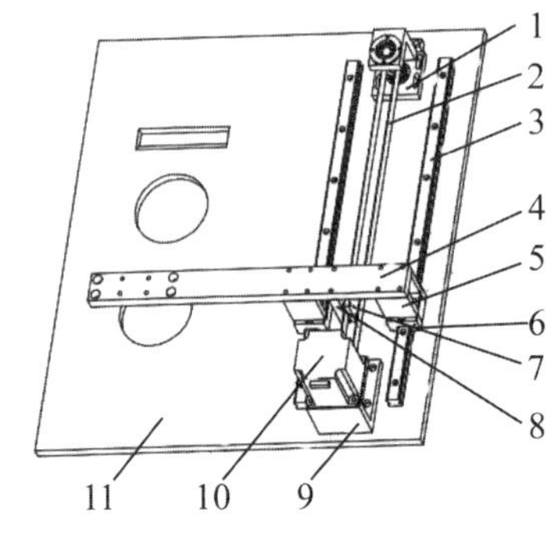

(a)整体结构图

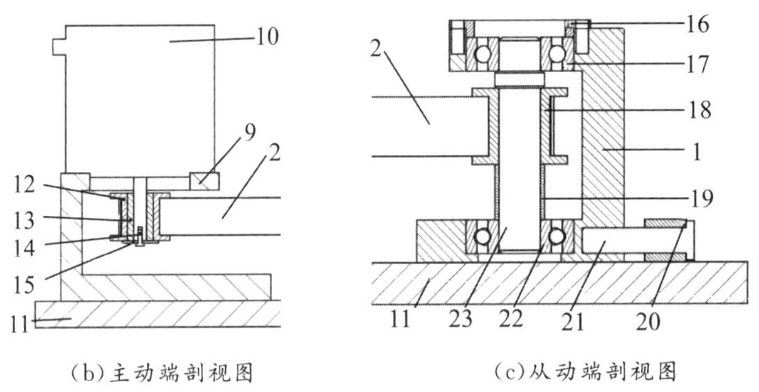

(b)主动端剖视图　　(c)从动端剖视图

1—张紧架；2—同步带；3—导轨；4—悬臂；5—悬臂固定架；6—滑块；7—同步带压板；8—连接板；9—电机固定架；10—电机；11—成型室底板；12—主动轮；13、19—套筒；14—固定螺钉；15—压盖；16—轴承压盖；17、22—轴承；18—从动轮；20—调整板；21—调节螺钉；23—从动轴

图 6-2　方案二

方案三　链传动

图 6-3 为带传动方案的具体结构。此方案与上述带传动方案不同处在于采用链作为传动方式，电机水平放置，节约空间，无须安装张紧调节装置，所需零件较少，结构相对简单。

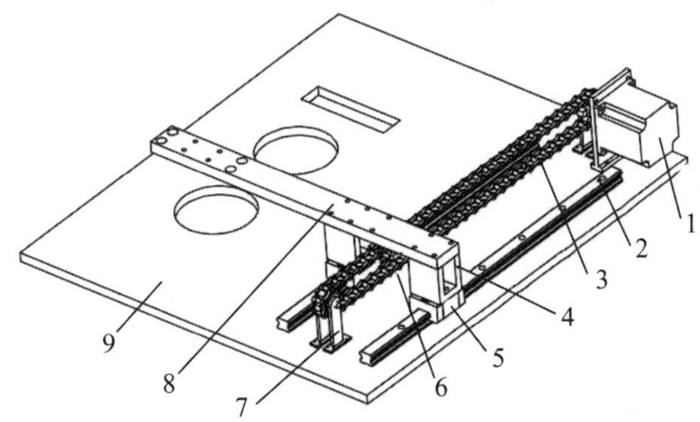

1—电机;2—导轨;3—链;4—悬臂固定架;5—滑块;6—压板;7—支撑座;8—悬臂;9—成型室底板

图 6-3 方案三

3. 理想度评价

分析每个设计方案中主要组件的有用功能与有害功能,并分别进行组件功能分析和理想度计算。

(1)建立组件功能分析表。三种设计方案的组件功能分析表如表 6-1、表 6-2 和表 6-3 所示。

表 6-1 方案一的组件功能分析表

组件	有用功能	判定值 a_i	权重 u_i	有害功能	判定值 b_i	权重 h_i
悬臂	拖到铺粉刷	0.8	0.1	发生振动	0.4	0.2
成型室底板	支持组件	0.4	0.05	无	无	无
电机	提供动力	0.8	0.1	无	无	无
同步带	驱动丝杠	0.8	0.1	不稳定	0.4	0.3
电机固定架	固定电机	0.4	0.05	无	无	无
滑块	引导悬臂运动	0.8	0.15	无	无	无
导轨	导向	0.6	0.1	无	无	无
丝杠	传递动力	1	0.3	易卡死	0.6	0.5
垫块	调节高度	0.6	0.05	无	无	无

表 6-2 方案二的组件功能分析表

组件	有用功能	判定值 a_i	权重 u_i	有害功能	判定值 b_i	权重 h_i
悬臂	拖到铺粉刷	0.8	0.1	发生振动	0.4	0.2
悬臂固定架	固定悬臂	0.6	0.05	无	无	无
连接板	连接悬臂	0.6	0.05	连接不牢固	0.4	0.1
成型室底板	支持组件	0.4	0.05	无	无	无
电机	提供动力	0.8	0.05	占用空间	0.2	0.1

续表

组件	有用功能	判定值 a_i	权重 u_i	有害功能	判定值 b_i	权重 h_i
同步带	传递动力	1	0.3	打滑	0.6	0.4
同步带压板	防止带滑动	0.6	0.05	无	无	无
电机固定架	固定电机	0.4	0.05	无	无	无
滑块	引导悬臂运动	0.8	0.05	无	无	无
导轨	导向	0.6	0.05	无	无	无
张紧架	张紧同步带	0.6	0.05	无	无	无
主动轮	与带啮合	0.8	0.05	与带啮合失效	0.4	0.1
从动轮	与带啮合	0.8	0.05	与带啮合失效	0.4	0.1
调节螺钉	调节位置	0.6	0.05	无	无	无

表 6-3 方案三的组件功能分析表

组件	有用功能	判定值 a_i	权重 u_i	有害功能	判定值 b_i	权重 h_i
悬臂	拖到铺粉刷	0.8	0.1	发生振动	0.4	0.2
悬臂固定架	固定悬臂	0.4	0.05	无	无	无
电机	提供动力	0.8	0.1	无	无	无
压板	连接悬臂	0.4	0.05	连接不牢固	0.6	0.2
成型室底板	支持组件	0.4	0.05	无	无	无
滑块	引导悬臂运动	0.8	0.05	无	无	无
导轨	导向	0.6	0.05	无	无	无
链	传递动力	1	0.3	不平稳	0.6	0.4
主动轮	与链条啮合	0.8	0.1	与链啮合失效	0.4	0.1
从动轮	与链条啮合	0.8	0.1	与链啮合失效	0.4	0.1
支撑座	支撑从动轮	0.4	0.05	无	无	无

由组件功能分析表的数据，可以根据公式(6-2)与(6-3)分别计算出每个方案的有用功能之和、有害功能之和(因忽略成本，故成本之和为 0)，而后根据式(6-1)计算每个方案的理想度。

方案一的价值理想度：

$$F_U = \sum_{i=1}^{n} u_i a_i = 0.79 \text{ , } F_H = \sum_{i=1}^{m} h_i b_i = 0.50$$

$$I_1 = \sum F_U / \sum F_H = 1.58$$

方案二的理想度：

$$F_U = \sum_{i=1}^{n} u_i a_i = 0.76 \text{ , } F_H = \sum_{i=1}^{m} h_i b_i = 0.46$$

$$I_2 = \sum F_U / \sum F_H = 1.65$$

方案三的理想度：

$$F_U = \sum_{i=1}^{n} u_i a_i = 0.77 \text{ , } F_H = \sum_{i=1}^{m} h_i b_i = 0.52$$

$$I_3 = \sum F_U / \sum F_H = 1.29$$

因为有 $I_2 > I_1 > I_3$ ，故方案二最优。

6.3 优度评价方法

6.3.1 基本概念

1.衡量指标

要评价一个方案的优劣，需要选择一定衡量指标。衡量指标是用以判定一个方案优劣的标准。方案的优劣是相对于某种标准而言，会出现关于某个衡量指标是有利的，而对于另外的衡量指标可能是不利的。

因此，评价一个方案的优劣必须反映出利弊的程度以及它们可能的变化情况。这就需要设计人员根据实际情况，给出符合技术要求、经济要求和社会要求的评价标准，确定好衡量指标 $MI=\{MI_1, MI_2, \cdots, MI_n\}$，其中 $MI_i=(c_i, V_i)$ 是特征元，c_i 是评价特征，V_i 都是数量化了的量值域（$i=1,2,\cdots,n$）。

衡量指标的选取是非常重要的，选取原则是：

(1)评价的目的性：对不同的评价对象和评价主题，目的不同，选取的衡量指标就不同。

(2)评价的全面性：考虑技术、经济、社会各方面的要求。

(3)评价的可行性：指标要有代表性，数据要真实可靠。

(4)评价的稳定性：选取的衡量指标尽量稳定，受偶然因素影响较大的因素要慎重考虑（非满足不可的必须选入，不是非满足不可的可考虑不选）。

如前所述，衡量指标包括技术、经济与社会三个方面。

技术要求主要包括方案实施的工艺方面的难易程度、创新程度、客户对产品功能的要求等部分。

经济要求是指方案实施过程中所需要消耗的资本以及盈利等方面的要求，包括人力、物力、财力、时间等。

社会要求是针对整个社会大环境而言的，包括市场需求（对象的潜在市场价值和发展前景）、环境要求（光、声音、波、磁以及实体物、废料排放等可能对社会生活的环境产生干扰的方面）、安全要求（信息、财产、人身安全等方面）、法律要求、社会反馈等。

当选用多个衡量指标时，需要咨询专家（或根据惯例）确定每个衡量指标的权重 α_i，即衡量指标 MI_i 的相对重要程度。

2. 关联函数与关联度

选定了衡量指标，要给出衡量指标的具体数值，用关联函数定量地、客观地表述方案对于某个衡量指标的满足程度，取值于$(-\infty, +\infty)$。

对某一待评价方案 Z，对关于某衡量指标 MI 建立关联函数 $k(z)$，表示方案 Z 符合要求的程度，称 $k(z)$ 的取值为 Z 关于指标 MI 的关联度。

在可拓创新方法中，关联函数有很多种类，如初等关联函数、简单关联函数、离散关联函数等，这里仅介绍容易理解的离散关联函数。

离散关联函数的形式如式(6-4)所示，要注意，关联值最好有正负，中间值为 0。

$$k(z)=\begin{cases} A_1(>0), z=a_1 \\ A_2(>0), z=a_2 \\ \quad\cdots \\ A_k(>0), z=a_k \\ 0, z=a_0 \\ B_1(<0), z=b_1 \\ B_2(<0), z=b_2 \\ \quad\cdots \\ B_k(<0), z=b_k \end{cases} \tag{6-4}$$

例如，某个产品方案相对成本指标，可能定性的描述为“很高”“高”“一般”“低”“很低”，针对这些定性描述，可以用离散关联函数进行定量化，则可建立如下关联函数：

$$k(z)=\begin{cases} 2, z=\text{很低} \\ 1, z=\text{低} \\ 0, z=\text{一般} \\ -1, z=\text{高} \\ -2, z=\text{很高} \end{cases}$$

3. 规范关联度

前面得到的关联度，可能取值范围差别很大，或者不同指标的量值单位不一样，不便于进一步运算，故需要对关联度进行规范化(或称归一化)，把各个衡量指标的关联度都规范在$[-1, 1]$。

设待评价方案 $Z_j(j=1,2,3,\cdots,m)$关于某个衡量指标 $MI_i(i=1,2,3,\cdots,n)$的关联度分别为 $k_i(z_j)$，则

$$k_{ij}=\frac{k_i(Z_j)}{\max\limits_{j\in\{1,2,\cdots,m\}}|k_i(Z_j)|} \tag{6-5}$$

称为 Z_j 关于指标 MI_i 的规范关联度。

对于离散关联函数，可以在设置关联函数时，将所有衡量指标的取值都限定在[-1, 1]

的范围内，可不用进行规范化。

4.优度

对任一待评价方案 $Z_j(j=1,2,3,\cdots,m)$，除非满足不可的指标外的衡量指标集为 $MI=\{MI_1,MI_2,\cdots,MI_n\}$，$Z_j$ 关于 MI_i 的规范关联度为 k_{ij}（i=1,2,3…n;j=1,2,3…m），MI_i 的权系数为 $\alpha_i(i=1,2,3,\cdots,n)$，且 $0\leqslant\alpha_i\leqslant 1,\sum_{i=1}^{n}\alpha_1=1$。这里方案评价中，要求所有衡量指标的综合关联度大于0才认为方案 Z_j 符合要求，则优度定义为：

$$C(Z_j)=\sum_{i=1}^{n}\alpha_i k_{ij} \tag{6-6}$$

6.3.2 优度评价方法

优度评价方法根据衡量指标及指标级别的不同，有很多种，这里主要介绍一级多指标优度评价。

在对待评对象进行评价时，往往需要考虑多个因素的影响，如经济、技术、社会等各方面的情况，即多指标的综合评价。当多个衡量指标被同时考虑，且这些指标无级别之分时，称为一级多指标优度评价方法，简称优度评价方法。其具体步骤如下。

1.确定衡量指标

设所选取的衡量指标为 $MI_1,MI_2,\cdots,MI_n$，关于各衡量指标 MI_i 的量值域 X_i 的确定，要注意如下几点：

(1)要以社会经济现象的现实状况为依据，要根据与被评价对象有关的取值范围资料和历史资料为基础；

(2)要注意到社会经济现象的发展变化趋向，把变化估计数值作为确定量值域时的参考；

(3)量值域的确定应具有一定的调节和管理作用，为此，可考虑把国家(地区、部分)社会经济管理中的规划值、计划值等标准数据作为量值域边界。

2.确定权系数

评价一个对象 $Z_j(j=1,2,\cdots,m)$ 的优劣的各衡量指标 $MI_1,MI_2,\cdots,MI_n$ 有轻重之分，以权系数来表示各衡量指标的重要性程度。对于非满足不可的指标，用指数 Λ 来表示；对于其他衡量指标，则根据重要程度分别赋以[0,1]的值。权系数记为 $\alpha=(\alpha_1,\alpha_2,\cdots,\alpha_n)$，其中，若 $\alpha_{i_0}=\Lambda$，则 $\sum_{n}\alpha_i=1$。

权系数的大小对于优度的高低具有举足轻重的作用，不同的权系数会得出不同的结论，引起被评价对象优劣顺序的改变。如果权系数由人来确定，常常带有主观随意性，会影响评价的真实性和可靠性。为了尽量合理地确定权系数，可以使用层次分析法(AHP)

或其他权重确定方法来确定衡量指标间的相对重要性次序，从而确定权系数。

3. 首次评价

确定各衡量指标的权系数后，首先利用非满足不可的指标对评价对象进行筛选，除去不满足该指标的对象，然后对已符合满足不可的指标 Λ 的对象进行下面的步骤（设 Z_1，Z_2，…，Z_m 均符合非满足不可的指标）。

4. 建立关联函数，计算关联度

设衡量指标集 $MI=\{MI_1, MI_2, \cdots, MI_n\}$，$MI_i=(c_i, V_i)(i=1,2,\cdots,n)$，权系数分配为 $\alpha=(\alpha_1,\alpha_2,\cdots,\alpha_n)$，根据各衡量指标的要求，建立关联函数 $k_1(z_1)$，$k_2(z_2)$，…，$k_n(z_m)$，如式(6-4)。

5. 计算规范关联度

设每个待评对象 Z_j 关于各衡量指标 MI_i 的取值为 z_{ij}，关联度为 $k_i(z_{ij})$，则它们对应的规范关联度按式(6-5)计算。

6. 计算优度

多衡量指标的优度可根据具体情况按照计算公式(6-6)进行计算。

注意：在处理实际问题的过程中，有些指标是非满足不可的，该指标不能达到，其他任何指标再好也不能使用。例如，在涉及汽车设计方案时，材料的选择、设备的配置等，关于安全系数指标的要求是非满足不可的。凡是达不到安全要求的一切材料、设备、方案都是不能使用的。

关于一个对象的评价往往不能只考虑有利的一面，还要考虑不利的一面。对应该生产何种产品，必须考虑利弊双方，进行综合评价，最后才能得到合适的筛选方案。此外，在评价时，往往要考虑动态性和可变性，对潜在的利弊进行考虑。

一级优度评价的衡量指标不需要再细分出众多的子指标。每个衡量指标都是针对某个确定的评价特征的。一级多指标优度评价的流程图如图 6-4 所示。

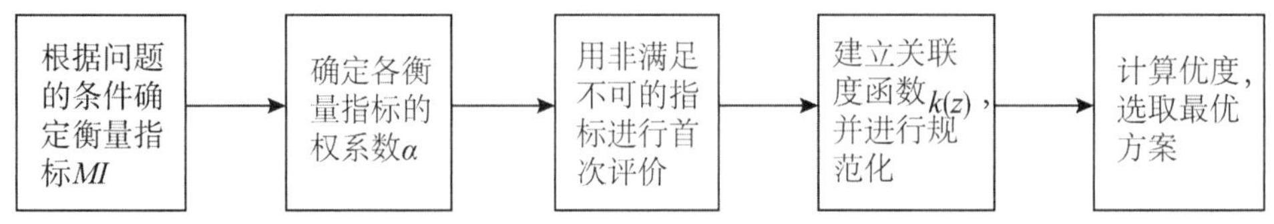

图 6-4　一级多指标优度评价法的基本流程

6.3.3　优度评价实例

金属 3D 打印机在工作时，产生的黑烟常常飘散黏附在透镜上，影响 3D 打印效果。现对透镜保护罩进行优化，并对各个优化方案进行优度评价，然后选取最优设计。

优化具体设计如图 6-5 所示，左侧的入口为进气孔，用来充入惰性气体氩气，右侧的圆柱状结构为导向筒，气体从进气口进入后可以沿导向筒向下流动。方案一的进气孔水平正对导向筒，方案二的进气孔水平位于导向筒的侧面，方案三的进气孔向下倾斜一定角度，方案四设计了四个水平进气孔，进气孔都正对导向筒。

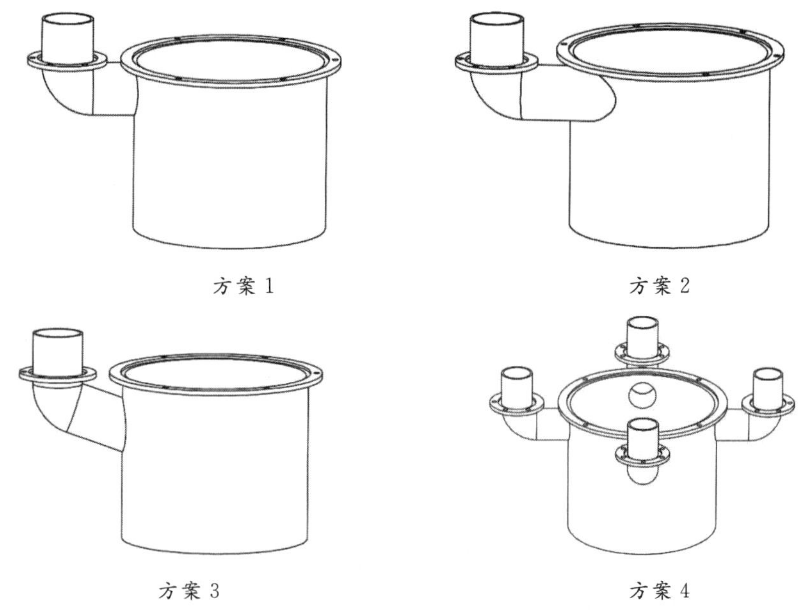

图 6-5　四种透镜保护罩的优化设计

透镜保护罩安装在透镜的正下方，安装处的两个凹槽内用来装密封圈，防止成型室内气体与外界连通。透镜保护罩的工作原理是，打印时从上方的进气孔冲入氩气，气体进入透镜保护罩后沿导向筒产生向下的气流，气流阻止黑烟颗粒向上飘散从而保护透镜。

安装透镜保护罩设计后成型室的结构如图 6-6 所示（以方案一为例），透镜保护罩的进气孔位于透镜的正后方。

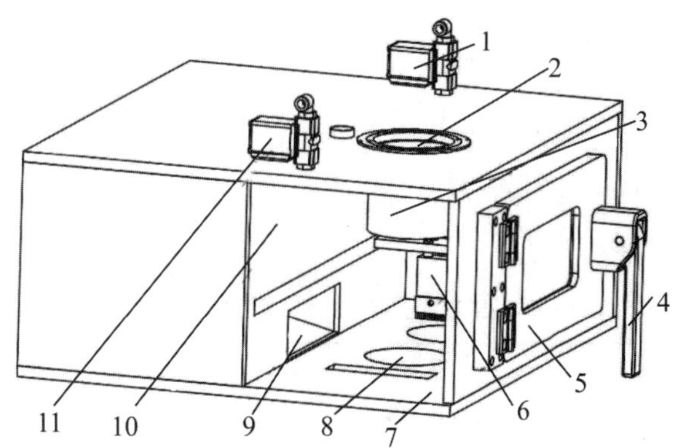

1— 排气阀；2—透镜；3—透镜保护罩；4—门把手；5—门；6—铺粉装置；7—成型室底板；8—基板；9—排气罩；10—隔离板；11—进气阀

图 6-6　金属 3D 打印机成型室结构

据调查,各方案中黑烟颗粒的内圈与外圈清除率如表 6-4 所示。

表 6-4　不同方案中黑烟颗粒的内圈与外圈清除率

方案	内圈清除率 k_1	外圈清除率 k_2
优化前方案	0.746	0.763
方案一	0.985	0.838
方案二	0.923	0.863
方案三	0.946	0.875
方案四	0.946	0.838

对于以上四种方案,采用优度评价来选择最优方案。

(1)确定评价指标及其权系数。本次设计的金属 3D 打印机主要用来打印小型零件,少数情况下打印牙箍等较大的环状零件,打印小型零件时在基板中心区域成型,黑烟产生在内圈,打印牙箍等较大的环状零件时在外圈区域成型,黑烟产生在外圈,故选取黑烟颗粒的内圈清除率 k_1 与外圈清除率 k_2 作为评价指标。根据对打印零件类型的调查统计,得到打印小型零件与较大环状零件的次数比接近 4∶1,故取内圈清除率的权系数 α_1 为 0.8,外圈清除率的权系数 α_2 为 0.2。

(2)建立可拓关联函数。由于优化前的内圈清除率为 0.746,外圈清除率为 0.763,理想的最大内圈清除率与外圈清除率均为 1,故优化的后各方案内圈清除率可接受范围为 0.746~1,其变化的正域区间为 $X_1=\langle 0.746,1\rangle$,且最优点 $M_1=1$。外圈清除率的可接受范围为 0.763~1,其变化的正域区间为 $X_2=\langle 0.763,1\rangle$,且最优点 $M_2=1$。则基于内圈与外圈清除率建立简单关联函数如下:

$$\text{内圈清除率关联函数:}k_1(x)=\begin{cases}\dfrac{x-0.746}{1-0.746}, & x\leqslant 1\\[2ex] \dfrac{1-x}{1-0.746}, & x>1\end{cases}$$

$$\text{外圈清除率关联函数:}k_2(x)=\begin{cases}\dfrac{x-0.763}{1-0.763}, & x\leqslant 1\\[2ex] \dfrac{1-x}{1-0.763}, & x>1\end{cases}$$

(3)计算关联度。根据上述计算公式,可求得各评价对象 Z_j(方案 j)关于评价指标 k_i 的关联度 $k_i(z_j)$,结果如表 6-5 所示。

表 6-5　各方案关于评价指标的关联度

方案	内圈清除率 k_1	外圈清除率 k_2
方案一 Z_1	0.941	0.316
方案二 Z_2	0.697	0.422
方案三 Z_3	0.787	0.473
方案四 Z_4	0.787	0.316

(4)计算优度。在对透镜保护罩优化设计中,所有的评价指标的综合关联度大于 0 才认为方案 Z_j 符合要求。此时优度的计算公式为式(6-6),通过计算可得各评价对象 Z_j 的优度如下:

$$C(Z_1)=0.861, C(Z_2)=0.642, C(Z_3)=0.724, C(Z_4)=0.693$$

则有 $C(Z_1)>C(Z_3)>C(Z_4)>C(Z_2)$,方案一的优度最大,故选择透镜保护罩的进气孔水平正对导向筒的方案一为最终确定方案。

6.4 理想优度评价方法

6.4.1 理想优度评价方法的流程

可拓优度评价的一般过程包括确定衡量指标、确定权系数、建立关联函数、计算关联度、对关联度规范化,最后计算优度,优选方案。这个过程中,关联函数、关联度计算及其规范化比较烦琐,这里采用理想度代替这三部分,即每个评价指标的理想度(用理想度描述每个评价指标的量值),这样可以简化评价流程,如图 6-7 所示。

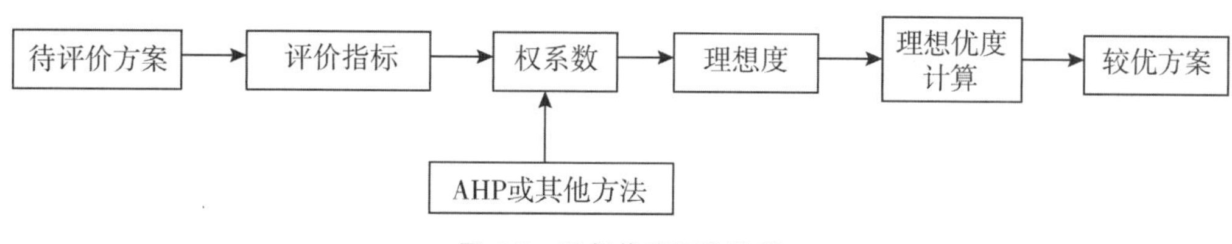

图 6-7 理想优度评价流程

1. 确定评价指标(c)

根据技术系统(或产品)方案设计中主要考虑的因素,选择基本功能,工作性能,动力性能,经济性能,结构性能等作为评价指标。

2. 确定权系数

评价一个方案 $W_j(j=1,2,\cdots,m)$优劣的各个衡量指标 $c_1, c_2, \cdots, c_n$ 有轻重之分,以权系数 α 来表示各个衡量指标的重要性程度,根据重要程度分别赋予[0,1]的值,如公式(6-7)所示。

$$\alpha=(\alpha_1, \alpha_2, \cdots, \alpha_n) \tag{6-7}$$

式中,$\sum_{j=1}^{n}\alpha_j = 1$。

确定权系数的方法很多,这里采用层次分析方法(AHP)确定各评价指标(基本功能,工作性能,动力性能,经济性能,结构性能)的权系数。

3. 计算评价指标的理想度

系统的理想化水平与有用功能之和成正比;与有害功能之和,及与成本之和成反比。对于每个评价指标,这里定义为:某评价指标的理想度与该评价指标对有用功能贡献率成正比,与评价指标对有害功能贡献率成反比,与评价指标对成本贡献率成反比,如式(6-8)所示。

$$I_i=\frac{U_i/\sum U_F}{H_i/\sum H_F+C_i/\sum C} \tag{6-8}$$

式中,$\sum U_F$ 表示有用功能之和;$\sum H_F$ 表示有害功能之和;$\sum C$ 表示成本之和;U_i 表示该评价指标对有用功能的贡献;H_i 表示该评价指标对有害功能的贡献;C_i 表示该评价指标对成本的贡献。

对于有用功能、有害功能、成本的界定与量化,主要采用调查用户数据来量化,对于某个产品,用户购买时(用户购买的是功能),认为有用功能占多少比例,就是有用功能的量化值,认为有害功能占多少比例,就是有害功能的量化值;认为成本贵贱,也取一个量化值(一般认为贵取−0.5,一般取0,便宜取0.5,也可根据情况分为5段或其他多段取值)。例如,调查多个用户买某种菜刀,大部分认为其有用功能占80%,则有用功能为0.8,有害功能占20%,则有害功能为0.2;成本贵,则成本为−0.5。

而评价指标对这些量的贡献率,也是类似,如以产品实用性为评价指标,则实用性是支持有用功能的,它对有用功能的贡献率就大,也相应地赋值量化。

4.计算理想优度

用理想度作为关联值的优度,即为理想优度。

对于方案 W_j 关于各评价指标 $c_1,c_2,\cdots,c_n$ 的理想度为式(6-9),各个方案的理想优度计算如式(6-10)所示。

$$L(W_j)=\begin{bmatrix} I_{1j} \\ I_{2j} \\ \cdots \\ I_{nj} \end{bmatrix},j=1,2,\cdots,m \tag{6-9}$$

$$Y(W_j)=\alpha L(W_j)=(\alpha_1,\alpha_2,\cdots,\alpha_n)\begin{bmatrix} I_{1j} \\ I_{2j} \\ \cdots \\ I_{nj} \end{bmatrix}=\sum_{i=1}^{n}\alpha_i I_{ij},j=1,2,\cdots,m \tag{6-10}$$

5.根据理想优度确定较优方案

根据式(6-10)计算出的各个方案的理想优度进行排序,选用理想优度值较大的方案作为优选方案进行具体的方案设计。

6.4.2 理想优度评价方法的实例

在3D打印机中,安装激光振镜时,需要对振镜的位置进行调整,使振镜位于成型面的正上方,且倾斜角度不能过大,否则激光的扫描速度与扫描轨迹的误差会比较大,容易出现激光打到成型面以外的非工作区域，甚至造成设备其他零件被激光烧坏的情况。要调整振镜的高度使其底部与成型面为特定的距离，为了保证激光通过聚焦镜到成型面的距离为焦距。以下设计了一种振镜调节装置，由竖向调节结构、横向调节结构、纵向调节结构组成，分别调节激光振镜在上下、左右、前后三个方向的位置，操作方便、调节精度高。具体结构如图 6-8 所示。

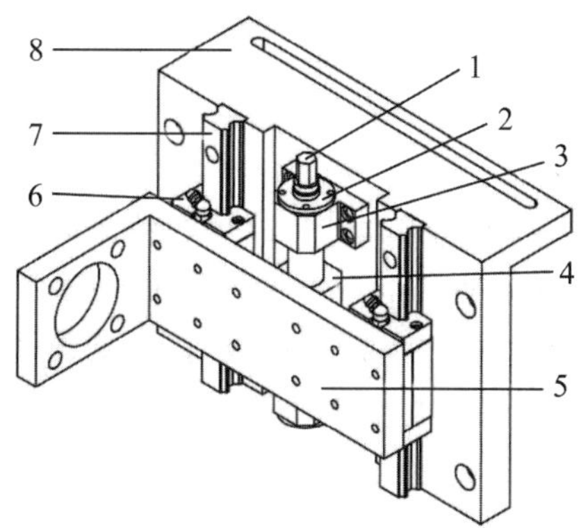

1—丝杠；2—铜套；3—铜套座；4—丝杠螺母；5—振镜固定架；6—滑块；7—导轨；8—横向调节板

(a) 竖向调节结构

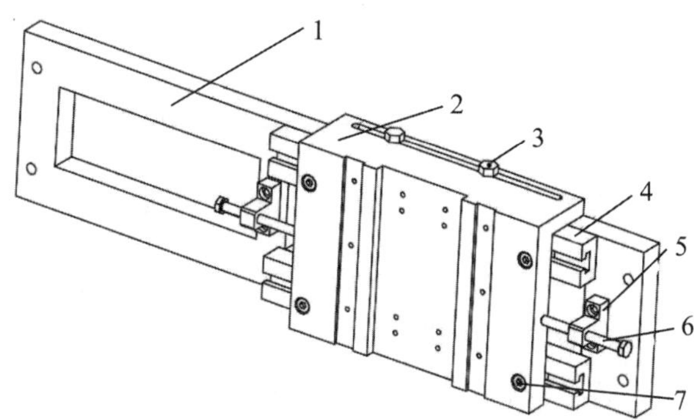

1—横架；2—横向调节板；3—固定螺钉；4—横向导轨；5—横向调节架；6—横向调节螺钉；7—滑动螺钉

(b) 横向调节结构

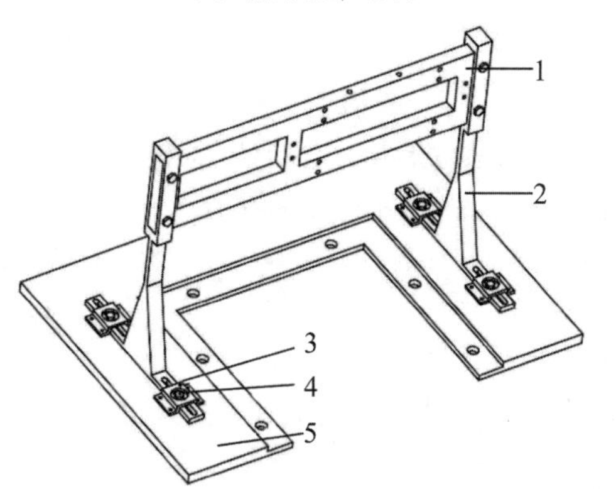

1—横架；2—支架；3—支架导轨；4—支架固定螺钉；5—底板

(c)纵向调节结构

图 6-8 三种方案结构图

1.确定评价指标

各个结构方案的加工难易程度,关系到设备的经济性与基本功能的实现;机架的形变量会影响振镜的倾斜程度,会使振镜扫描速度与扫描轨迹出现误差,关系到设备打印的准确性;机架的质量关系到轻量性,故选取准确性 c_1、工艺性 c_2、轻量化 c_3 作为机架的评价指标。

2.确定权系数

层次分析法(AHP)是一种定性与定量分析方法相结合的综合性评价方法,采用层次分析法确定评价指标的权重。根据各评价指标重要程度的差别,确定两两因素的相互比率,使用1-9比率标度法,由于准确性比工艺性比较重要、准确性比轻量性绝对重要、工艺性比轻量性稍微重要,可建立目标方案的判断矩阵如式(6-11)所示。

$$H=\begin{array}{c} \\ c_1 \\ c_2 \\ c_3 \end{array}\begin{array}{c} \begin{array}{ccc} c_1 & c_2 & c_3 \end{array} \\ \begin{bmatrix} 1 & 5 & 9 \\ 1/5 & 1 & 2 \\ 1/9 & 1/2 & 1 \end{bmatrix} \end{array} \tag{6-11}$$

根据AHP计算规则,求得各权系数 α 为:

准确性权系数 $\alpha_1=0.76$,工艺性权系数 $\alpha_2=0.16$,轻重化权系数 $\alpha_3=0.08$。

3.各评价指标理想度的确定

根据对材料力学性能、制造性能的计算和判断评估,再结合调查后,计算分析得出各方案中的关于每个评价指标的理想度如下:

方案一:$L(W_1)=(I_{11},\ I_{21},\ I_{31})^T=(0.354,\ 0.695,\ 0.212)^T$

方案二:$L(W_2)=(I_{12},\ I_{22},\ I_{32})^T=(0.061,\ 0.232,\ 0.317)^T$

方案三:$L(W_3)=(I_{13},\ I_{23},\ I_{33})^T=(0.358,\ 0.661,\ 0.269)^T$

4.方案的理想优度计算

综上,三个方案关于评价指标安全性 c_1、准确性 c_2、轻量性 c_3 的理想度分别为:

根据公式(6-10)可以得到各个方案的理想优度为:

方案一:$Y(W_1)=\sum_{i=1}^{3}\alpha_i I_{i1}=0.397$,

方案二:$Y(W_2)=\sum_{i=1}^{3}\alpha_i I_{i2}=0.109$,

方案三:$Y(W_3)=\sum_{i=1}^{3}\alpha_i I_{i3}=0.399$

对比三个方案的理想优度,方案三的纵向调节结构理想度最高,因此选择该方案为最优方案。

6.5 方案评价工具的选择策略

前面介绍了几种方案评价的工具，往往会面临着一个问题：该如何选择？针对这个问题，这里建立一个选择策略。

优先选用理想优度来评价，如果需要简化评价，可以用理想度评价。

同样，也可以根据创新工具难度来选择，难度值低的工具优先。通过初步调研，各个工具的难度如表 6-6 所示。

表 6-6 方案评价工具的难度

方案评价工具	难度
理想度评价	3.2
优度评价	3.5
理想优度评价	3.32

练一练

1. 试对家具产品(如茶几、书柜、餐桌、搁架、储物柜等)提出几个改进方案，并用理想度评价方法进行评价。

2. 试对日常用品(如笔筒、防盗门、水果刀、拖把等)提出几个改进方案，并用优度评价方法进行评价。

3. 试对自用的文具(如签字笔、削笔刀、文具盒、圆规等)提出几个改进方案，并用理想优度评价方法给出评价结果。

4. 结合各自专业学习中碰到的问题，给出一些解决方案，并选用一种评价方法进行评价，给出选用该种评价方法的理由。

5. 试对自用的小工具(如螺丝刀、弓锯、扳手、虎钳、镊子等)提出几个改进方案，并选一个评价方法进行评价，给出评价结果。

第 7 章　专利申请与专利规避

本章目标：

素质目标：树立自主创新与产权保护意识。

能力目标：具备专利申请文档的撰写能力。

知识目标：理解专利基本知识、专利申请文档撰写知识、专利规避设计方法等知识，并利用这些知识保护自己的创新成果(撰写专利说明书)。

7.1　专利的概念与种类

7.1.1　知识产权与专利

现在是一个创新的时代，创新的成果需要保护，因而知识产权与专利的概念时常提起。知识产权是指对智力劳动成果所享有的占有、使用、处置和收益的权利。知识产权是一种无形财产权，它与汽车、住宅等有形资产一样，都受国家法律保护，都具有商业价值和使用价值。知识产权包含专利权、商标权、著作权等。

专利是专利权的简称，是国家按照专利法授予申请人在一定时间内对其发明创造成果所享有的独占、使用和处置的权利。专利的两个最重要的特征是“独占”与“公开”，以“公开”换取“独占”是专利制度最基本的核心，这分别代表了权利与义务的两个方面。“独占”是指法律授予技术发明人在一段时间内享有排他性的独占权利；“公开”是指技术发明人将其技术公开，使社会公众可以通过正常的渠道获得有关专利的技术信息。

专利主要有三大特点：独占性、时间性、地域性。独占性是指在一定时间(专利权有效期内)和区域(法律管辖区)内，任何单位或个人未经专利权人许可都不得实施其专利。时间性是指专利权人对其发明创造所拥有的专利权只在法律规定的时间内有效。地域性是指一个国家依照其专利法授予的专利权，仅在该国法律管辖的范围内有效。

授予专利权的发明和实用型应当具备新颖性、创造性和实用性；①新颖性是指该发明或者实用新型不属于现有技术；也没有任何单位或者个人就同样的发明或者实用新型在申请日以前向国务院专利行政部门提出过申请，并记载在申请日以后公布的专利申请文件或者公告的专利文件中；②创造性是指与现有技术相比，该发明具有突出的实质性特点和显著的进步，该实用新型具有实质性特点和进步；③实用性是指该发明或者实用新型能够制造或者使用，并且能够产生积极效果。授予专利权的外观设计，应当同申请日以前在国内外出版物上公开发表过或者国内公开使用过的外观设计不相同或者不相近似，并不得与他人先取得的合法权利相冲突。

随着科技的发展，市场竞争越来越激烈，专利制度能够促进发明创造者将其新技术尽快转化为生产力，并能保护技术市场竞争的公平有序。总的来说，专利具有如下作用：

①通过法定程序确定发明创造的权利归属关系，从而有效保护发明创造成果，独占市场，以此换取最大的利益；

②为了在市场竞争中争取主动，确保自身生产与销售的安全性，防止对手拿专利状告自己侵权（可能遭受高额经济赔偿、迫使自己停止生产与销售）；

③国家对专利申请有一定的扶持政策（如政府颁布的专利奖励政策，以及高新技术企业政策等），会给予部分政策、经济方面的支持；

④专利权受到国家专利法保护，未经专利权人同意许可，任何单位或个人都不能使用（状告他人侵犯专利权，索取赔偿）；

⑤及时申请专利，使自己的发明创造得到国家法律保护，防止他人模仿自己开发的新技术、新产品（构成技术壁垒，别人要想研发类似技术或产品就必须经专利权人同意）；并防止别人把你的劳动成果提出专利申请，反过来向法院或专利管理机构告你侵犯专利权；

⑥可以促进产品的更新换代，亦提高产品的技术含量，及提高产品的质量、降低成本，使企业的产品在市场竞争中立于不败之地；

⑦一个企业若拥有多个专利是企业强大实力的体现，是一种无形资产和无形宣传（拥有自主知识产权的企业既是消费者趋之若鹜的强力企业，同时也是政府各项政策扶持的主要目标群体）；

⑧专利技术可以作为商品出售（转让），比单纯的技术转让更有法律和经济效益，从而促使其经济价值的实现。

7.1.2 专利的种类

专利的种类在不同的国家有不同规定，在我国专利法中规定有：发明专利、实用新型专利和外观设计专利。

1.发明专利

专利法所称的发明，是指对产品、方法或者其改进所提出的新的技术方案。发明分为产品发明、方法发明两大类。产品发明是发明人通过研究开发出来的关于新产品、新材料或新物质等的技术方案。专利法所说的产品，可以是一个独立、完整的产品，也可以是一个设备或仪器的零部件。方法发明是指发明人为解决某特定技术问题而研究开发出来的操作方法、制造方法以及工艺流程等技术方案。方法可以是有一系列步骤构成的一个完整的过程，也可以是一个步骤。改进发明是对已有的产品发明或方法发明所作出的实质性革新的技术方案。

发明专利并不要求它是经过实践证明可以直接应用于工业生产的技术成果，它可以是一项解决技术问题的方案或是一种构思，具有在工业上应用的可能性。例如，爱迪生发明了白炽灯，白炽灯是一种前所未有的新产品，可以申请产品发明；生产白炽灯的方法可以申请方法专利;给白炽灯填充惰性气体,其质量和寿命都有明显提高,这是在原来基础之上进行的改进,可以申请改进发明。发明专利从申请到授权时间一般为两年以上,20 年保护期。

2. 实用新型专利

实用新型是指对产品的形状、构造或者其结合所提出的适于实用的、新的技术方案。实用新型保护的也是一个技术方案。但实用新型专利保护的范围较窄,它只保护有一定形状或结构的新产品,不保护方法以及没有固定形状的物质。因此,关于日用品、机械、电器等方面的有形产品的小发明,比较适用于申请实用新型专利。实用新型从申请到授权时间约一年,10 年保护期。

3. 外观设计专利

外观设计是指对产品的形状、图案或其结合以及色彩与形状、图案的结合所作出的富有美感,并适于工业应用的新设计。外观设计注重的是设计人员对一种产品的外观(包括形状图案或者这两者的组合,以及色彩与形状、色彩与图案的组合)所做出的富于艺术性、具有美感的创造,而且这种具有艺术性的创造,不只是单纯的工艺品,它还必须能够在企业中成批制造,即具有能够为工业所利用的实用性。外观设计专利的保护对象是产品的装饰性或艺术性外表设计,这种设计可以是平面图案,也可以是立体造型,或二者组合,授予外观设计专利的主要条件是新颖性。外观设计专利从申请到授权时间约一年,10 年保护期。

发明专利证书

局长
申长雨

实用新型专利证书

局长
申长雨

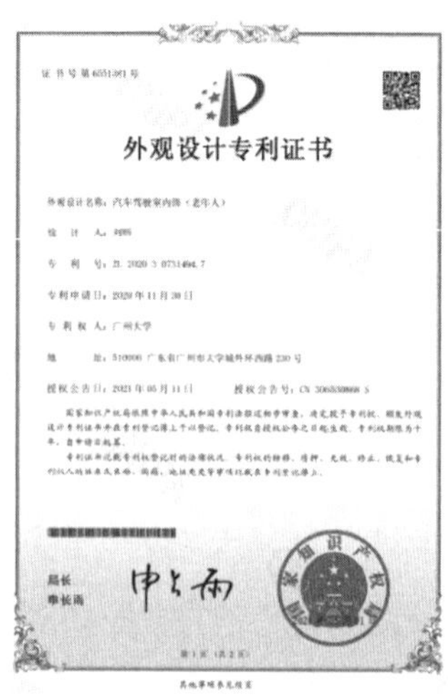
外观设计专利证书

局长
申长雨

图 7-1　不同类型专利的证书样式

图 7-1 给出了 2020 年 3 月后的三种不同类型的专利证书样式(仅展示首页)。每个专利会有一个专利号,该号是专利申请人获得专利权后,国家知识产权局颁发的专利证书上的编号,通常为:ZL(专利的首字母)+申请号。申请号共有 12 位数字及一个小数点,依次表示:申请年号(前四位)、专利类型(第五位)、申请顺序号(流水号)、计算机校验位。专利

类型为 1 时表示是发明专利，为 2 时是实用新型专利，为 3 时是外观设计专利。

外观设计与发明、实用新型有着明显的区别，外观设计注重的是设计人对一项产品的外观所作出的富于艺术性、具有美感的创造，但这种具有艺术性的创造，不是单纯的工艺品，它必须具有能够为产业上所应用的实用性。外观设计专利实质上是保护美术思想的，而发明专利和实用新型专利保护的是技术思想；虽然外观设计和实用新型与产品的形状有关，但两者的目的却不相同，前者的目的在于使产品形状产生美感，而后者的目的在于使具有形态的产品能够解决某一技术问题。例如一把电吹风，若它的形状、图案、色彩相当美观，那么应申请外观设计专利，如果电吹风的内部流道结构设计合理或采用不同能源形式等，可以节省材料又节能能源，那么应申请实用新型专利。

7.2 专利申请流程

专利申请是获得专利权的必须程序。专利权的获得，要由申请人向国家专利机关提出申请，经国家专利机关批准并颁发证书。申请人在向国家专利机关提出专利申请时，还应提交一系列的申请文件，如请求书、说明书、摘要和权利要求书等。在专利的申请方面，世界各国专利法的规定基本一致。专利申请可以自己申请或者找代理机构申请。

专利申请文件的填写和撰写有特定的要求，申请人可以自行填写或撰写，也可以委托专利代理机构代为办理。以申请人自行申请为例，专利申请流程如图 7-2 所示。

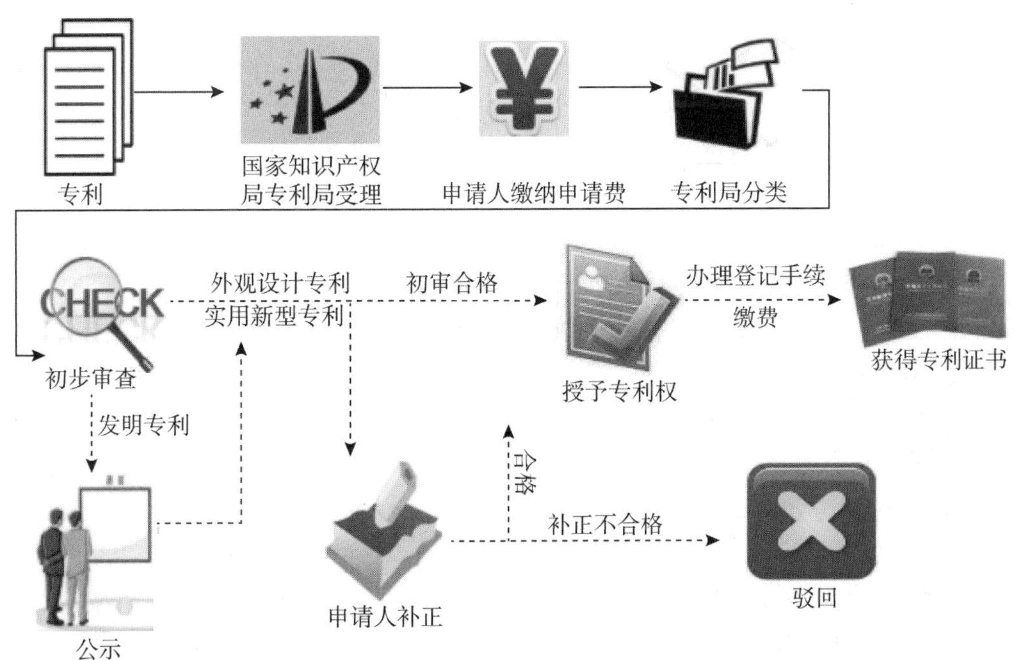

图 7-2 专利申请流程

根据具体三种不同专利，申请批准流程存在差异：

1.发明专利的申请

(1)申批流程：专利申请→受理→初审→公布→实质审查请求→实质审查→授权。

(2)需要提交的文件有：

①请求书。包括发明专利的名称、发明人或设计人的姓名、申请人的姓名和名称、地址等。

②说明书。包括发明专利的名称、所属技术领域、背景技术、发明内容、附图说明和具体实施方式。

③权利要求书。说明发明的技术特征，清楚、简要地表述请求保护的内容。

④说明书附图。发明专利常有附图，如果仅用文字就足以清楚、完整地描述技术方案的，可以没有附图。

⑤说明书摘要。简要说明发明的名称、所属技术领域、要解决的技术问题、主要技术特征、用途及附图等。

2.实用新型专利申请

(1)申批流程：专利申请→受理→初审→公告→授权。

(2)需要提交的文件：

①请求书。包括实用新型专利的名称、发明人或设计人的姓名、申请人的姓名和名称、地址等。

②说明书。包括实用新型专利的名称、所属技术领域、背景技术、发明内容、附图说明和具体实施方式。

③权利要求书。说明实用新型的技术特征，清楚、简要地表述请求保护的内容。

④说明书附图。实用新型专利一定要有附图说明。

⑤说明书摘要。简要说明实用新型的名称、所属技术领域、要解决的技术问题、主要技术特征、用途及附图等。

3.外观专利的申请

(1)申批流程：专利申请→受理→初步审查→公告→授权。

(2)需要提交的文件：

①请求书。包括外观专利的名称、设计人的姓名、申请人的姓名或名称、地址等。

②外观设计图片或照片。至少两套图片或照片(前视图、后视图、俯视图、仰视图、左视图、右视图)，如果必要对应提供立体图。

③外观设计简要说明。必要时应提交外观设计简要说明。

7.3 专利申请文档准备

7.3.1 专利申请所需的文件及其要求

前面提到申请专利需要提交请求书、说明书、权利要求书等，下面就这些文件及要求进行说明：

1.请求书

请求书是确定发明、实用新型或外观设计三种类型专利申请的依据，应谨慎选用；建议使用专利局统一表格。请求书应当包括发明、实用新型的名称或使用该外观设计产品名称；发明人或设计人的姓名、申请人姓名或者名称、地址（含邮政编码）以及其他事项。

其他事项是指：①申请人的国籍；申请人是企业或其他组织的，其总部所在地的国家；②申请人委托专利代理机构的应当注明的有关事项。申请人为两人以上或单位申请，而未委托代理机构的，应当指定一名自然人为代表人，并注明联系人姓名、地址、邮政编码及联系电话；③分案专利申请（已驳回、撤回或视为撤回的申请，不能提出分案申请）类型应与原案申请一致，并注明原案申请号、申请日，否则，不按分案申请处理。要求本国优先权的发明或实用新型，在请求书中注明在先申请的申请国别、申请日、申请号，并应于在先申请日起一年内提交；④申请文件清单；⑤附加文件清单；⑥当事人签字或者盖章；⑦确有特殊要求的其他事项。

2.说明书

说明书应当对发明或实用新型做出清楚、完整的说明，以所属技术领域的技术人员能够实现为准。

3.权利要求书

权利要求书应当以说明书为依据说明发明或实用新型的技术特征，清楚、简要地表述请求专利保护的范围。

4.说明书附图

说明书附图是实用新型专利申请的必要文件。发明专利申请如有必要也应当提交附图。附图应当使用绘图工具和黑色墨水绘制，不得涂改或易被涂擦。

5.说明书摘要及摘要附图

发明、实用新型应当提交申请所公开内容概要的说明书摘要（限 300 字），有附图的还应提交说明书摘要附图。

6.外观设计的图片或者照片

外观设计专利申请应当提交该外观设计的图片或照片，必要时应有简要说明。

7.3.2 说明书及其摘要的撰写

1.说明书的作用

说明书的作用主要有以下四点：充分公开申请的发明，使所属领域的技术人员能够实施；公开足够的技术信息，支持权利要求书要求保护的范围；作为审查程序中修改的依据和侵权诉讼时解释权利要求的辅助手段；作为可检索的信息源，提供技术信息。

2.说明书的撰写

(1)说明书的整体撰写要求。说明书的整体撰写要求主要包括“清楚”“完整”以及“能够实现”三个方面。判断是否清楚、完整的标准：保证技术方案能够实现即所属技术领域的技术人员能够实现发明或者实用新型的技术方案，解决其技术问题，并且产生预期的效果。

(2)说明书的组成。说明书包括三部分：名称；说明书正文，在每一部分前面要写明标题，包括技术领域、背景技术、发明或实用新型内容(包括解决的技术问题、技术方案、有益效果)、附图说明、具体实施方式；说明书附图。

(3)说明书的撰写及要求

①名称。

1)清楚、简要，写在说明书首页正文上方居中位置；

2)与请求书中的名称一致，一般不得超过25个字，最多40个字(如化学领域)；

3)采用所属技术领域通用的技术术语；

4)清楚、简要、全面地反映要求保护的主题和类型；

5)不得使用人名、地名、商标、型号、商品名称、商业性宣传用语。

②说明书正文

1)技术领域。写明要求保护的发明或实用新型技术方案所属或直接应用的具体技术领域，不是上位的或者相邻的技术领域，也不是发明或实用新型本身。

2)背景技术。写明对发明的理解、检索、审查有用的背景技术，尽可能引证反映这些背景技术的文件，尤其要引证与发明专利申请最接近的现有技术文件。引证的文件可以是专利文件，也可以是非专利文件。通常对背景技术的描述应包括三方面内容：注明其出处，通常可采用引证现有技术文件或指出公知公用情况两种方式；简要说明该现有技术的主要结构和原理；客观地指出存在的主要问题，切忌采用诽谤性语言。

背景技术部分引证的文件应满足的要求：引证文件应是公开出版物；引证专利文件的，要写明国别和公开号；引证非专利文件的，要写明文件的标题和详细出处；引证外国文件的，应用原文写明文件的出处及相关信息；引证的非专利文件和外国专利文件的公开日应在本申请的申请日之前；引证的中国专利文件的公开日不能晚于本申请的公开日。

3)发明或实用新型内容

a.解决的技术问题。指发明要解决的现有技术中存在的问题。专利申请记载的技术方案应当能够解决这些技术问题。

具体要求：针对现有技术中存在的缺陷或不足，采用正面语句直接、清楚、客观地说明。不得采用“如权利要求…所述的…”一类用语；不得采用广告式宣传用语。

b.技术方案。是发明或者实用新型专利申请的核心。应当能够解决在“所解决的技术问题”中描述的那些技术问题。先写独立权利要求的技术方案，后写进一步改进的技术方案，应与权利要求所限定的相应技术方案的表述相一致。如果一件申请中有几项发明或者几项实用新型，应说明每项发明或者实用新型的技术方案。

c.有益效果。是指由技术方案直接带来的，或者由所述的技术方案必然产生的技术效果，是确定发明是否具有“显著的进步”的重要依据。应清楚、客观地写明发明与现有技术相比所具有的有益效果，例如产率、质量、精度和效率的提高；能耗、原材料、工序的节省；加工、操作、控制、使用的简便；环境污染的治理与根治；有用性能的出现。

撰写有益效果的具体方式：分析结构特点（或理论说明，或实验数据证明）；上述三种方式的结合；不得只断言其有益效果，最好通过与现有技术进行比较而得出；如机械、电气领域的技术方案有益效果，可对技术方案的主要技术特征进行分析；又如化学领域的技术方案有益效果，可借助实验数据来说明；尚无可取的测量方法而不得不依赖于人的感官判断的，例如味道、气味等宜采用统计方法表示的实验结果来说明；引用实验数据说明有益效果时，应给出必要的实验条件和方法。

4)附图说明。说明书有附图的，应给出附图说明，具体要求为：写明各幅附图的图名，并对图示的内容作简要说明；在零部件较多的情况下，允许用列表的方式对附图中具体零部件名称列表说明。

5)具体实施方式。详细地记载发明的技术方案的实施过程，展示实施例的各个具体细节，是判断说明书是否充分公开、说明书是否能够支持权利要求的保护范围的重要依据。

具体撰写要求：

a.详细描述申请人认为实现发明或者实用新型的优选的具体实施方式。适当时举例说明；有附图的应对照附图。

b.描述详细，使所属技术领域的技术人员在不需要创造性劳动的情况下能够实现该发明或者实用新型。

c.当一个实施例足以支持所概括的技术方案时，可以只给出一个实施例；当概括的技术方案不能从一个实施例中找到依据时，应给出一个以上的不同实施例。

d.产品发明：应描述产品的机械构成、电路构成或者化学成分，说明组成产品的各部分之间的相互关系。

e. 方法发明：应写明步骤，包括工艺条件。

f. 在结合附图描述实施方式时，应引用附图标记进行描述，引用时应与附图所示一致，放在相应部件的名称之后，不加括号。

g. 在申请内容十分简单情况下，在说明书技术方案部分已对实施方式作过具体的描述，则在这部分可不必作重复描述。

h. 当权利要求相对于背景技术的改进涉及数值范围时，通常应给出两端值附近（最好是两端值）的实施例，当数值范围较宽时，还应当给出至少一个中间值的实施例。

③说明书附图。附图是说明书的一个组成部分，其作用在于用图形补充说明书文字部分的描述，使人能够直观地、形象化地理解发明的每个技术特征和整体技术方案。对于机械和电学技术领域中的专利申请，附图的作用尤其明显。对于某些发明专利申请，例如多数化学领域的专利申请，用文字足以清楚、完整地描述发明技术方案时，可以没有附图。

说明书附图的具体要求为：有几幅附图时，几幅附图可绘在一张图纸上，并按照“图 1、图 2”的顺序排列；说明书中未提及的附图标记不得在附图中出现，附图中未出现的附图标记不得在说明书文字部分提及；申请文件中表示同一组成部分的附图标记应一致，同一附图标记不得表示不同的部件；附图中除必需词语外（如电路或程序的方框图、流程图），不应包含有其他注释；附图集中放在说明书文字部分之后。

3. 说明书摘要的撰写

(1)摘要的作用。通过阅读摘要了解发明的概要。

(2)摘要的法律效力。摘要仅是一种技术信息，不具有法律效力。

摘要的内容不属于发明或者实用新型原始公开的内容，不能作为以后修改说明书或者权利要求书的根据，也不能用来解释专利权的保护范围。

(3)摘要的撰写要求。写明发明所公开内容的概要，即写明发明的名称和所属技术领域，并清楚地反映所要解决的技术问题、解决该问题的技术方案的要点及主要用途；说明书中有附图的，应指定并提供一幅最能说明该发明或实用新型技术方案的附图作为摘要附图（摘要附图应当是说明书的附图之一）；简明扼要，全文不超过 300 字；不得出现商业性宣传用语。

4. 发明专利说明书案例

【案例】 一种家用自动清洗拖布的拖把（发明专利，专利号：201010299434.8，授权公告日：2012.08.08）

(1)技术领域

本发明涉及一种清扫地板覆盖物的用具，具体涉及一种拖把。

(2)背景技术

日常生活中，普通的拖把由推杆、固定在推杆一头的拖把头以及夹持于拖把头上的条状或片状拖布组成。拖地过程中，当拖布上的污物积聚到一定程度时，必须对拖布进行清洗并拧干，然后再继续拖地，否则会影响拖地效果。清洗拖布的目的在于及时将积聚在拖布上的污物清洗干净并保持拖布的湿润，以保证拖布具有较好的吸附污物的能力。现有拖把的清洗方式主要有机洗和人工清洗两种，普通拖把的拖布清洗方式是将拖布放到水龙头下冲洗或者放到拖把桶里清洗，机洗的拖把将拖把头拆下放到专用的拖把清洗机中进行清洗。但是，无论是人工清洗还是机洗，拖地与清洗拖布都是交替进行的，花费的时间较多。

为了解决上述问题，申请号为 200820137521.1 的实用新型专利说明书中公开了一种“手推式清扫拖地车”，该扫拖地车具有清扫和拖地的功能，其中拖地功能具有一边拖地一边清洗拖布的优点。所述专利方案的拖地功能由一拖地装置实现，所述拖地装置由车架、设置在车架中心的水桶和环形带状拖布组成，其中，所述的车架上环绕水桶设有传动滚筒；所述的水桶的下部设有一改向传动滚筒；所述的环形带状拖布套在车架上环绕水桶的传动滚筒上，并由所述改向传动滚筒使其折入水桶内，经过水桶内的水清洗后再折回；所述的车架上的下部还设有两支撑传动滚筒，由该滚筒将环形带状拖布挤压于地面上。使用上述专利产品拖地时，由后车轮通过齿轮传动机构和链条传动机构带动环形带状拖布在车架上绕水桶运动，当环形带状拖布移动到两支撑传动滚筒下时，地面上的污物便黏附到所述拖布上，当所述拖布移动到水桶内时，便在水中清洗掉污物，从而使拖地与清洗拖布的过程一次完成。但是，上述专利尚存在下述不足：①水桶内仅设一改向传动滚筒，所述拖布在水中的行程短，难以将拖布清洗干净；②还增设了一对挤压滚筒，意在拖布进入工作状态前将水挤干，但是，所述拖布在工作过程中始终是处于张紧状态的，其含水量是十分有限的，因此所增设的一对挤压滚筒不仅用途不大，而且还增大了传动阻力；③结构复杂，体积庞大，对于面积较窄的家庭地板来说适用性欠佳。

(3)发明内容

本发明所需要解决的技术问题是提供一种清洗效果好的适于家用的自动清洗拖布的拖把。

本发明解决上述问题的技术方案如下：

一种家用自动清洗拖布的拖把，该拖把由拖把头和铰接于该拖把头上的拖把杆组成，所述的拖把头由机架、环形带状拖布、水箱、张紧装置和连接板组成，其中：

所述的机架具有相对设置的两梯形的墙板，两墙板之间穿设有若干根沿墙板前后两斜边和底边分布的滚轴；

所述的水箱设在滚轴内侧的两墙板之间，它由两墙板和分别垂直于两墙板的前侧板、后侧板和底板围成；

所述的张紧装置由设置在所述水箱内的两个矩形框架和一拉伸弹簧组成，其中，每一矩形框架的两侧边框的中部分别铰接在对应的墙板上，下边框为一穿设在两侧边框上的张紧滚筒，上边框勾拉伸弹簧的一头；

所述的环形带状拖布套在沿墙板前后两斜边和底边分布的滚轴上，在途经所述水箱口部的位置由所述的张紧装置推压于水箱内并张紧；

所述的连接板的两头分别固定在两墙板上端，拖把杆铰接在连接板上表面。

本发明所述的自动清扫拖把，其中，所述滚轴的表面设有凸起，该凸起可以沿轴线方向的条状凸起，也可以是点状的凸起。

本发明所述的自动清扫拖把，其中，所述张紧装置的张紧轮的表面设有刮齿。

本发明所述的家用自动清洗拖布的拖把，其中所述的张紧装置的两个矩形框架铰接在所述墙板上，当两者的上边框由拉伸弹簧连接在一起时，拉伸弹簧便可驱动两个矩形框架绕铰接点反向转动，使两张紧滚筒自动张开而张紧拖布，降低了对拖布长度的控制要求，同时又增大了拖布在水箱内的行程，显著提高了拖布的清洗效果。此外，本发明还具有体积小，使用灵活方便的优点。

(4)附图说明(图 7-3)

图 1 为本发明所述的一种具体结构示意图。

图 2 为去除拖把杆和连接板后的纵向剖视图。

图 3 为墙板、张紧装置和连接板之间装配关系示意图。

图 4 是图 3 中Ⅰ处局部放大图。

图 5 为滚轴的纵向剖视图。

图 6 为张紧轮的纵向剖视图。

图 7 为滚轴的另一种结构的纵向剖视图。

(5)具体实施方式

参见图 1～图 6，本实施例中的家用自动清洗拖布的拖把的拖把头由机架、环形带状拖布 3、水箱 4、张紧装置和连接板 6 组成。其中，机架具有相对设置的两梯形的墙板 1，两墙板 1 之间穿设有多根沿墙板前后两斜边和底边分布的滚轴 2，滚轴 2 的表面设有点状分布的球形凸起(见图 5)；水箱 4 设在滚轴 2 内侧的两墙板 1 之间，它由两墙板 1 和分别垂直于两墙板 1 的前侧板 4-1、后侧板 4-1 和底板 4-2 围成，其中前、后侧板 3-1 平行于梯形墙板 1 的两斜边设置；张紧装置由设置在所述水箱 4 内的两个矩形框架 5 和一拉伸弹簧 7 组成，其中，每一矩形框架 5 的两侧边框 5-2 的中部通过螺栓分别铰接在对应的墙板 1 上，下边框为一穿设在两侧边框 5-2 上的张紧滚筒 5-1，该张紧滚筒 5-1 的表面设有条状的刮齿(见图 6)，上边框 5-3 勾在拉伸弹簧 7 的一头；环形带状拖布 3 套在沿墙板 1 前后两斜边和底边分布的滚轴 2 上，在途经水箱 4 口部的位置由所述的张紧装置推压于水箱 4 内并张紧；连接板 6 由一上盖板 6-1 和两侧板 6-2 构成，其中两个侧板 6-2 与梯形墙板 1 之间设有配合结构和锁紧结构，其中的配合结构由设置于墙板 1 外侧的横向凸条和设置于侧板 6-2 内侧的横向凹槽构成，锁紧结构由设置于侧板 6-2 和墙板 1 上的孔和锁紧在该孔上的锁紧销钉 8 构成；连接板的上盖 5-1 的顶面设有连接耳 6-3，拖把杆 9 末端的连接头 9-1 铰接在该连接耳 6-3 上，拖把杆 9 的把柄 9-2 与连接头 9-1 固定连接。

参见图 7，图 1～图 6 所示实施例中的滚轴上所设置的微小凸起可以沿轴线的条状凸起。

(6)说明书附图

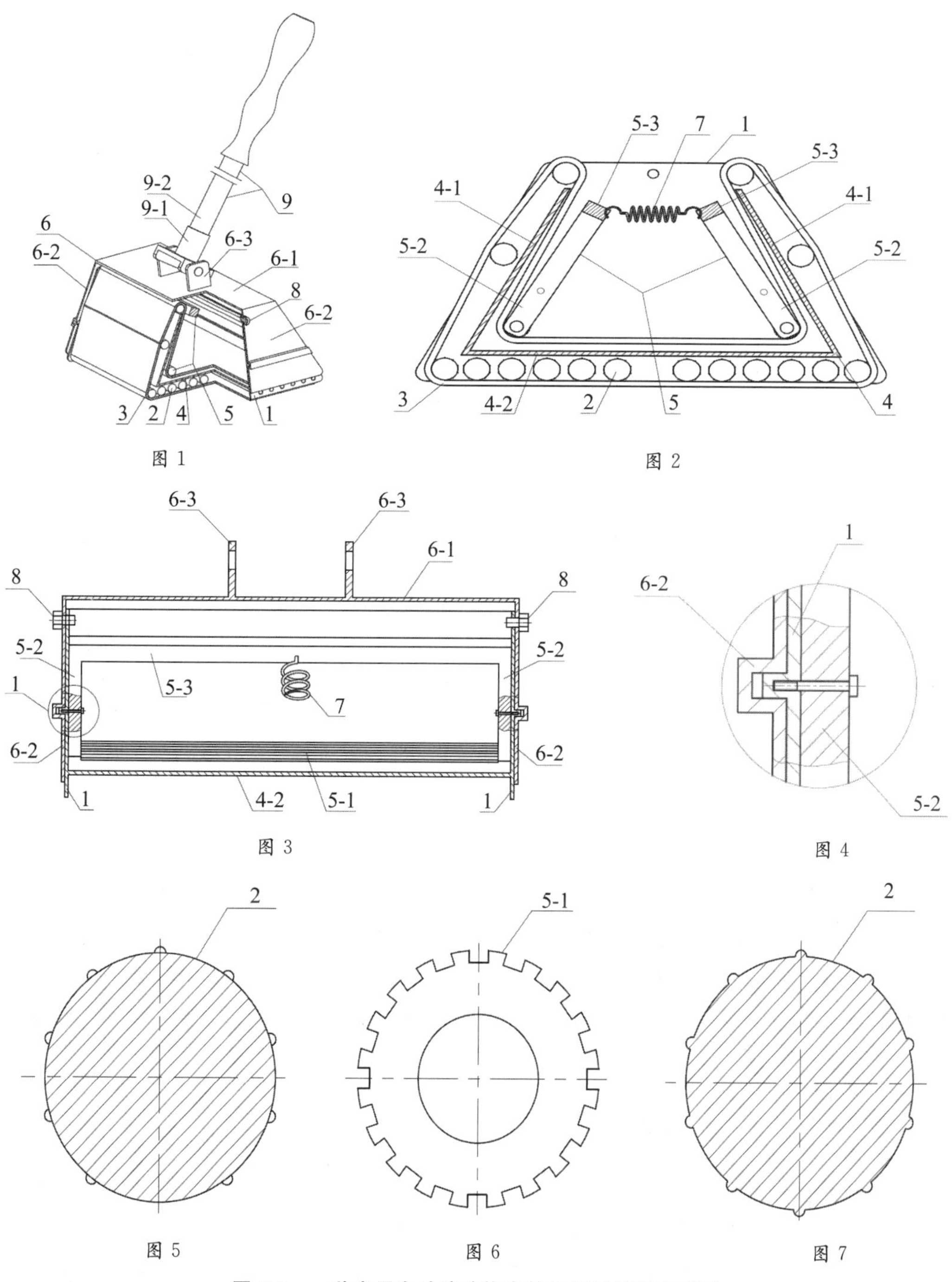

图 7-3 一种家用自动清洗拖布的拖把的说明书附图

(7)说明书摘要

本发明涉及一种清扫地板覆盖物的用具,具体涉及一种家用自动清洗拖布的拖把。该拖把的拖把头由机架、环形带状拖布(3)、水箱(4)、张紧装置和连接板(6)组成,其中,所述的机架具有相对设置的两梯形的墙板(1),两墙板(1)之间穿设有若干根沿墙板(1)前后两斜边和底边分布的滚轴(2);水箱(4)设在滚轴(2)内侧的两墙板(1)之间;张紧装置由设置在所述水箱(4)内的两个矩形框架(5)和一拉伸弹簧(7)组成;环形带状拖布(3)套在沿墙板(1)前后两斜边和底边分布的滚轴(2)上,在途经所述水箱(4)口部的位置由所述的张紧装置推压于水箱(4)内并张紧。

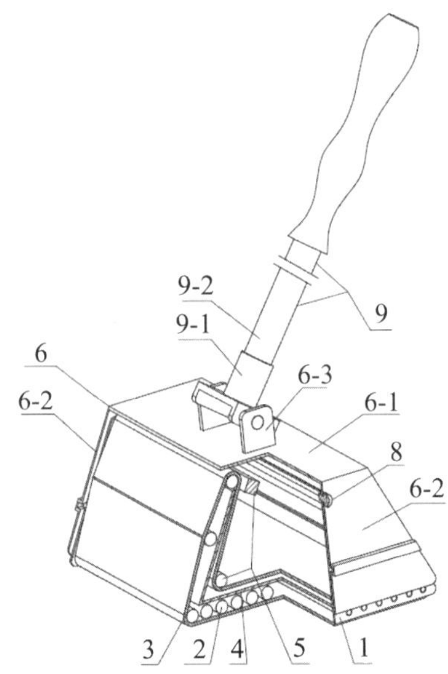

图 7-4 一种家用自动清洗拖布的拖把的摘要附图

7.3.3 权利要求书的撰写

1.权利要求书的作用

权利要求书是说明要求专利保护范围的专利申请文件。专利的保护范围,以被批准的权利要求为内容。判定他人是否侵权,也以权利要求的内容为依据。因此,权利要求书是专利申请文件的核心。权利要求书具有如下作用:以说明书为依据,说明要求专利保护的范围;原始权利要求书作为修改专利申请或专利的依据;作为授权后解释专利权保护范围的法律依据。

2.权利要求的类型及撰写要求

(1)权利要求的类型

①按性质划分,有产品权利要求(物的权利要求)和方法权利要求(活动的权利要求)。

②按撰写形式划分,有独立权利要求(表达基本技术方案),从属权利要求(表达优选技术方案),产品权利要求,物的权利要求(物包括人类技术生产的物:物品、物质、材料、工具、装置、设备、仪器、部件、元件、线路、合金、涂料、水泥、玻璃、组合物、化合物、药物制剂、基因等)

(2)权利要求书的撰写要求

①应说明发明或实用新型的技术特征,清楚和简要地表述请求保护的范围。有几项权利要求的应用阿拉伯数字顺序编号,使用的科技术语应与说明书一致,不得有插图。

②独立权利要求应当从整体上反映发明或实用新型的主要技术内容,记载构成发明或实用新型必要的技术特征。除发明或实用新型的性质需用其他方式表达外,独立权利要求应当先写前序部分,说明发明或实用新型所属技术领域以及现有技术中与其密切相关的技术特征;再写特征部分,说明发明或实用新型的技术特征。一项发明或实用新型应只有一个独立权利要求,并写在同一发明或实用新型的从属权利要求之前。

③引用一项或几项权利要求的从属权利要求,只能引用在前的权利要求。除发明或实用新型的性质需要用其他方式表达外,从属权利要求应先写引用部分,写明被引用的权利要求编号,可能时把编号写在首句,再写特征部分,写明技术特征,对引用部分的技术特征作进一步限定。

1)独立权利要求的写法。按“前序部分+特征部分”方式撰写,前序部分:主题名称+与最接近的现有技术共有的必要技术特征;特征部分:“其特征是……”或者类似用语+区别于现有技术的必要技术特征。

2)从属权利要求的写法。按“引用部分+限定部分”方式撰写,引用部分:写明引用的权利要求的编号及其主题名称;限定部分:写明发明或者实用新型的附加技术特征。

3. 权利要求书案例

(1)一种家用自动清洗拖布的拖把,该拖把由拖把头和铰接于该拖把头上的拖把杆组成,其特征在于,所述的拖把头由机架、环形带状拖布(3)、水箱(4)、张紧装置和连接板(6)组成,其中:

所述的机架具有相对设置的两梯形的墙板(1),两墙板(1)之间穿设有若干根沿墙板(1)前后两斜边和底边分布的滚轴(2);

所述的水箱(4)设在滚轴(2)内侧的两墙板(1)之间,它由两墙板(1)和分别垂直于两墙板(1)的前侧板、后侧板(4-1)和底板(4-2)围成;

所述的张紧装置由设置在所述水箱(4)内的两个矩形框架(5)和一拉伸弹簧(7)组成,其中,每一矩形框架(5)的两侧边框(5-2)的中部分别铰接在对应的墙板(1)上,下边框为一穿设在两侧边框(5-2)上的张紧滚筒(5-1),上边框(5-3)勾在拉伸弹簧(7)的一头;

所述的环形带状拖布(3)套在沿墙板(1)前后两斜边和底边分布的滚轴(2)上,在途经所述水箱(4)口部的位置由所述的张紧装置推压于水箱(4)内并张紧;

所述的连接板(6)的两头分别固定在两墙板(1)上端,所述的拖把杆(9)铰接在连接板(6)上表面。

(2)根据权利要求 1 所述的一种家用自动清洗拖布的拖把,其特征在于,所述的水箱(4)的前、后侧板(4-1)平行于梯形墙板(1)的两斜边设置。

(3)根据权利要求 1 所述的一种家用自动清洗拖布的拖把,其特征在于,所述滚轴(2)

的表面设有微小凸起，该凸起可以沿轴线方向的条状凸起，也可以是点状分布的凸起。

(4)根据权利要求1、2和3所述的一种家用自动清洗拖布的拖把，其特征在于，所述张紧装置(5)的张紧轮(5-1)的表面设有刮齿。

7.4 专利信息及其利用

1.专利信息

专利文献中包含着大量专利的法律、技术、经济、工业等方面的情报，称为专利信息。

法律情报是有关构成专利技术的法律内容的情报，包括：专利申请是否获得专利权，专利的权利范围、地域效力、时间效力、权利人等。

技术情报是有关申请专利的发明创造技术内容的情报，包括：某一技术领域内的新发明创造；某一特定技术的发展历史；某一技术关键的解决方案(如产品、设备、方法)；一项申请专利的发明创造出所属技术领域、技术主题内容提要。

经济情报，也称商业情报，是与专利技术的经济市场及技术本身的价值有关的情报，包括：一项专利技术的经济市场范围、一项发明创造的技术价值等。

工业情报是与工业企业拥有专利技术情况有关的情报，包括：某工业企业的专利技术拥有量、研究动向等。

2.专利文献

作为公开出版物的专利文献主要有：专利申请说明书、专利说明书、实用新型说明书、工业品外观设计说明书、专利公报、专利索引等。专利文献的载体包括纸载体、缩微品载体、光盘载体与互联网载体。

3.专利文献的作用

(1)专利文献是科学技术的宝库。它融技术、法律和经济信息于一体，是各单位各部门领导了解掌握国内外技术发展现状进行技术预测和做出科学决策的依据；是科研和工程技术人员进行课题研究，解决技术难题不可缺少的工具；是发明人寻找技术资料，不断做出新的发明创造的源泉。

(2)在技术贸易中，专利文献可用于了解专利技术的法律状态；在技术和市场竞争中，专利文献可用于判定侵权行为；在申报国家专利文献了解和监视同领域竞争对手的情况，开发适销对路的新产品。

(3)专利文献可以为国家经济建设服务，为各单位增加竞争和发展活力服务。

4.专利信息检索的作用

通过专利信息检索，可以达到以下目的：了解有关产品或技术的最新发展情况；引发创新意念；确定申请人研究发展部门的最新产品或技术是否可获得专利；能不断地了解目

标公司或竞争者的研究发展动向；避免无意中地侵犯了受保护的产品

专利信息检索的途径有很多种，其中互联网查询较为方便，中国专利检索网址为：http://pss-system.cnipa.gov.cn/sipopublicsearch/portal/uiIndex.shtml，另外还有 http://www.soopat.com/专利检索网页。

5. 专利检索的方案

(1)主题检索：这包括对某一种产品创意、技术领域或生产程序的检索，可据功能导向搜索方法进行检索。

(2)公司/专利权人检索：通过检索，可确定拥有专利权公司的名称和资料。

(3)相关专利检索：在国际市场上具备潜力的新产品或新技术，通常会申请在全世界多国范围内有效的专利登记。相关专利检索可以得到在其他国家当中类似的专利登记信息。

(4)专利法律状态检索：可向各专利局查明对每一项发明的法律状态，包括专利权利有效、终止、视为撤回等。

(5)可通过发明人检索、新颖性检索、现有技术检索及申请号码检索。

(6)可定制专业的专利信息数据库。

7.5 专利实施

一般来说，申请专利的目的是获得专利权，而获得专利权的最终目的是占领市场。申请和维持一个专利是需要一定费用的，因此，申请人自申请专利后，特别是获得专利权后，就应当积极地争取尽早实施专利。目前来说，专利实施的主要方式有以下几种；

1. 专利权人自行实施其专利

自行实施是指专利权人自己制造、使用、销售其专利产品或使用其专利方法。

2. 许可他人实施

专利权人除自己实施其专利外，还可以通过签订专利许可合同，允许他人有条件地、有偿地实施其专利。通过签订专利许可合同而进行的交易，称为专利许可交易或专利许可证贸易。按许可权限大小不同，许可方式一般可分为下列五种：

(1)独占许可。指许可方允许被许可方在一定期限、一定地域内享有单独实施其专利的权利，许可方不能再自行实施或允许第三方实施其专利。

(2)独家许可。又称排他许可，是指许可方就某项专利技术允许被许可方在一定时间和一定地域内，独家实施其专利，而许可方仍保留自行实施的权利，但不能再允许任何第三方在该期限、该地域内实施该专利。

(3)普通许可。是指许可方允许被许可方在规定时间和地区使用某项专利技术，而许可方仍然可以自行实施或再许可第三方等多方实施。

(4)交叉许可。是指双方以价值相当的专利技术互惠许可实施,即当事人双方均允许对方使用各自的专利技术。

(5)分许可。是指许可方同意在许可合同上明文规定被许可方在规定的时间和地区实施其专利的同时,被许可方还可以以自己的名义,再允许第三方使用该专利。被许可方应从第三方支付的使用费中,给一定数额的使用费给许可方。

3.转让专利

专利申请权或专利权的所有人(转让方)可以通过与接受方(受让方)签订专利申请权或专利权转让合同,将专利申请权或专利权转让给受让方。双方应该签订书面合同,并向国家知识产权局专利局登记,由国家知识产权局专利局予以公告。专利申请权或者专利权的转让自登记三日起生效。

一般来说,专利权人在考虑实施其专利时,应该根据当时的实际情况,包括专利技术的成熟程度、市场预期、自身的条件等,综合考虑采用哪种方式。在签订合同时,应采用国家规范的文本。或咨询专业人士,以避免因合同规定不完善日后出现纠纷。各地知识产权局均可提供国家知识产权局统一制定的规范文本,并指导当事人进行合同的签订。

7.6 专利侵权与专利规避设计

7.6.1 专利侵权及其判定原则

专利侵权是指未经专利权人许可,以生产经营为目的,实施了依法受保护的有效专利的违法行为。可以通过以下原则进行专利侵权判断。

1.全面覆盖原则

全面覆盖原则是专利侵权判定中的一个最基本原则,也是首要原则。

所谓全面覆盖原则(又称全部技术特征覆盖原则,或字面侵权原则),是指被控侵权的产品或者方法(以下合称被控侵权物)的技术特征与专利的权利要求所记载的全部技术特征一一对应并且相同,或被控侵权物的技术特征在包含专利的权利要求所记载的全部技术特征的基础上,还增加了一些其他技术特征,则可认定存在侵权性质的行为。常见的形式有:①字面侵权,即从字面上分析比较就可以认定被控物的技术特征与专利必要特征相同;②专利权利要求中使用的是上位概念;③被控物的技术特征多于专利的必要技术特征;④在现有专利的基础上增加了技术特征的技术方案。

【案例】 全面覆盖侵权

假如一把椅子,包括一凳子和一靠背。那么凳子就覆盖了椅子,椅子则不能覆盖凳子。

即,如果椅子申请了专利,别人生产凳子,不侵权;如果凳子申请了专利,别人生产椅子,侵权,因为生产的椅子中包括凳子专利记载的全部技术特征,违反全面覆盖原则。

2. 等同原则

等同原则是专利侵权判定中的一项重要原则，也是法院在判定专利侵权时适用最多的一个原则，可以说是对全面覆盖原则的一种修正。

所谓等同原则，是指被控侵权物的技术特征虽与专利的权利要求所记载的全部必要技术特征有所不同，但若该不同是非实质性的，前者只不过是以与后者基本相同的手段，实现基本相同的功能，达到基本相同的效果，并且本领域的普通技术人员无须经过创造性劳动就能够联想到的特征，即等同特征，则仍可认定存在侵权性质的行为。常见的形式有：①常用技术要素的简单替换；②产品部件位置的简单移动；③技术特征的分解或者合并；④方法步骤顺序的简单变化。

【案例】 等同侵权

涉案专利权利要求中的技术特征：助剂为氯化钠，重量百分比为 32%～70%；

被控侵权产品中相应的技术特征：助剂为硫酸钠，重量百分比为 36.8%。

经过分析，二者都属于钠盐，在专利中都发挥助剂的作用，达到的技术效果也是一样的，故被控侵权产品违反等同原则。

3. 禁止反悔原则

禁止反悔原则是指技术方案自公开之日起，无论在权利成立过程中还是权利成立后的权利维持、侵权诉讼，都不允许对其内容作前后矛盾的差别解释。

《专利法》规定："发明或者实用新型专利权的保护范围以其权利要求的内容为准，说明书及附图可以用于解释权利要求的内容"，因而侵权判断的主要依据是权利要求书和说明书，侵权判断的主要步骤如下：

(1)列特征。将被控侵权产品的所有特征及专利权利要求的全部必要技术特征一一列出；

(2)将两者特征一一对应，看权利要求中的所有必要技术特征是否都被被控侵权物囊括或与被控侵权物中的对应技术特征相等同，表 7-1 列出了几种对比的情况。

表 7-1 技术特征对比表

序号	专利权利要求中包含的技术特征	被控侵权产品中的技术特征	是否侵权
1	a、b、c	a、b、c	√
2	a、b、c	a、b、c、d	√
3	a、b、c	a、b、c′	√
4	a、b、c	a、b	×
5	a、b、c	a、b、c*	×

注：c′是对特征 c 有简单改进的特征，c* 是对特征 c 有创新改进的特征。

7.6.2 专利规避设计

专利规避设计是指为规避专利保护范围来修改现有技术方案设计，在设计思路上注重于如何利用不同的构造来达成相同之功能，避免触犯他人权利。

1. 专利规避原则

专利规避最初的目的是从法律的角度来绕开某项专利的保护范围以避免专利权人进行侵权诉讼，专利规避是企业进行市场竞争的合法行为。随着专利纠纷案件的不断积累，总结与归纳出了相应的组件规避原则，主要是从删除、替换、更改以及语义描述的变化等方面进行专利规避。实际应用中专利规避设计可遵循的三点原则：

(1)减少组件数量以满足全面覆盖原则；

(2)使用替代的方法使被告主体不同于权利要求中指出的技术以防止字面侵权；

(3)从方法/功能/结果上对构成要件进行实质性改变，以避免侵犯等同原则。

专利规避设计原则是从侵权判断的角度进行分析，根据权利要求书分析专利的必要技术特征，对其进行删减和替代，以减少侵权的可能性。专利规避设计原则是宏观层面上的指导方针，对设计人员来说，需要具体可以实施的过程来详细指导如何在现有专利技术基础上进行重组和替代，开发出新的技术方案绕开现有专利的保护范围。功能裁剪作为有效的分析工具能够指导设计人员进行技术分析，并结合专利规避设计原则选择合理的技术进行删减或替代，从根本上突破现有专利的技术垄断。

2. 专利规避的设计的思路

专利规避设计的依据是相应的专利分析。通过专利分析了解竞争者的专利布局，从中寻找自身可以发展的市场；同时通过专利分析，对于专利技术方案进行详细解读，从中研究得到可以替代的方案。其以下五种实施思路：

(1)仅借鉴专利文件中技术问题的规避设计。通过专利文件了解新产品的性能指标或技术方案解决的技术问题，针对该技术的问题进行创新设计。

(2)借鉴专利文件中背景技术的规避设计。分析其技术背景，创造出不侵犯该专利权的设计方案。

(3)借鉴专利文件中发明内容和具体实施方案的规避设计。一方面寻找该权利要求的概括疏漏，如可以实现发明目的，却未在权利要求中加以概括保护的实施例或相应变形进行创新设计；另一方面可以通过应用发明内容中提到的技术原理、理论基础或发明思路，创造出不同于权利该要求保护的技术方案。

(4)借鉴专利审查相关文件的规避设计。依据禁止反悔原则，权利人不得在诉讼中，对其答复审查意见过程中所做的限制性解释和放弃的部分反悔，而这些很有可能就是可以实现发明目的，但又排除在保护范围之外的技术方案。通过查询文件，发现规避设计的机会。

(5)借鉴专利权利要求的规避设计。弄清该权利要求采用与专利相近的技术方案,而缺省至少一个技术特征,或有至少一个必要技术特征与权利要求不同。这是最常见的规避设计,也是最与专利保护范围接近的规避设计。

①至少减少独立权利要求中一个必要技术特征。如原权利要求的必要技术特征为"ABC",有效的规避设计为"AB""AC"或"BC"。

②替换独立权利要求中至少一个必要技术特征。如权利要求的必要技术特征为"ABC",可将其中一个特征用替换技术 D、E 或 F 实现,这些替换技术不是普通专业人员很容易想到的,有效果的规避设计为"ABD""AEC""FBC""ADE""DBE""DEC"。

功能分析方法与裁剪方法是专利规避设计常用工具,针对要规避的专利,建立功能模型,选择承担必要技术特征的组件进行裁剪,并让其他组件承担这个必要技术特征,再进一步比较技术特征,若能够避免全面覆盖、等同原则,则完成规避设计。

3. 专利规避设计的流程

成功的专利规避设计,必须以充分了解国内外专利信息情报为基础,应确定待规避的专利是否已经失效;如果仍有效,保护期限还有多长。如果待规避专利快到期了,就没有必要花精力进行规避设计,说不定规避设计的产品还有研发出来,待规避的专利就已经到期了。在核实专利有效的前提下,专利规避设计的大体步骤如下:

(1)需要对已有专利技术进行分析,明确已有专利技术的保护范围。搞清所要规避的专利保护范围的大小,找出其保护范围最宽的权项进行分析,确认该权利要求字面的真实含义,以及其等同物的范围。这就需要对专利要求书、说明书、附图等文件进行详细阅读,并结合说明书和相关审查过程中的往来文件,了解相关的技术内容。

(2)经过专利技术文件的分析理解之后,可以整理出所要规避的最宽专利权利要求包含的几个必要技术特征,建立一个比对基准,并根据此基准进行规避设计。值得注意的是,这种技术特征的比对不仅仅是字面上的,还应考虑其等同物。

(3)利用侵权判定原则中提到的"全面覆盖原则""等同原则"检验将来的规避设计是否满足底限要求。若规避设计方案不包括整理出来的所有必要技术特征,则在专利侵权判定中不会被判为侵权,就可以认为满足了这一底线。

4. 专利规避设计实例

法国 Serapid linklift 设计了一类刚性链产品,其关键技术特征是刚性链刚柔转换与链节间锁紧结构,如图 7-5 所示。即刚性链水平状态是柔性的,可以弯曲,而经过刚柔转换装置后,在垂直方向可以承受压力载荷,不会弯曲。但此结构存在链节锁紧不可靠的问题。

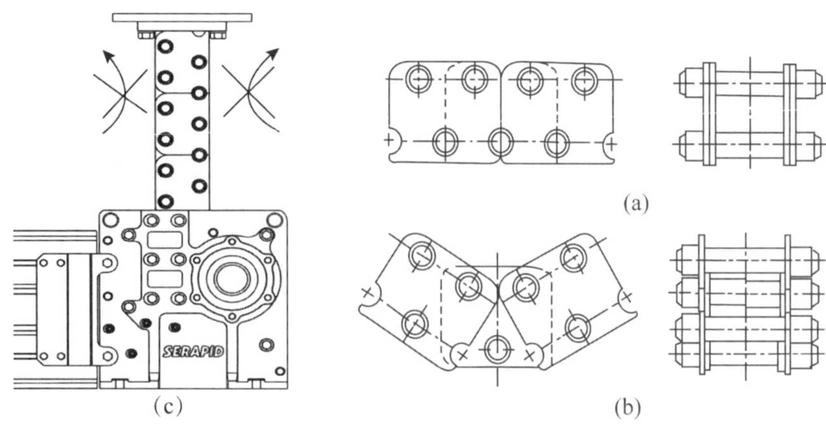

图 7-5　原始的刚性链产品

该刚性链的刚柔转换采用压条压紧锁，让链节实现刚柔转换。锁紧结构是利用锁紧销与外链板的半圆凹槽的配合进行锁紧。针对此刚性链的刚柔转换结构与锁紧结构的技术特征，进行替换式规避设计，即用完全不同的刚柔转换结构与锁紧结构进行替代，并使功能达到较优，进而实现规避的目的，图 7-6 是几种规避设计的刚性链结构图。分别采用了开槽锁紧、椭孔变径锁紧、搭扣锁紧、螺柱锁紧，针对不同锁紧方式，刚柔转换装置也发生相应的变换。具体说明可以参考我们申请的相关专利：(a)一种刚性链条推拉执行机构，201310301446.3；(b)一种单边驱动刚性链条推拉执行机构，201310426126.0；(c)一种搭钩锁紧式刚性链条推拉执行机构，201710019421.2；(d)一种螺栓锁紧式刚性链条推拉执行机构，201710019452.8。

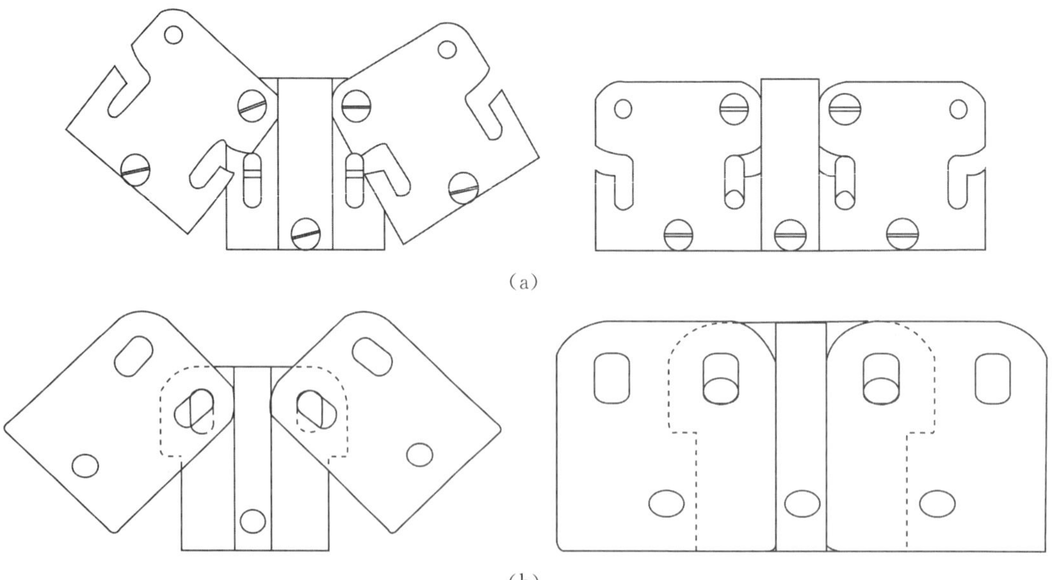

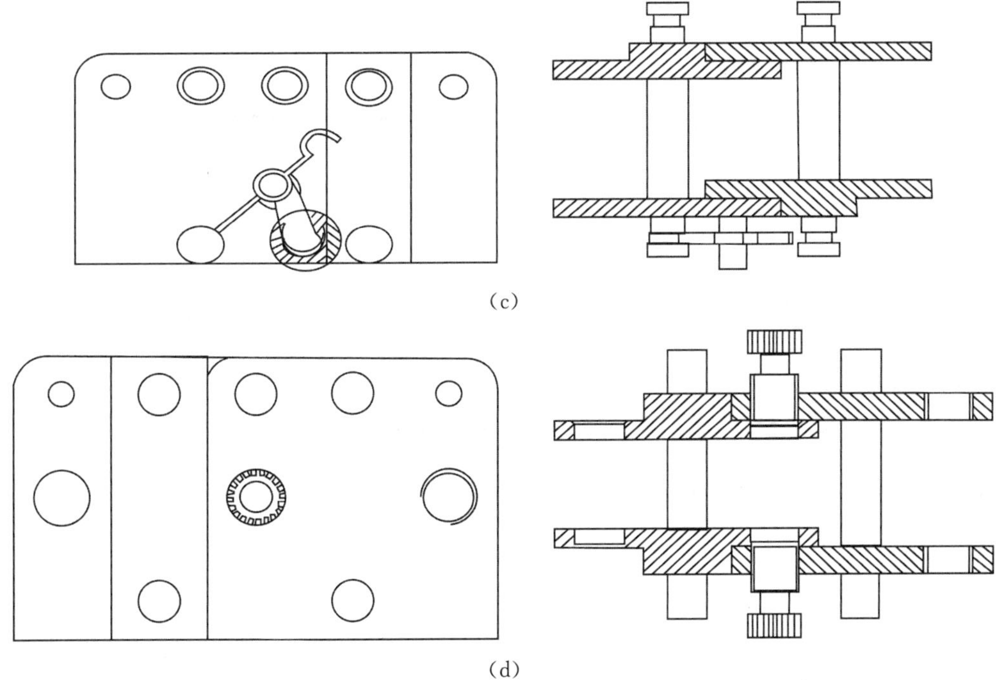

图 7-6 规避设计的刚性链结构

练一练

1. 试说明专利的类型及其各自的区别。

2. 试说明专利授权的条件,专利申请的作用。

3. 试给出专利申请的流程,及给出专利申请文件的要求。

4. 试针对日常用品(如牙刷、肥皂盒、餐桌、梯子等),给出完整的改进方案,并撰写专利说明书与权利要求、说明书摘要等专利申请文件。

5. 试对教室用品(如教鞭、激光笔、讲台、黑板、课桌等)进行创新,提出完整的改进方案,并撰写专利说明书与权利要求、说明书摘要等专利申请文件。

6. 试说明专利侵权原则与规避设计的步骤。

7. 请在 http://pss-system. cnipa. gov. cn/sipopublicsearch/portal/uiIndex. shtml 国家知识产权总局网页(或 http://www. soopat. com/专利搜索引擎,或 https://cprs. patentstar. com. cn 专利之星检索系统)上查找一个家用产品的专利,并对该专利进行规避设计,撰写相应的专利申请文件。

第 8 章　创新与发明实例

本章目标：

素质目标：养成综合分析、全面看待问题的习惯。

能力目标：具备创新方法应用能力、困难问题创新求解能力。

知识目标：掌握 IASE 创新方法，并应用 IASE 创新方法进行创新问题求解。

8.1　散热帽子的创新设计

1. 设计背景

我国南方大部分地区属于亚热带，有些地区甚至属于热带地区，每当夏天来临，户外温度时常在 30℃以上。但酷热的天气也得出行，人们通常采用遮阳帽遮挡阳光。现有的遮阳帽以单帽檐结构为主，能为人们遮挡阳光，但热量难以散发出去。

2. 问题识别

初步选定 IASE 创新路径为：功能分析→物场分析→一般解法→理想度评价。

(1)帽子的功能分析：帽子主要分为帽体和帽檐两部分，它们的主要功能是遮挡人的头部，避免其直接被阳光直射，功能模型如图 8-1(a)所示。

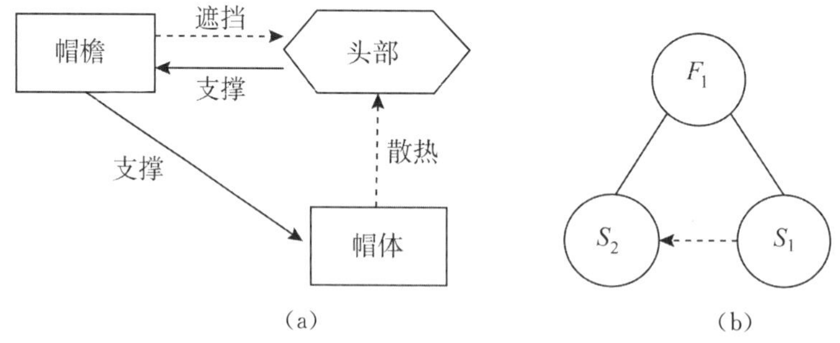

图 8-1　帽子的功能模型与物场模型

从功能分析可以发现，帽檐和帽体只是提供了遮挡阳光的作用，而人在酷热的天气中是需要持续散发体内的热量。头部的热量因为帽子的缘故会堆积在帽体与头部之间的区域。因此，除了遮挡阳光外，人们对于帽子的需求还有散热功能。

(2)根据以上分析，帽子需要散热，建立其物场模型如图 8-1(b)所示，F_1 为机械场，S_1 为帽子，S_2 为头，从图中看到，帽子对于头部散热是一个效应不足的物场模型。

3. 问题分析

对于效应不足模型，可以直接跳到问题求解阶段，查询表 5-14，选择某个一般解法进行求解。

4. 问题求解

根据表 5-14 中的一般解法 6 的提示，通过加入一种新的物质、场或者同时加入新的物质和场来提供所需要的功能。由于帽子所需要的是散热功能，故需要引入温度场，而温度的变化与热量的传递紧密联系，需要一个新的物质吸收散发的热量。因此，改进的物场模型如图 8-2 所示，其中 F_2 为温度场，S_3 为散热物质。

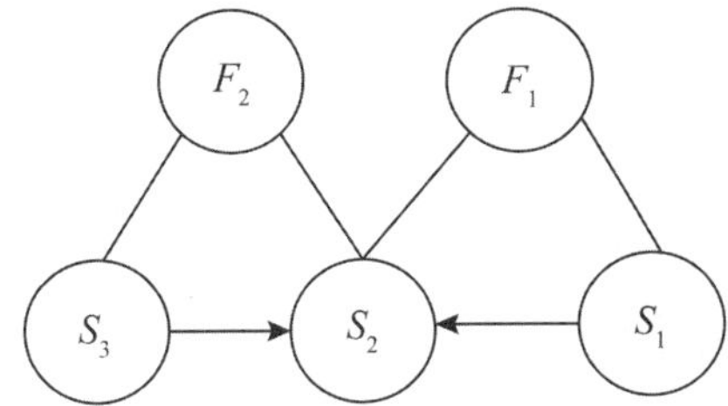

图 8-2　改善后的物场模型

引入散热物质吸收头部散发的热量。散热的主要方式有：

(1)辐射散热：辐射散热是指将热量以辐射的形式散发到周围温度较低的物体，例如周围环境中温度较低的空气；

(2)传导散热：通过直接接触的方式将热量传导外面，例如利用冰帽、冰袋等给高热患者降温；

(3)对流散热：利用不断流动的空气带走热量，例如吹电风扇就是利用风扇搅动空气对流散热。

(4)相变散热：利用汗液的蒸发带走体内的热量。

辐射散热和蒸发散热在本例中可行性不大，为此主要考虑传导散热和对流散热方式。常见的用于传导散热的有散热片，用于对流散热的有利用温度差产生自然对流。根据上述分析，有以下方案：

方案一　在帽体中安装温差发电片和半导体制冷片，半导体制冷片的冷面朝向帽体内阴面，热面朝向帽体太阳面，并用电线并联连接，再将它们两面分别紧贴铝箔 A 和铝箔 B，从而使温差发电片温差效应与半导体制冷片冷热面效应互补，使热面更热，冷面更冷，加大温差发电片冷热面之间的温差，提高了温差发电片发电量和半导体制冷片的制冷量，其结构如图 8-3 所示。

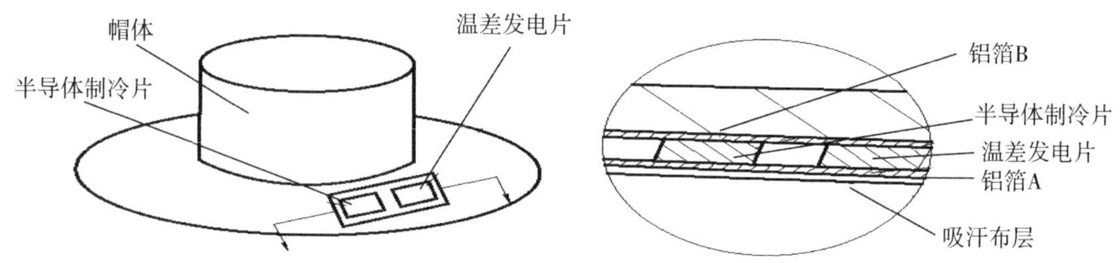

图 8-3　方案一的结构图

方案二　在帽子外表面安装太阳能膜，在帽檐安装多个半导体制冷片，在帽子内表面安装储能装置，太阳能膜产生的电流存储在储能装置，储能装置给半导体制冷片供电，利用半导体制冷片组主动吸收帽体中的热量，其结构如图 8-4 所示。

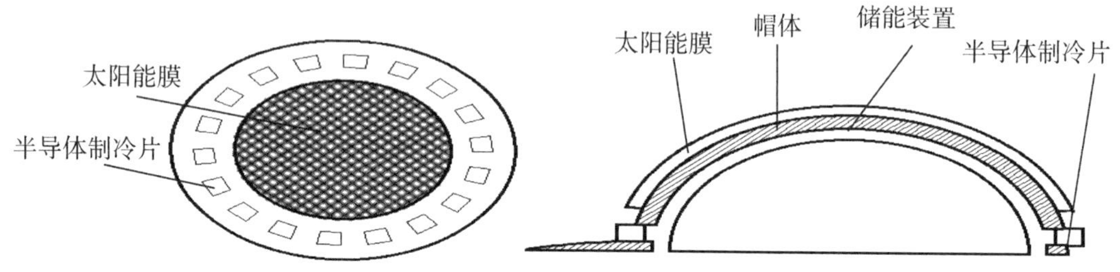

图 8-4　方案二的结构图

方案三　单层帽檐更换为双层帽檐，在上帽檐中安装温差发电片，在下帽檐中安装半导体制冷片和升压稳压装置，上下帽檐的两面都紧贴着铝箔，增强传热效果。在太阳能作用下帽子的外阳面和内阴面形成温差，完成热电转换，通过升压稳压装置进行升压稳压处理，给半导体制冷片供电，把头产生的热量从冷面传到热面，上帽檐与下帽檐之间设有对流隔层，与帽体顶部通气孔连接，帽子各部分温度不均匀而形成密度差产生对流，带走头部热量，其结构如图 8-5 所示。

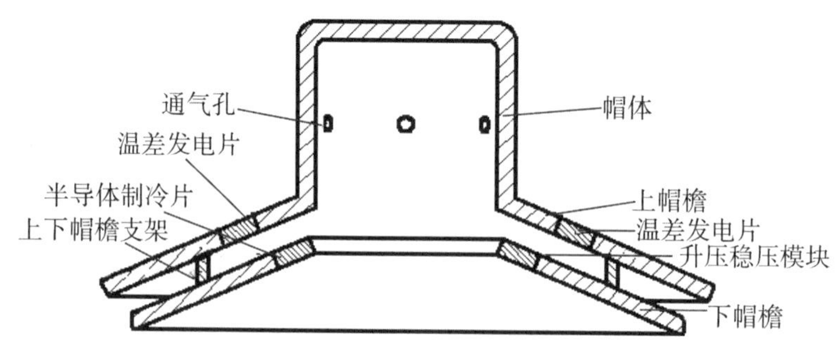

图 8-5　方案三的结构图

5. 方案评价

方案一的帽结构简单，温差发电器件温差效应与半导体制冷器件效果互补，但帽子与头部之间形成密闭腔体，其散热效果不好，理想度为 1.52。

方案二的帽子，实现了热电制冷功能，但结构复杂，帽体制作成本高，通过隔层传热，增大了热阻，降低了帽体制冷的性能。理想度为 1.43

方案三的双层帽檐的结构，使得帽子与头部之间不会形成密闭腔体，能够更好地利用空气的流动带走头部散发的热量。理想度为 1.67

根据理想度，选择方案三实施。

8.2 血管机器人的创新设计

1. 设计背景

由于血管机器人体积微小，可用于血管内的各种探测、诊疗、靶向运输等工作，它在重大疾病诊疗中拥有着巨大潜力。对于血管机器人驱动结构的设计，多数采用外螺旋结构的高速旋转，来驱动机器人游动，这种游动方式对血管壁可能产生伤害，因此需要对现有螺旋血管机器人进一步进行创新，这里基于 IASE 创新方法，对血管机器人进行创新设计。通过综合考虑，选择求解路径：功能分析—矛盾分析—变换方法—优度评价。

2. 问题识别

采用功能分析方法进行问题识别，对现有血管机器人进行功能分析，先确定系统的功能组件，而后分析组件间的相互作用，然后建立功能模型。

(1)确定功能组件。对血管机器人系统进行分析，分为系统组件、子系统组件以及和系统组件发生相互作用的超系统组件。如表 8-1 所示。

表 8-1 血管机器人功能组件

工程系统	主要功能	系统组件	超系统组件
血管机器人	旋转游动	圆柱形机体	外磁场
		外螺纹	血管
		磁体	血液
		端盖	

(2)建立关系矩阵。为了分析血管机器人组件间的相互关系之间，建立组件的关系矩阵。在关系矩阵中圆点描述了系统组件模型中各组件之间的相互作用关系。如图 8-6 所示。

(3)建立功能模型。采用规范化的功能描述来表示组件之间的相互作用关系。如图 8-7 所示，其中矩形框表示系统组件，六边菱形表示超系统组件，圆角矩形表示系统作用对象，另外波浪线表示有害功能，直线表示有用基本功能。

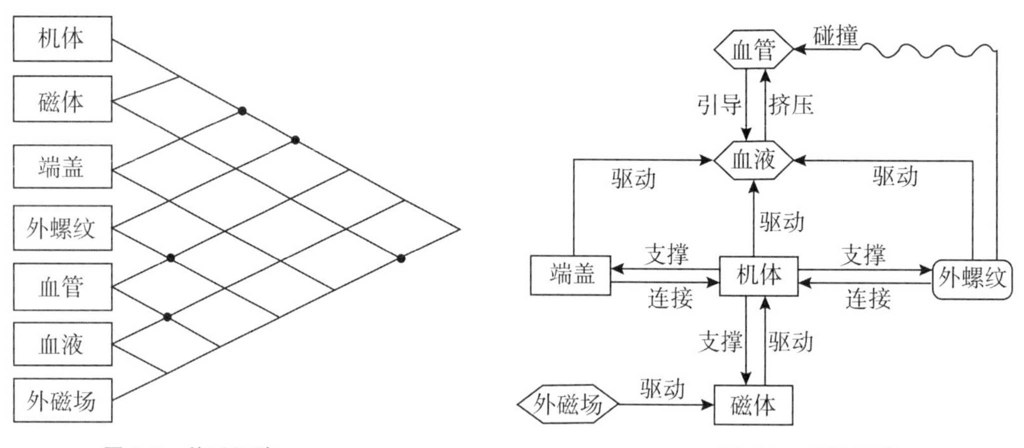

图 8-6　关系矩阵　　　　图 8-7　功能模型

(4)系统功能分析结论。通过功能模型分析，清楚了系统中的组件组成，以及它们之间的相互关系，并得出导致损伤血管的功能因素为：血管机器人在高速旋转状态下，存在失稳可能，机器人的矩形外螺旋部分碰撞到血管，使血管存在损伤风险。

3. 问题分析

针对血管机器人系统的功能分析结果，如果需要保证血管的安全，则需要改变外螺旋的结构设计，使机器人呈胶囊型，且微型化，外壳结构光滑。

对于上述问题，先建立可拓模型。面临的问题是：用矩形外螺旋作为驱动，因存在较为尖锐的棱边，部分裸露在外部，在微型机器人工作过程中无法保证血管的安全，是一个不相容的问题。用螺纹物元 M_1 表示条件；用损伤事元 A_2 表示目标。即：

$$M_1=(\text{螺纹},\text{形状},\text{矩形})=(O_1,c_1,v_1)$$

$$A_2=(\text{损伤},\text{程度},\text{轻})=(A_2,c_2,v_2)$$

则该不相容问题模型为：

问题＝目标×条件＝(损伤，程度，轻)×(螺纹，形状，矩形)

$$P=G*L=A_2\uparrow M_1=(A_2,c_2,v_2)\times(O_1,c_1,v_1)$$

现有螺旋血管机器人导致血管损伤的主要原因是：矩形外螺旋在旋转时，血管机器人在各种因素的作用下，会导致螺旋线与血管壁之间发生摩擦，矩形螺纹棱边较为尖锐，致使血管壁损伤。

现有外壳的形状不能满足目标，对于矩形外螺纹，导致其血管受损伤风险高，如改变外螺纹，则引起机器人的游动不稳定(结构稳定性降低)。

4. 问题求解

上述分析显示，此问题是一个矛盾问题，可以用矛盾求解方法进行求解，其矛盾双方的标准技术参数：待改善的参数为形状(No. 12)；导致恶化的参数为：结构稳定性(No. 13)。

查询经典的 TRIZ 矛盾矩阵表，得到推荐的发明技巧为：♯33 同质性；♯1 分割；♯18

振动；#4 不对称。由分割技巧想到：将外螺纹与机体分割开来，保证旋转的外壳光滑，游动靠螺旋形式驱动。

根据这个技巧启示，对血管机器人螺纹部分进行分割，这个技巧也可用可拓学的分解和置换变换来表达。即先对机器人物元 M 进行分解：

$$M//\{M_1, M_2\} = \{\text{螺纹}, \text{机体}\}$$

在该问题中，预期目标是血管被损伤的程度轻，因此，对螺纹物元 M_1 进行发散。根据物元的发散性（一特征多值）可知：

$$M_1 -| \{M_{11}, M_{12}\}$$

其中，$M_{11}=(\text{螺纹}, \text{形状}, \text{圆形})=(O_{11}, c_{11}, v_{11})$，$M_{12}=(\text{螺纹}, \text{形状}, \text{椭圆形})=(O_{12}, c_{12}, v_{12})$。

这样拓展后再进行置换变换，可以得到一些血管机器人游动结构方案[图 8-8(c)，(d)]，但这种扩展螺纹形状减少损伤程度有限。根据上述原理的启示，增加一个光滑中空圆柱外壳，中间螺纹旋转，可以利用流体的压差原理，使微型机器人形成喷射运动，进行游动。

其对应的可拓变换可表述为：做增加变换 T_1，使 $M'=T_1M=M\oplus M_3$，

其中，$T_1=\begin{bmatrix}\text{增加}, & \text{支配对象}, & M \\ & \text{接受对象}, & M'\end{bmatrix}$；$M=\begin{bmatrix}\text{血管机器人}, & \text{形状}, & \text{圆柱} \\ & \text{螺旋形式}, & \text{外螺旋}\end{bmatrix}$；

$$M_3=\begin{bmatrix}\text{外壳}, & \text{形状}, & \text{中空圆柱} \\ & \text{表面形态}, & \text{光滑}\end{bmatrix}；M'=\begin{bmatrix}\text{血管机器人}, & \text{形状}, & \text{中空圆柱} \\ & \text{螺旋形式}, & \text{内螺纹}\end{bmatrix}。$$

根据这个变换思路，可将胶囊型外螺旋机器人做成中空圆柱形，外螺旋改为内螺旋，为保护血管安全提供可能。故根据上述拓展与变换，可以得出如下几种方案，如图 8-8 所示。

方案一 光滑胶囊状的中空外壳，端部设有两个轴承连接中间螺旋旋转部分，螺旋形状为矩形，机器人内部嵌入永磁体，外磁场进行驱动，中间螺旋体旋转，由于进口与出口压差，机器人在出口形成喷射，促使微型机器人向前游动。

方案二 圆管式外壳，内壁面的内螺旋为矩形状，内螺旋纹与圆管固接，整体外表光滑，环状磁体嵌入圆管内部，外磁场驱动机体旋转，内螺旋的转动使入口与出口形成压差，从而使微型机器人向前游动。

方案三 微型机器人整体呈胶囊形状，螺旋部分与机体外表面固接，外部螺旋采用的形状为圆形，使机体表面较为光滑，机器人内部嵌入圆柱形永磁体，外磁场驱动旋转，机器人前后形成压差，使微型机器人向前游动。

方案四 微型机器人呈中空橄榄形状，螺旋部分与机体外表面固接，外螺旋采用宽矩形，两端呈梯度圆台。机体中空表面光滑，机体内部嵌入环状永磁体，外磁场驱动微型机器人旋转，在外螺纹的带动下，前后形成压差，从而使微型机器人游动。

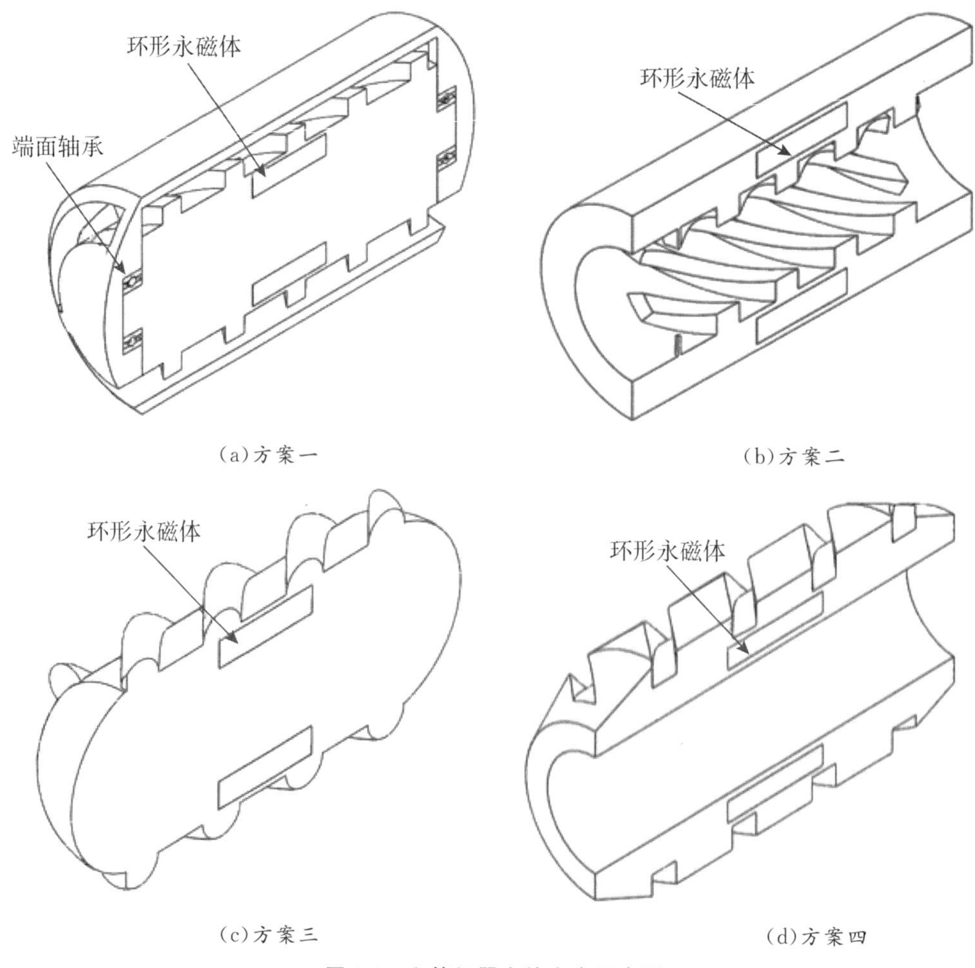

(a)方案一 (b)方案二

(c)方案三 (d)方案四

图 8-8 血管机器人的方案示意图

6. 方案评价

(1)确定衡量条件。对血管机器人的设计,因考虑到血管微小,需要以介入的方式进入人体,因此,微型机器人以结构简便为最佳;血管组织较为脆弱,需要简便设计的同时要保证机器人结构对血管组织不产生危害、运行稳定,因此,可靠性作为重要考量;机器人在液体中运行,由外部磁场提供驱动力,较重的微型机器人耗费能量多,因此,微型机器人的重量也使衡量标准。

选择机器人的简便性 c_1、可靠性 c_2 和重量 c_3 三个因素作为衡量条件,故得到衡量条件集为:

$$O=\{(c_1,v_1),(c_2,v_2),(c_3,v_3)\}$$

其中,v_i 为量值域。

(2)确定权系数。采用层次分析法(AHP)确定评价指标的权重。根据各因素在血管机器人中重要程度的差别,确定两两因素之间的相互比率,使用 1-9 比率标度法。

采用问卷调查形式,向某高校的机械工程研究生以及机械学科老师发放问卷调查,通过调查数据，统计得出以下结果：机器人的可靠性比简便性明显重要，可靠性比质量极端重要，简便性比质量稍微重要，因此，采用 AHP 法构造出的判别矩阵 H 为：

$$H=\begin{matrix} & c_1 & c_2 & c_3 \\ c_1 & 1 & 1/5 & 3 \\ c_2 & 5 & 1 & 9 \\ c_3 & 1/3 & 1/9 & 1 \end{matrix}$$

依据判别矩阵的方根法运算规则，得到各个指标的权系数 α 为：

$$\alpha=(c_1,c_2,c_3)=(0.178,0.751,0.071)$$

(3)建立关联函数，计算规范关联度。设机器人的可靠性、简便性以及重量的量级均为 5 级，则可建立简单的离散型关联函数 K_i：

$$K_i(x)=\begin{cases} 2, x=\text{极简便/极可靠/极轻} \\ 1, x=\text{简便/可靠/轻} \\ 0, x=\text{一般} \\ -1, x=\text{复杂/不可靠/重} \\ -2, x=\text{极复杂/极不可靠/极重} \end{cases}$$

参考现有机器人模型大小，所提出的方案整体模型大小为长 15mm，最外层直径为 8mm。根据模型特征比较四种方案。①方案一因中间螺旋部分需用轴承与外壳连接，这样不可避免的增加了血管机器人的复杂性，其他三种简便程度相当，因此对简便性特征 c_1 取 $K_{c_1}(O_1)=-2, K_{c_1}(O_2)=1, K_{c_1}(O_3)=2, K_{c_1}(O_4)=1$。②方案一和方案二螺旋驱动部分包裹在内部，较为可靠，且方案一因其通过内部螺旋转动，对血管壁面伤害性极小，可靠性优于方案二。其他方案与前两方案相比可靠性一般，因此，取 $K_{c_2}(O_1)=2, K_{c_2}(O_2)=1, K_{c_2}(O_3)=0, K_{c_2}(O_4)=0$。③由于方案一微型轴承连接内旋转螺旋部分，因此相对于其他三个方案重，方案三呈实心胶囊状，相比其他两种中空结构模型微重，方案二与方案四皆呈中空状，重量轻，因此取 $K_{c_3}(O_1)=-1, K_{c_3}(O_2)=1, K_{c_3}(O_3)=0, K_{c_3}(O_4)=1$。

综上，三种方案关于衡量指标：可靠性，简便性，质量的关联度分别为：

$$K_{c_1}=(K_{c_1}(O_1),K_{c_1}(O_2),K_{c_1}(O_3),K_{c_1}(O_4))=(-2,1,2,1)$$

$$K_{c_2}=(K_{c_2}(O_1),K_{c_2}(O_2),K_{c_2}(O_3),K_{c_2}(O_4))=(2,1,0,0)$$

$$K_{c_3}=(K_{c_3}(O_1),K_{c_3}(O_2),K_{c_3}(O_3),K_{c_3}(O_4))=(-1,1,0,1)$$

根据关联度公式，得到它们的规范关联度分别为：

$$k_{c_1}=(-1,0.5,1,0.5), k_{c_2}=(1,0.5,0,0), k_{c_3}=(-1,1,0,1)$$

(4)计算优度。

方案一关于衡量条件 O 的规范关联度为：$K(O_1)=(-1,1,-1)$

方案二关于衡量条件 O 的规范关联度为：$K(O_2)=(0.5,0.5,1)$

方案三关于衡量条件 O 的规范关联度为：$K(O_3)=(1,0,0)$

方案四关于衡量条件 O 的规范关联度为：$K(O_4)=(0.5,0,1)$

因此，四种方案的优度分别为：

$$C(O_1)=\alpha K(O_1)=-(0.178\times0.5)+(0.751\times1)-(0.071\times1)=0.502$$

$$C(O_2)=\alpha K(O_2)=(0.178\times0.5)+(0.751\times0.5)+(0.071\times1)=0.536$$

$$C(O_3)=\alpha K(O_3)=(0.178\times1)+(0.751\times0)+(0.071\times0)=0.178$$

$$C(O_4)=\alpha K(O_4)=(0.178\times0.5)+(0.751\times0)+(0.071\times1)=0.089$$

根据上述四种方案优度计算结果可知：$C(O_2)>C(O_1)>C(O_3)>C(O_4)$，方案二的优度值为 0.536，最大，因此，选择方案二作为血管机器人游动结构形式。

8.3 无阀微泵结构的创新设计

1. 应用背景

微泵是微流体系统的“心脏”，是微流体输送的动力源，也是微机电系统发展水平的重要标志。微泵广泛应用在药物输送、电子冷却系统、微型燃料电池、血管机器人等领域，但现有的微泵在实际应用中还存在一些问题，如提高泵送流量、流量稳定性、结构简化、工作可靠等，需要进一步创新。根据创新目标，选择求解路径：功能分析—矛盾分析—矛盾求解—理想度评价。

2. 问题识别

机械式微泵依靠叶片或柱塞或振子结构来实现液体的泵送，比如有阀压电微泵是基于压电晶体的压电特性驱动薄膜振动而实现对流体的泵送，且进出口设置有单向阀来保证流体单向流动。经过组件分析、相互作用分析，建立微泵的功能模型，如图 8-9 所示。从图中看到，目前的微泵结构复杂，在极小尺度下存在工作不可靠的问题。因此面临的问题是：既要简化微泵的结构，又要保证泵的工作特性，这是一个技术矛盾问题。

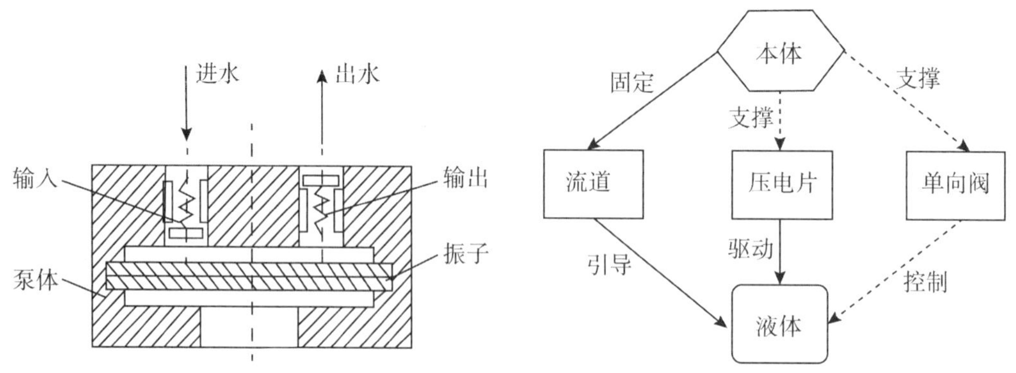

图 8-9 微泵的功能模型

3. 问题分析

运用矛盾分析方法，如果删除叶片、阀组件，那么微泵控制和测量的复杂度将得到改善，但泵的单向流动得不到保证，可靠性有所下降。采用填表法得到微泵的技术矛盾如表 8-2 所示。

表 8-2 微泵结构简化时面临的技术矛盾

	技术矛盾
如果	删除叶片、阀组件
那么	系统控制和测量的复杂度减少(No. 37)
但是	泵送液体的可靠性下降(No. 27)

查找经典矛盾矩阵表,解决上述矛盾的发明技巧有:＃27(廉价替代)、＃40(复合材料)、＃28(机械系统替代)、＃08(重量补偿)。

4. 问题求解和具体设计

根据推荐的发明技巧,如用发明技巧 28 和 40 对微泵进行创新设计,得到的方案有如下:

方案一 运用发明技巧 28,将传统泵腔进出口的单向阀组件去掉,在液体进、出位置设置简单的单向流阻机构——锥形流道,锥形流道由于两端开口大小的不同,其对不同方向的液体产生不同的阻力,实现液体的单向流动。运用发明技巧 40 和 28,在泵腔体内侧嵌套介电疏水材料和电极层的复合材料,利用液滴在变化电场作用下振动,进而改变泵腔的容积而泵送液体,原来由压电片驱动液体的功能由液滴振动替代,结构如图 8-10 所示。当微泵工作时,腔体内的电极与外置电源相接,腔体内的液滴在电极、介电疏水材料层等组件的作用下发生电浸润现象,从而使得液滴在重力和电浸润作用下在腔体内做上下循环运动,这种运动实现泵腔容积周期性增大和缩小,完成吸水和排水的功能,并在锥形流道两端流阻作用下,实现对液体的宏观输送。

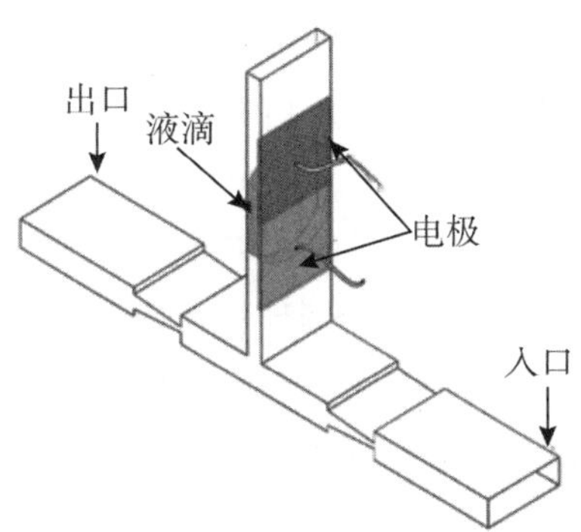

图 8-10 基于电浸润现象的无阀微泵

方案二 运用发明技巧 28,卞侃等对传统泵腔单向阀进行替代,即用锥管替代单向阀,如图 8-11(a)所示。

方案三 运用发明技巧 27,即廉价替代方法,潘良明等人设计了一种热气泡式无阀微泵,这种微泵利用热气泡生长和冷凝的过程为微泵提供泵送动力(替代压电片振动的动力),然后再利用锥形流道结构实现了微泵单向泵送功能,如图 8-11(b)所示。

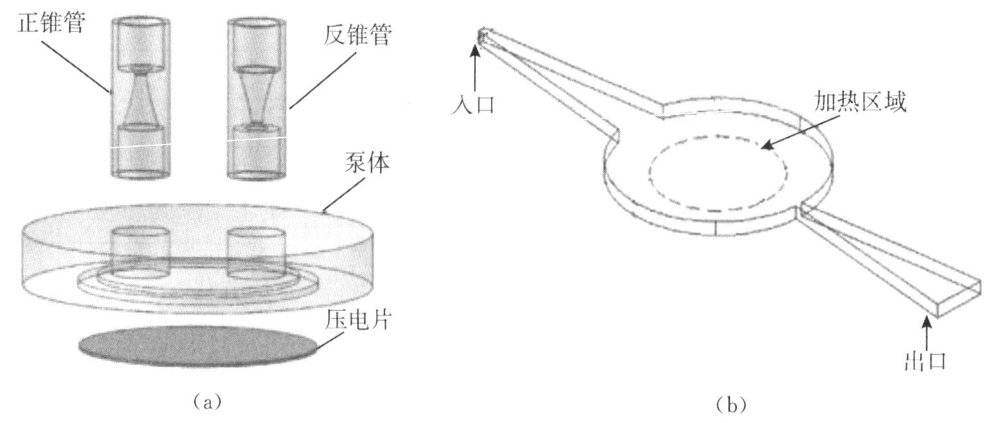

图 8-11　无阀压电泵结构与热气泡式无阀微泵

5. 方案评价

邀请相关专家对上述方案的理想度进行打分评价,方案一的结构简单,容易实现,其理想度为 1.73,方案二的结构稍复杂,压电片也泵体装配精度要求高,其理想度为 1.47,方案三的结构简单,但热源容易对流道中的液体产生影响,其理想度为 1.64,故选择方案一进行模型样机试制验证。

8.4　自锁托槽系统的创新设计

1. 应用背景

在临床治疗中,托槽是治疗牙颌畸形固定矫治技术的重要部件,粘接于牙冠表面,弓丝通过托槽对牙齿施以矫治力,进而对错颌畸形的牙齿进行矫治以达到排齐牙列的目的。自锁托槽由盖板、主体、底板、弹性部件四部分组成,以操作简单,椅旁时间短,摩擦力低,排齐速度快等优点,被越来越多的口腔正畸医生所选择。锁托槽结构见图 8-12,自锁托槽盖板由盖板中部和盖板双翼组成,盖板双翼嵌入主体的凹槽内。托槽盖板工作系统原理为:①弹性部件提供向外的挤压弹力,主体上部提供向内的压力,固定盖板;②盖板关闭状态时,盖板压紧弓丝,盖板打开状态时,可放入或取出弓丝;③弹性部件在第一次装入盖板时会受到压缩的力,盖板安装完成后,弹性部件恢复形状,达到一个锁固的作用。

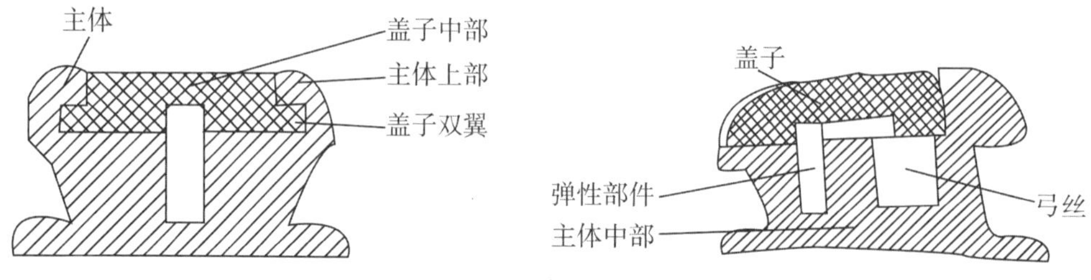

图 8-12　自锁托槽结构图

在生产过程中,盖板与弹性部件精度存在一定偏差,在患者使用时可能反复开合盖板导致弹性疲劳材料受损,使得在临床应用中盖板易脱落,导致矫治脱轨,延长矫治时间,影响矫治效果。

2. 问题识别

根据创新目标，选择求解路径：因果分析—矛盾分析—矛盾求解—理想度评价。首先对盖板脱落问题进行因果分析，如图 8-13 所示，发现其原因有以下方面：①盖板模具长度不足；②盖板加工温度过高；③弹性部件长度不足；④主体的材料硬度不足。然而，模具与弹性部件在生产中存在的制造误差难以避免，因此，可以通过对温度过高和材料硬度不足两方面寻找解决问题的方法。

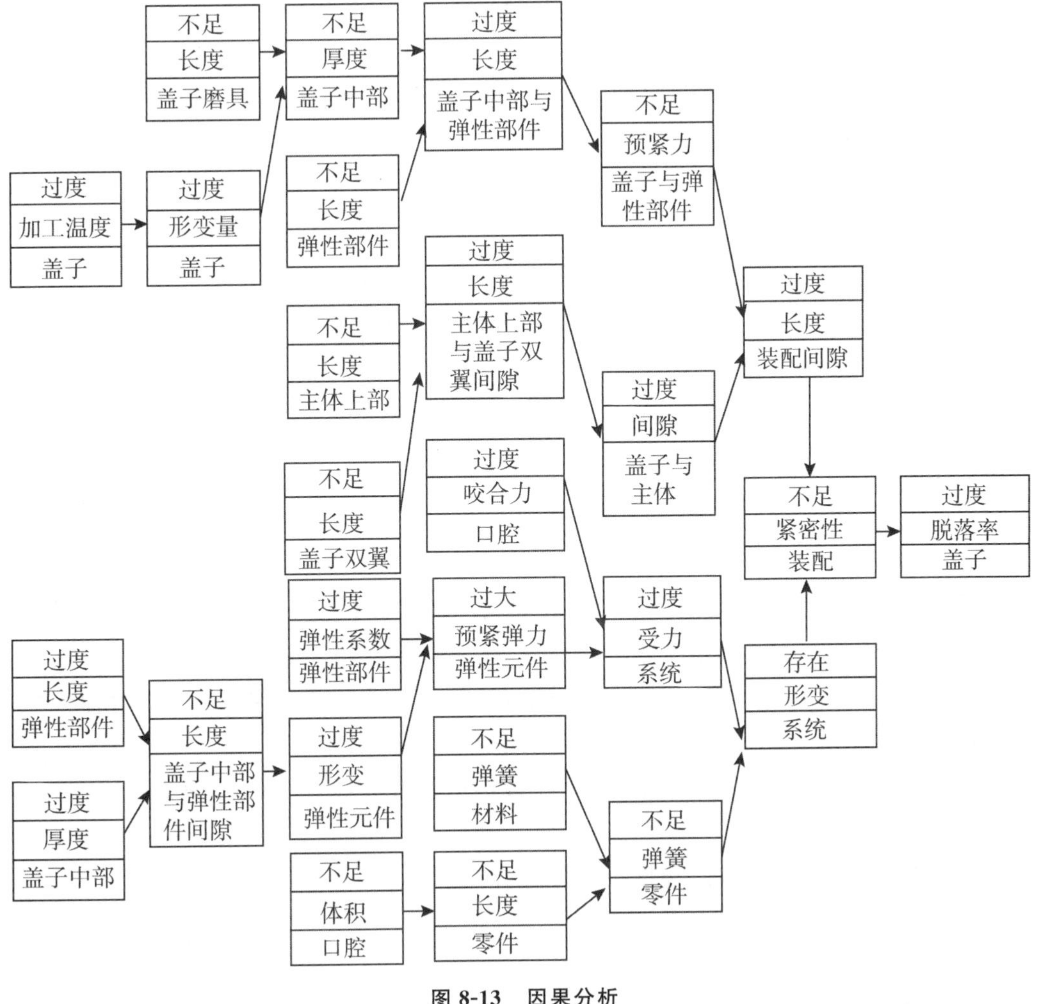

图 8-13 因果分析

3. 问题分析

分析发现，盖板容易脱落的直接因素是盖板硬度不足，但增大盖板材料硬度，需增大盖板强度，导致加工温度及加工时间增加。所以，针对盖板脱落问题，可以运用技术矛盾求解法进行求解。

4. 问题求解

(1)针对“盖板材料硬度增加，加工温度增加”问题，将加工温度对应工程参数设定为“温度”，材料硬度对应工程参数“强度”。该问题的技术矛盾为：增大强度改善这一工程参数的同时，恶化了作用温度这一参数。查找经典矛盾矩阵表，可以采用＃10(预操作)，＃30(柔性壳体或薄膜)、＃40(复合材料)的发明技巧进行求解。

＃10 参考创新方案为：首先对盖板材料进行预加热，再迅速进行高温处理，减少高温处理总时间，防止过烧引起盖子变形。

＃30 参考创新方案为：盖子中部的刚性材料替换为柔性材料，盖板受到冲击时柔性材料吸收冲击力，但是不影响其功能。

＃40 参考创新方案为：采用一款加工温度低，但强度高的材料代替现有材料。

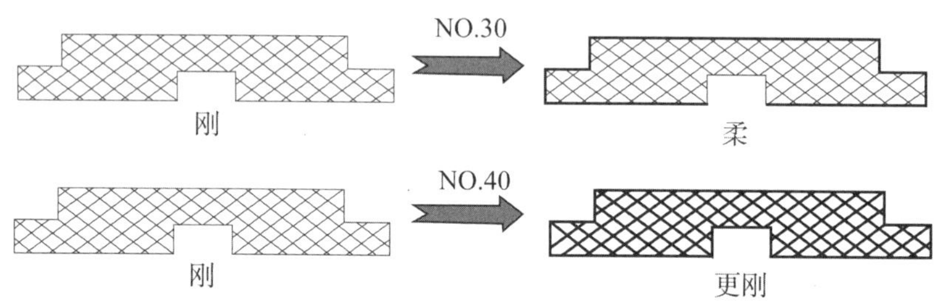

图 8-14　其中两个发明技巧的结构

(2)针对“增大盖板强度，增加加工时间”问题，将材料硬度对应工程参数中的“强度”，加工时间对应工程参数可设定为“生产率”，即技术矛盾表述为：增大强度改善这一工程参数的同时，恶化了生产率这一参数。查找经典矛盾矩阵表，可以采用＃29(气动和液压结构)，＃35(参数变化)，＃10(预操作)、＃14(曲面化)的发明技巧进行求解。考虑到气压或液压结构原理，相关性较低，故不考虑。

＃35 参照物理或化学参数变化原理，在低压情况下，晶体熔点会降低或升高，据此，参考创新方案为：加工烧结时，改变模具内部压强，降低材料的熔点。

＃14 参考创新方案为：将盖板从平直状态改为曲面弯曲状态，增大受热面积，缩短烧结时间。

通过技术矛盾求解，得到 5 个创新方案。

5. 方案评价

邀请专家分析上述 5 个参考方案，发现采用发明技巧＃10(预先作用原理)得到的创新方案具有较高的可行性，其理想度最高，可以作为实施方案，其他概念方案的理想度较低，可以作为产品的优化方向。

8.5 正畸扳手的创新设计

1. 应用背景

托槽是固定矫治器是正畸治疗中常用的一种矫治器。在矫治过程中，托槽的安放需用配套的工具，正畸扳手是其中一个重要的工具，其主要作用是将托槽上的螺丝拧紧。在实际操作中，托槽粘接在牙齿上，需使用正畸扳手将螺丝安装在托槽上的螺纹孔中。但由于口腔空间有限，且螺纹孔的直径仅为 0.6mm，因此对正畸扳手的设计要求较高。在临床应用中发现正畸扳手在转动螺丝时，容易出现咬死状态，其原因是正畸扳手的传动齿轮破损，正畸扳手出现故障将导致螺丝无法正常安装，进而影响托槽的功能运行。因此，需要对正畸扳手进一步创新设计，提高矫治的工作效率。

2. 问题识别

根据创新目标，选择求解路径：功能分析—因果分析—物场求解—理想度评价。正畸扳手将螺丝安装至托槽的过程中，通过人手转动手动转轮，手动转轮与六角套筒端部设有锥齿轮组，通过齿轮传动，六角套筒发生转动，并带动螺丝转动拧紧。正畸扳手结构如图 8-15a 所示。使用正畸扳手转动螺丝时易出现咬死状态。拆开外壳后，发现扳手的传动齿轮破损(图 8-15b)。

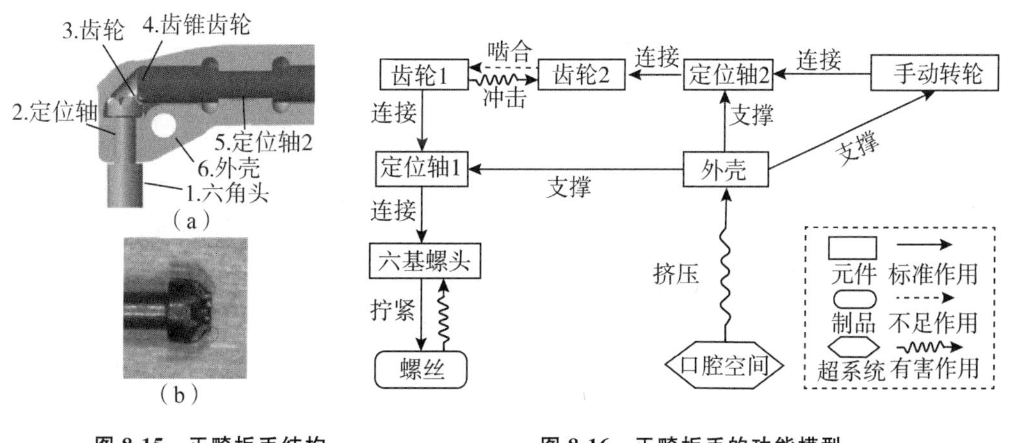

图 8-15 正畸扳手结构　　图 8-16 正畸扳手的功能模型

3. 问题分析

这里进行正畸扳手系统的功能分析，主要组件包括螺丝、正畸扳手和口腔，细分包括螺丝、六角螺头、扳手外壳、手动转轮、定位轴 1、定位轴 2、齿轮 1、齿轮 2、口腔空间和手。对该技术系统进行分析，构建系统的功能模型如图 8-16 所示。通过功能模型图，选择目标问题为：①螺丝对六角螺头的顶紧损害；②齿轮 1 对齿轮 2 的冲击损害；③口腔空间对扳手外壳的挤压损害。

应用因果分析法对螺丝预紧力不足的根本原因进行剖析，如图 8-17 所示。分析所得造成问题产生有 3 个原因：①齿轮 1 的加工工艺造成的强度不足；②齿轮 2 强度不足；③齿轮 2 渐开线形状不足。

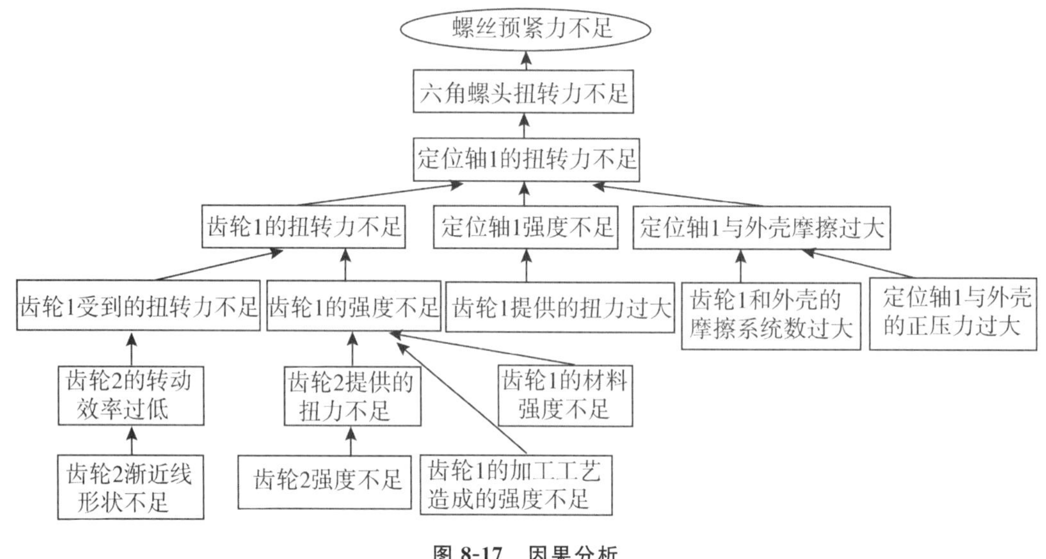

图 8-17　因果分析

4. 问题求解

根据因果分析可知，传动齿轮破损和齿轮 1 的齿厚大小有关。宏观层面上，在操作时间的操作区内，一方面需增大齿轮 1 的厚度以增大齿轮 1 的强度，另一方面需减小齿轮 1 的厚度以减小齿轮 2 的冲击力，从而使得齿轮 1 的齿厚面临着既要大又要小的矛盾要求。

方案一，针对这一物理矛盾，可应用压力资源，即利用齿轮的压力角参数，增加压力角的角度，使冲击力分解为轴向和径向的两个方向，从而减少齿轮 2 受到的冲击力。

传动齿轮破损受齿轮 1 的金相组织影响。一方面为保证齿轮在传动过程中不会受损，要求齿轮 1 的表层莱氏体数量较多；另一方面为减少传动时对齿轮 2 的冲击力，要求齿轮 1 的芯部莱氏体数量较少。

方案二，针对此矛盾，可通过改变金相组织，以解决冲突，即进行表面热处理，对齿轮 1 的金相做局部改变，将齿轮表面的金相从较软的奥氏体转变为硬度较大的莱氏体。

方案三，使用电火花加工时，在齿轮成型后，改变电火花的瞬间电流，促使齿轮表面形成瞬间高温，改变齿轮 1 表面的金相组织形成。

采用小矮人法解决问题，先建立原始的小矮人模型如图 8-18(a)所示。图中，灰色小人代表齿轮 1 齿面接触区域的表层，白色小人代表齿轮 2 表面。在齿轮 1 和齿轮 2 转动传动时，由于齿轮 1 强度不足，一部分灰色小人被一部分白色小人挤开。故考虑增加灰色小人的灵活度，以避免灰色小人与白色小人接触时被挤开。据此建立增加齿轮 1 灵活度的小人模型如图 8-18(b)所示。为增加齿轮 1 表面的灵活性，可以对啮合接触区域进行处理，得到改进方案四。

方案四,齿轮 1 齿部和轴部连接的地方具有弹性,在受到强力冲击时,接触区域拉伸变形,离开啮合区后,弹性自行恢复。

考虑灰色小人被白色小人挤开,是因为受到的冲击力过大,若灰色小人和白色小人能够用坚硬的头部相抵代替腰部啮合,则灰色小人不易被挤开,如图 8-18(c)所示,得到方案五。

方案五,将渐开线齿轮改为矩形传动齿轮,可满足强力的冲击而不易受损。

考虑在灰色小人与白色小人间增加缓冲,即增加红色小人,可在接触后缩回去,在完成传动的同时,也可缓冲小人间的冲击力,如图 8-18(c)所示。得到如下的方案六。

方案六,在齿轮 1 齿部顶端设置伸缩,芯部有弹簧,啮合接触时顶端齿形变化,减少薄弱区受力的概率;啮合离开后伸长支撑下一个齿牙的啮合,提高重合度。

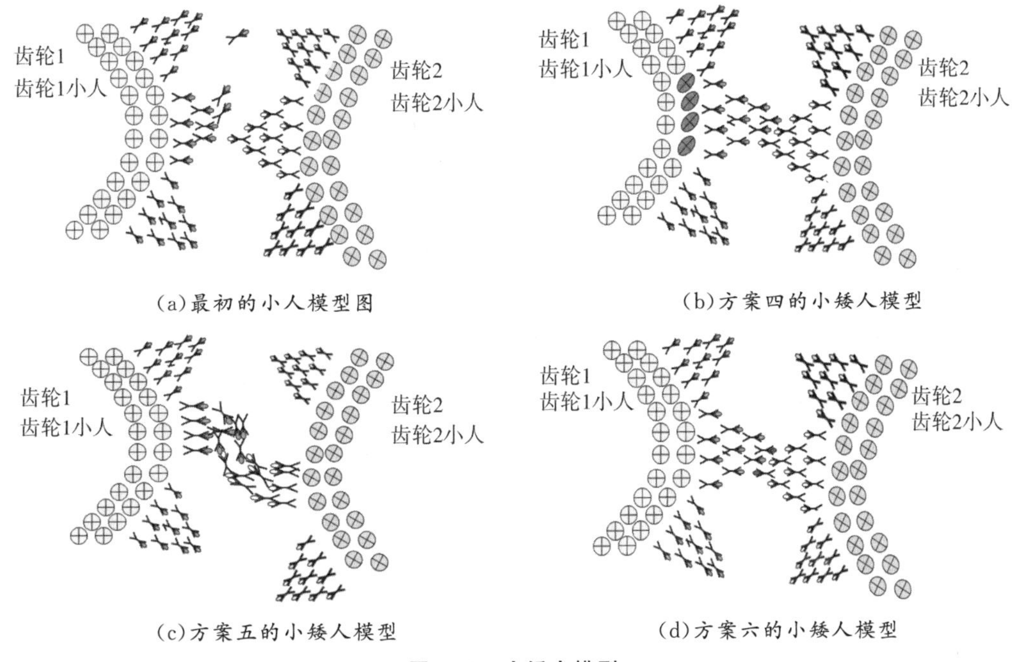

(a)最初的小人模型图　(b)方案四的小矮人模型

(c)方案五的小矮人模型　(d)方案六的小矮人模型

图 8-18 小矮人模型

5. 方案评价

针对上述设计方案,定性比较分析如下。

方案一 增加齿轮压力角的角度,冲击力分解为轴向和径向的两个方向,可以减少齿轮 2 受到的冲击力,但在扳手上齿轮结构就比较小,精小结构上实现前述压力角,会因制造精度过高无法完成,而高精度制造又需要耗费较大成本,暂不考虑。

方案二 进行表面热处理,使得齿轮表面的金相从奥氏体变为莱氏体,硬度增加。工序简单,可以作为备选方案。虽然表面热处理较为便宜,但成本仍然有所增加。

方案三 改变电火花的瞬间电流,通过在齿轮表面形成一个瞬间高温,改变齿轮 1 表面的金相组织,操作简单,能够增加齿轮强度,实用性较强。由于瞬间电流在加工过程中就能实现,只需要调整工艺参数,故而不存在新增成本,生产线也无须做出改变。属于系统最小改动。

方案四 在齿轮 1 齿部和轴部连接的地方增加弹性，增加所需零件的数量，成本提高，暂不作考虑。

方案五 将渐开线齿轮改为矩形传动齿轮，能满足强力的冲击而不易受损，但是矩形传动齿轮传动时会存在明显的卡顿感，会降低用户体验。

方案六 在齿轮 1 齿部顶端设置伸缩，芯部有弹簧，能有效减少受力概率，但在要求尺寸小的情况下，弹簧部制造和装配都较为困难。

综上所述，决定采用的创新解为方案三，严格控制产生瞬间电流的加工设备的参数，保证精准，可有效改变表面金相组织来增加强度，同时也没有新增成本。既满足系统改善的目标，又符合实际需求。

8.6 双乳液滴成型芯片的创新设计

1. 应用背景

双乳液又被称为乳液中的乳液或包裹性液滴，其内部可以进行多种生物、化学反应，所需样品试剂量少、消耗低，还具有尺寸小，比表面积较大，传质、传热效率高等优势。双乳液滴广泛地应用于化妆品、药物生产、细胞医学、食品科学、石油工业、化学合成、环境监测等领域。目前用于制备双乳液滴的微流控设备可分为准二维和三维轴对称微通道，准二维微通道制备简单，根据材料种类的选择有多种加工方式；对于三维微通道，由于其结构的特殊性，液滴在包裹的过程中几乎不会与外壁面接触，有效避免了外壁面撕裂液滴导致包裹失败的情况。另一方面，三维流道也存在着一些缺点，例如同轴针头之间的同轴度要求高，芯片制备成本较高，通道阵列、并联化难度高等。因而需要对典型双十字型芯片进行改进，设计新型的双乳液滴成型芯片。

2. 问题识别

选用以下求解路径进行双乳液滴成型芯片的创新设计：系统功能分析—功能导向搜索—系统裁剪—优度评价。

典型的双十字型结构是由两个十字微流道串联而成，这里建立双十字芯片的系统功能模型。双十字流道可分为内相进口流道、中间相进口流道、外相进口流道、过渡流道、出口流道，其功能对象（产品）为双乳液滴，原料分别是流体 1、流体 2 和流体 3，此外，流体在过渡流道中的存在形式为流体 2 夹带液滴状的流体 1，为方便表示，将其定义为流体 4。根据以上分析，得到双十字流道的组件模型如图 8-19 所示。

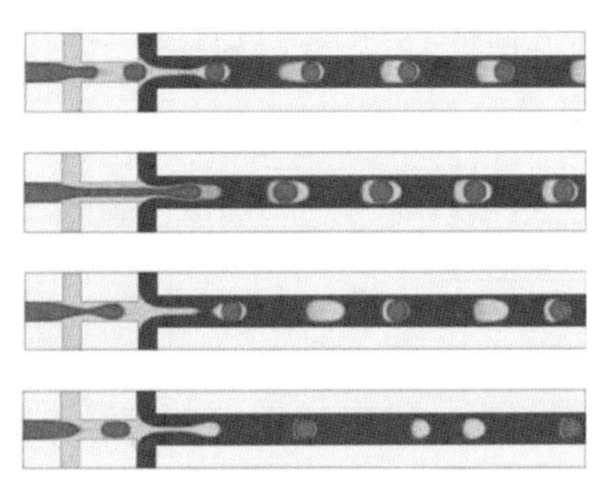

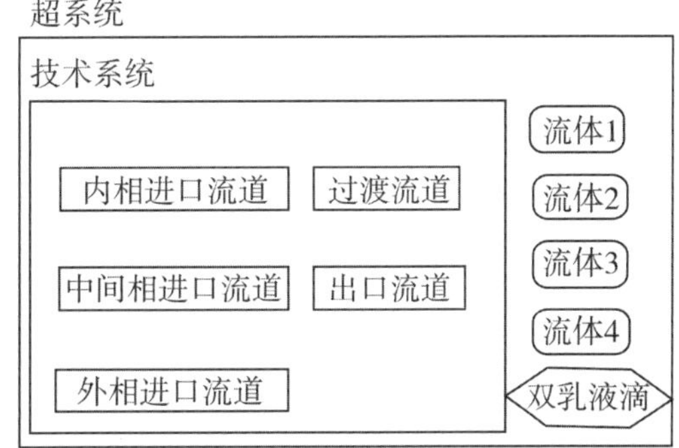

图 8-19　双十字流道的组件模型

图中矩形框为系统组件，六棱形框为超系统组件，圆角矩形为作用对象。

结构模型是基于组件模型，用于描述系统组件之间的相互关系，双十字流道的结构模型如图 8-20 所示。

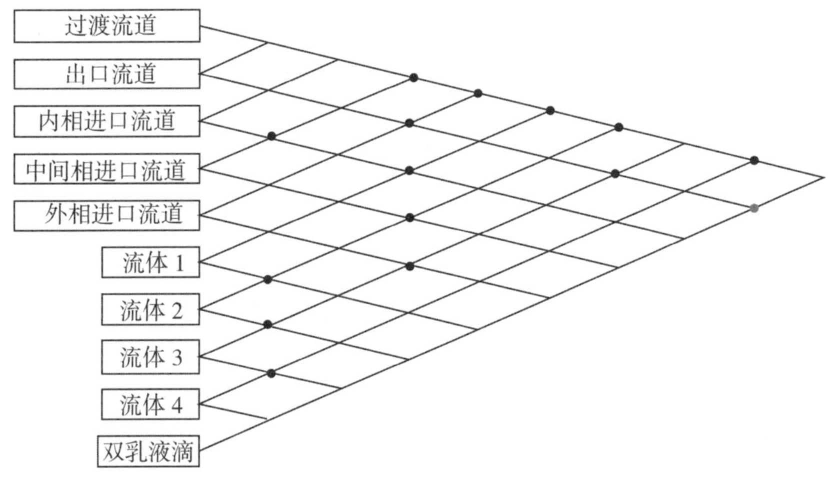

图 8-20　双十字流道结构模型

针对图中实点处建立其结构表(表 8-3)。

表 8-3　结构表

名称	功能	功能属性			
		充分	不足	过度	有害
出口流道 → 双乳液滴	生成	—	√	—	—

功能模型是采用规范的功能描述方式表达各组件之间的相关作用关系，将其全部表达出来便是系统功能模型。根据组件模型及结构模型，建立双十字流道的系统功能模型如图 8-21 所示，其中，虚线代表功能效应不足：

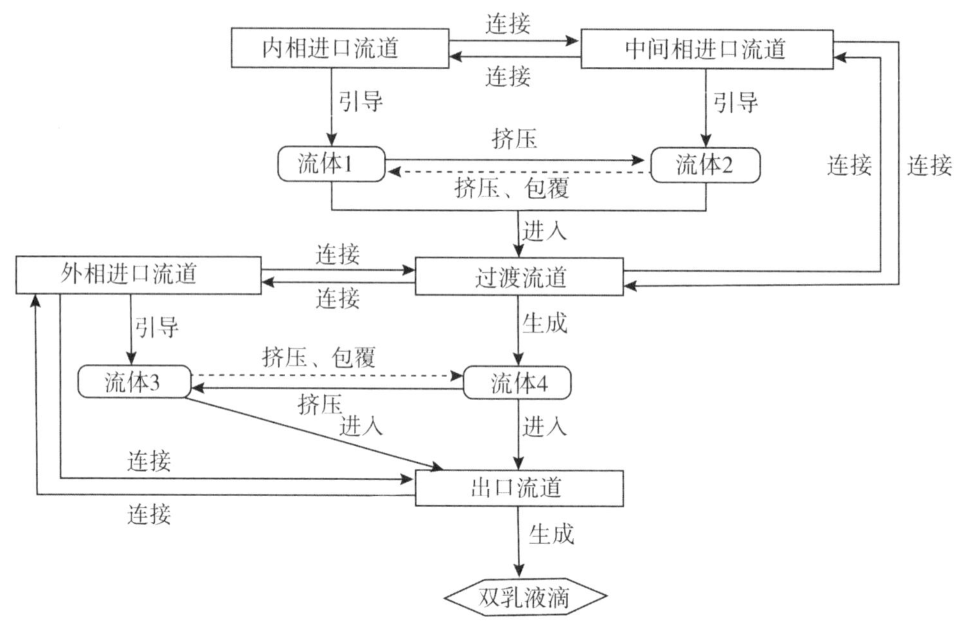

图 8-21　双十字芯片系统功能模型

根据双十字芯片系统功能模型，双乳液滴在双十字芯片中的成型主要存在以下问题：

(1)包裹液滴成型过程复杂，须经由两段液滴断裂和内相液滴进入外相液滴的过程，液滴包裹所需时间较长，且在内相液滴进入外相液滴的过程中必须严格控制第二个十字交叉口处中间相流体断裂的时间点，断裂过早只会形成单液滴，断裂过晚会使得双乳液滴的壁厚过大。

(2)由于双十字芯片是有 2 个十字结构串联而成，芯片面积较大，需要耗费更多的材料，制备成本高，不利于并联化芯片的制造。

综上所述，目前双十字型芯片的核心问题为：控制性能不足，芯片面积大。

2. 问题分析

这里选择使用难度最低的功能导向搜索工具进行分析，其求解过程如表 8-4 所示。

表 8-4　功能导向搜索

步骤	结果
问题识别	双十字芯片控制效应不足，占用面积大
功能一般化处理	关键功能：流体操控；减小芯片面积
识别领先领域	主动控制技术、同轴流动聚焦技术、扩角结构
领先领域解决方案	Y 聚焦型微通道内磁流体液滴的生成与调控； 不同结构微通道内液滴生成特性研究

针对双十字芯片所需的控制能力，微流控领域中近年来提出了利用各种附加场的增强对于液滴的控制如图 8-22 所示，例如马蕊等人通过外加磁场对 Y 型聚焦微流道内的磁

流体液滴的生成进行调控;李蕾等人对电场和拉伸流场作用下的双乳液滴变形进行了研究。除此之外,赵静的研究表明在出口流道处设置扩角结构能够有效提高连续相对分散相的剪切力,液滴的成型能够通过连续相的流速对其进行控制。

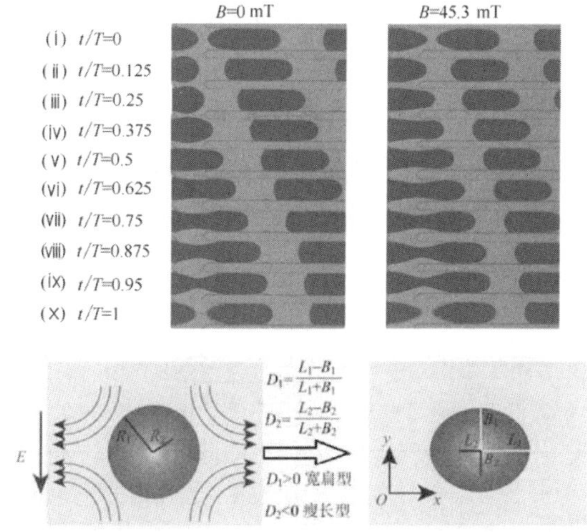

图 8-22 附加场下的微液滴

在芯片面积方面,双乳液滴成型的几种常用方法中,同轴流动聚焦结构有着其独有的优势。因为,双乳液滴在同轴流动芯片中的成型过程简单、时间短,而三维同轴的结构决定了它在芯片结构上需要占用的面积小。

3. 问题求解

系统裁剪的裁剪对象有四种:功能价值较低、有害、作用不足、作用过度的组件。根据功能导向搜索的结果,对双十字芯片流道进行系统功能分析,双十字流道相较同轴聚焦流道多了一段过渡流道,在内相液滴断裂成型后在过渡流道中流动一段时间后才被包裹。过渡流道属于功能价值较低的组件,可以将其裁剪,而在控制性能方面,可在出流段设置扩角结构,增强外相流体的剪切力。因此,裁剪后的系统功能如图 8-23 所示:

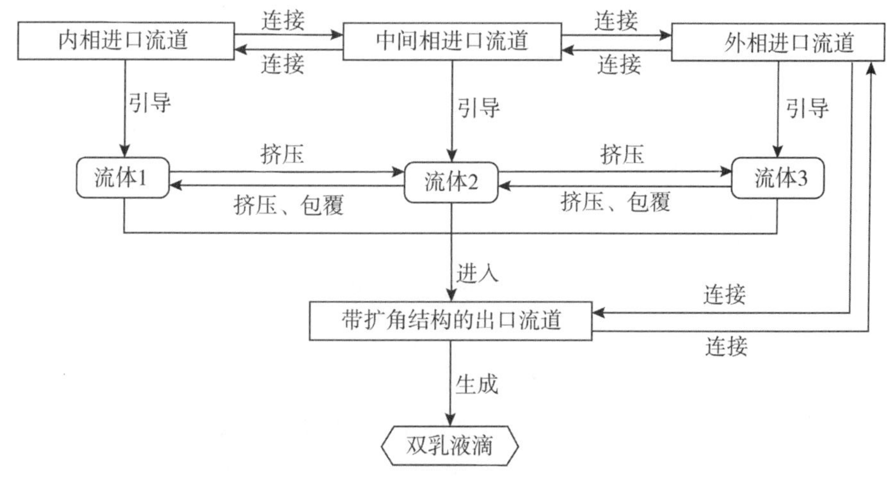

图 8-23 裁剪后的系统功能分析

根据功能导向搜索中领先领域的技术提示，结合裁剪后的系统功能分析，得到以下几种方案：

(1)同轴流道与十字流道串联，并在出口流道设置扩角结构，其结构如 8-24(a)所示；

(2)Ψ 型流道与十字流道串联，删除过渡段并在出口流道设置缩孔结构，其结构如 8-24(b)所示；

(3)Ψ 型流道与 T 型流道串联，在出口流道设置缩孔结构，其结构如 8-24(c)所示；

(4)双十字流道串联，删减过渡流道，中间相流道与外相流道相邻，其结构如 8-24(d)所示；

(5)两个 Ψ 型流道串联，在方案二的基础上改变外相流道的方向，其结构如 8-24(e)所示。

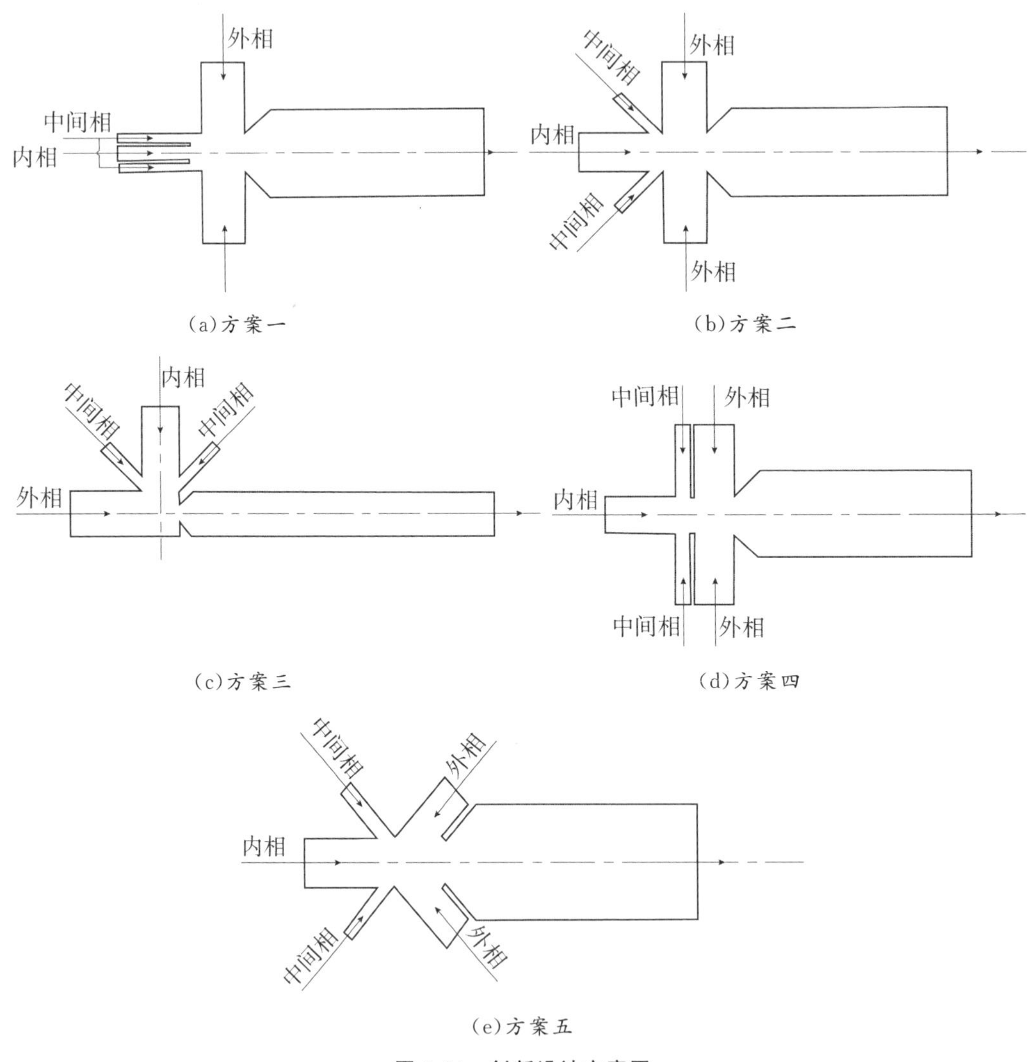

图 8-24　创新设计方案图

4. 方案评价

采用可拓优度评价方法对上述设计方案进行评价，选取液滴成型质量 c_1、液滴成型难度 c_2、芯片制作难度 c_3、芯片制作成本 c_4 以及并联化潜力 c_5 五个方面对其进行评价，其中液滴成型质量指的是双乳液滴的壁厚以及单分散性，液滴成型难度指的是成型过程中的稳定性和液滴的可控性，衡量条件集为：

$$O=\{(c_1,V_1),(c_2,V_2),(c_3,V_3),(c_4,V_4),(c_5,V_5)\}$$

根据对双乳液滴成型芯片的需求，方案的优劣衡量指标(液滴成型质量 c_1、液滴成型难度 c_2、芯片制作难度 c_3、芯片制作成本 c_4 以及并联化潜力 c_5)存在轻重之分，采用权系数衡量各指标的重要程度。此处选择层次分析法(AHP)，根据各指标重要程度之间的差别，使用 1-9 比率标度法确定它们之间的相互比率。针对以上五个指标建立调查问卷，由于我国目前仍处于新冠疫情期间，因此调查问卷全部采用线上问卷调查的方式进行，调查对象主要为广州大学、广东工业大学机械专业的研究生、部分机械与微流控行业的工程师(图 8-25)。本次调查以得分众数作为数据分析的主要依据，采用 AHP 法构造出的判别矩阵为

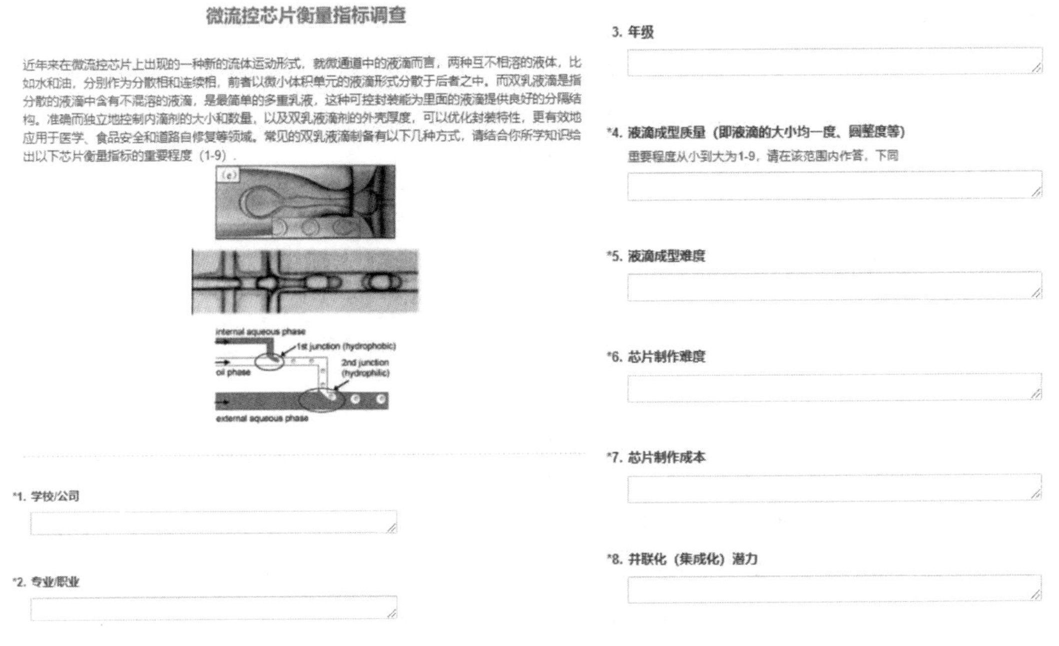
微流控芯片衡量指标调查

近年来在微流控芯片上出现的一种新的流体运动形式，就微通道中的液滴而言，两种互不相溶的液体，比如水和油，分别作为分散相和连续相，前者以微小体积单元的液滴形式分散于后者之中。而双乳液滴是指分散的液滴中含有不混溶的液滴，是最简单的多重乳液，这种可控封装能为里面的液滴提供良好的分隔结构。准确而独立地控制内滴剂的大小和数量，以及双乳液滴剂的外壳厚度，可以优化封装特性，更有效地应用于医学、食品安全和道路自修复等领域。常见的双乳液滴制备有以下几种方式，请结合你所学知识给出以下芯片衡量指标的重要程度（1-9）.

*1. 学校/公司

*2. 专业/职业

3. 年级

*4. 液滴成型质量（即液滴的大小均一度、圆整度等）

重要程度从小到大为1-9，请在该范围内作答，下同

*5. 液滴成型难度

*6. 芯片制作难度

*7. 芯片制作成本

*8. 并联化（集成化）潜力

图 8-25 调查问卷

$$H=\begin{bmatrix} 1 & 6 & 5 & 3 & 5 \\ 1/6 & 1 & 1/2 & 1/2 & 1/2 \\ 1/5 & 2 & 1 & 1/2 & 1 \\ 1/3 & 2 & 2 & 1 & 2 \\ 1/5 & 2 & 1 & 1/2 & 1 \end{bmatrix}$$

根据判别矩阵可算出其一致性指标 CI 为 0.013，而五阶矩阵的随机一致性指标 RI 为 1.12，由此可得一致性比例为：

$$CR=CI/RI=0.013/1.12=0.0116<0.1$$

因此该矩阵的一致性可接受，而五者权重系数 α 可根据判别矩阵算得

$$\alpha=(0.517,0.0724,0.112,0.1866,0.112)$$

设芯片的液滴成型质量、液滴成型难度、芯片制作难度、芯片制作成本以及并联化潜力的量级均为 5 级，最优和最差值分别为 2 和 -2，建立简单的离散型关联函数 $k_i(x)$：

$$k_i(x)=\begin{cases}2, x=\text{非常好/非常简单/非常简单/非常低/非常高}\\1, x=\text{好/简单/简单/低/高}\\0, x=\text{一般}\\-1, x=\text{差/复杂/复杂/高/低}\\-2, x=\text{非常差/极为复杂/极为复杂/非常高/无}\end{cases}$$

对于方案一，同轴流道因其三维轴对称结构，在液滴成型方面有其独特的优势，液滴成型好，制备难度低，但是因其制备精度要求高，制备成本较其余方案高；方案二是准二维轴对称结构，双乳液滴成型稳定，质量较好，制备成型低；方案三也是准二维结构，T 型流道主要是通过强大的剪切力使得液滴断裂成型，制备难度和成本较低，但是液滴成型质量一般；方案四与方案五的结构与方案二的类似，是在方案二的基础上分别改变了中间相入流夹角和外相入流夹角，其制备难度与成本和方案二相当。因此综合以上分析以及调查问卷的统计，五种方案关于衡量指标的关联度如表 8-5 所示：

表 8-5　方案关联度

评价指标	方案一	方案二	方案三	方案四	方案五
液滴成型质量(c_1)	2	1	1	0	0
液滴成型难度(c_2)	2	1	1	2	1
芯片制作难度(c_3)	-1	2	2	2	2
芯片制作成本(c_4)	-1	2	2	2	2
并联化潜力(c_5)	1	2	1	2	2

为方便进一步的运算，需要对关联度进行归一化，将各个衡量指标的关联度都规范在 $[-1,1]$ 范围内，规范关联度 $k_i(z_j)$ 可由式 6-5 可求得各个衡量指标的规范关联度：

$k_{c_1}=(1,1,-0.5,-0.5,0.5)$，$k_{c_2}=(0.5,0.5,1,1,1)$，$k_{c_3}=(0.5,0.5,1,1,0.5)$，

$k_{c_4}=(0,1,1,1,1)$，$k_{c_5}=(0,0.5,1,1,1)$

因此是三种方案的优度为：

$c(O_1)=\alpha k(O_1)=\alpha k\ (c_1)^{\mathrm{T}}=0.517\times1+0.0724\times1-0.112\times0.5-0.1866\times0.5+0.112\times0.5=0.4961$

$c(O_2)=\alpha k(O_2)=\alpha k\ (c_2)^{\mathrm{T}}=0.517\times0.5+0.0724\times0.5+0.112\times1+0.1866\times1+0.112\times1=0.7053$

$c(O_3)=\alpha k(O_3)=\alpha k\ (c_3)^{\mathrm{T}}=0.517\times0.5+0.0724\times0.5+0.112\times1+0.1866\times1+0.112\times0.5=0.6493$

$c(O_4)=\alpha k(O_4)=\alpha k\ (c_4)^{\mathrm{T}}=0.517\times0+0.0724\times1+0.112\times1+0.1866\times1+0.112\times1=0.483$

$c(O_5)=\alpha k(O_5)=\alpha k\ (c_5)^{\mathrm{T}}=0.517\times0+0.0724\times0.5+0.112\times1+0.1866\times1+$

0.112×1=0.4468

由于 $c(O_5)<c(O_4)<c(O_1)<c(O_3)<c(O_2)$，选择较优的方案二作为最终方案，后续针对方案二进行详细的设计和分析。

8.7 浴室用水收集与回用装置的创新设计

1. 应用背景

水资源是人体不可或缺的一部分，是人类的生命之源。如今许多国家和地区水资源短缺，制约着当地经济发展和人民生活水平的提高，所以提高水资源的利用率，减少水资源的浪费是全社会共同责任。人们在日常家庭生活中用水量较大的事项主要有洗衣、洗浴、冲马桶，若能节约冲马桶的用水量，则可以减少城市和家庭的用水量，缓解水资源短缺。日常生活废水二次利用常用方式如图 8-26 所示：(a)囤积废水、(b)洗浴节水装置、(c)浴室循环用水装置等用于冲马桶，上述虽解决了废水二次利用，但面临收集难、利用率低的问题，还有些必须依赖电能，不够环保。因此结合市场上现有的卫浴产品样本，设计了浴室用水收集与回用装置，用于单独浴室废水的二次循环利用。

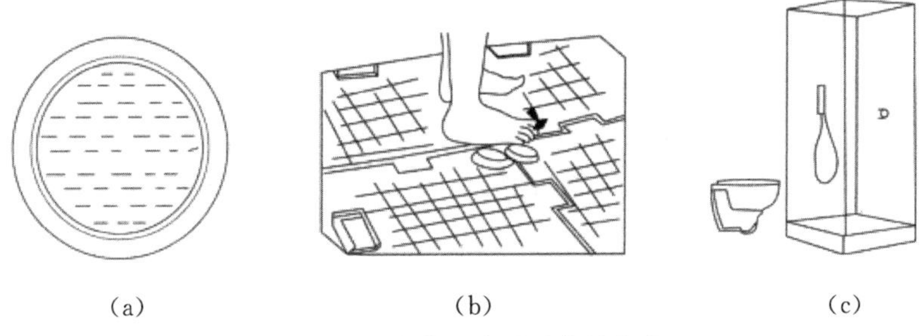

(a) (b) (c)

图 8-26 废水二次利用常用方式

2. 问题识别

从上面的说明看到，洗浴废水的重利用是家庭节水的一个重要方面，针对浴室循环节水装置，出现多种浴室循环节水产品，如一种“节水马桶”“浴室循环节水装置”等。如图 8-27、图 8-28所示。

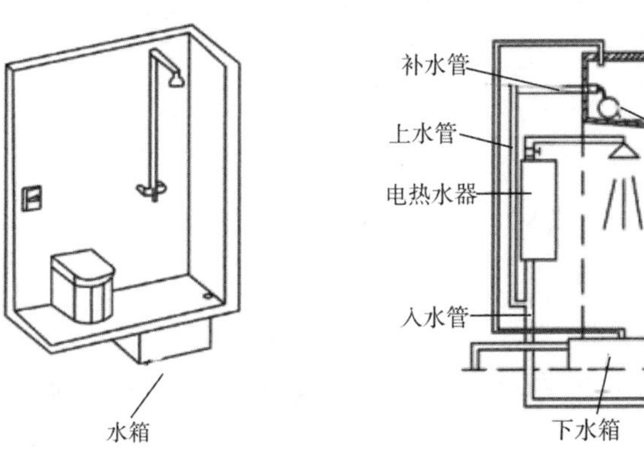

图 8-27 节约马桶 **图 8-28 浴室循环节水装置**

一种“节水马桶”,该节水马桶虽然整体结构较简单,但是驱动水泵需要额外的动力,这与低碳的理念相违背;另一种“浴室循环节水装置”,该整体装置的结构较复杂,占用空间较大,从而大大地降低了装置的使用性能。

如何设计新型的节水装置？面临的问题是:浴室废水输送问题,需要节约能耗,从地面收集废水输送至一定高度的废水蓄水箱,且要求装置简单。

采用“功能分析—裁剪—矛盾求解—理想度评价”这条路径来解决设计新型家庭节水装置面临的问题。

3.问题分析

现有的卫浴用水的二次循环利用,需依靠电动机输送废水至储水箱,耗费电能,且产生噪音。所以对现有产品进一步优化。根据功能分析方法,先确定系统的功能组件、建立功能模型、对模型进行功能分析:

(1)功能建模。对现有的浴室用水收集与回用装置系统进行分析,建立其功能模型如图 8-29 所示。

(2)系统功能分析结论。通过组件模型分析,清楚了系统中的组件组成,以及它们之间的相互关系,并得出产生噪音、耗能的功能因素:①由于电动机振动,产生振动噪音。②电动机为水管供压,需要提供电能,产生耗能。

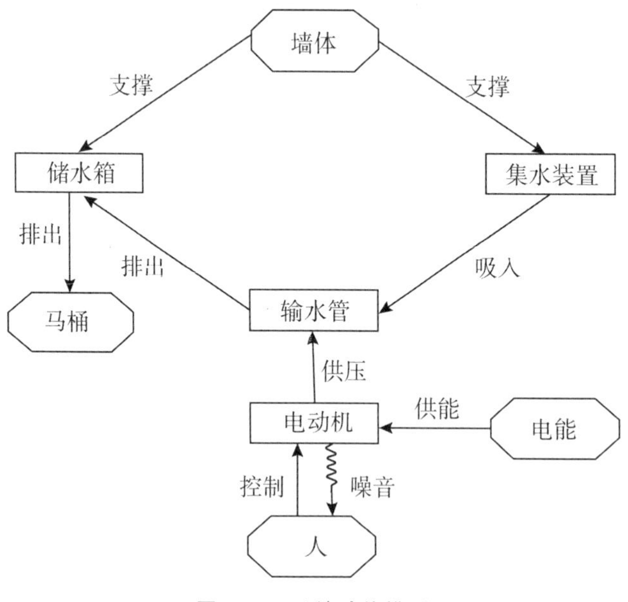

图 8-29　系统功能模型

4.问题求解

(1)裁剪。裁剪方案:裁剪电动机,消除噪音,减少电能耗费,节约能源。裁剪如图8-30所示。

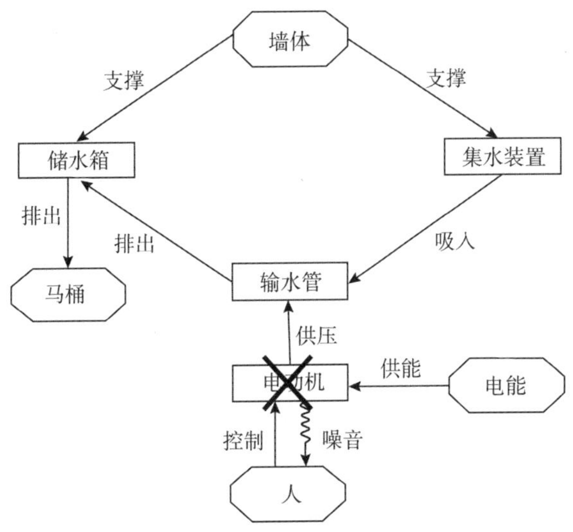

图 8-30　功能分析裁剪图

通过上述裁剪,虽消除了系统功能的缺点,但又出现了新的矛盾。需要将水输送至一定高度的蓄水箱,需要提供能源输入装置,且装置简单不占空间。因此,对系统进行矛盾分析。

(2)矛盾分析。这个矛盾问题主要表现为输送废水至一定高度,则需要提供能源输入装置。如采用增加结构解决能源消耗问题方式,又会导致整体装置更复杂。根据 TRIZ 理论对矛盾的定义,该问题中,"改善能源消耗问题"与"整体装置复杂"是一对技术矛盾。

将上述技术矛盾用标准工程参数描述,改善的参数为运动物体的能量消耗(No. 19),恶化的参数系统的复杂性(No. 36)。如表 8-6 所示。

表 8-6　冲突参数标准化

冲突	冲突的标准化描述
增加结构解决能源消耗问题与整体装置结构简单的矛盾	＃19—运动物体的能量消耗/＃36—系统的复杂性

查找冲突矩阵如表 8-7 所示,得到对应的发明技巧＃2(抽取原理)、＃29(气压于液压机构原理)、＃27(廉价替代品原理)、＃28(机械系统替代原理)。综合分析这些推荐的发明技巧,选取 28、29 两个技巧对上述矛盾进行求解。

表 8-7　冲突矩阵简表

	1～35	36	37～39
1～18			
19		2,29,27,28	
20～39			

其中 28(机械系统替代)与 29(气压和液压结构),按照这两个技巧,一方面采用机械式踩踏机构实现能源输入,另一方面采用气压方式输送废水至一定高度。得到新的浴室用水收集与回用装置的组成,如图 8-31 所示。

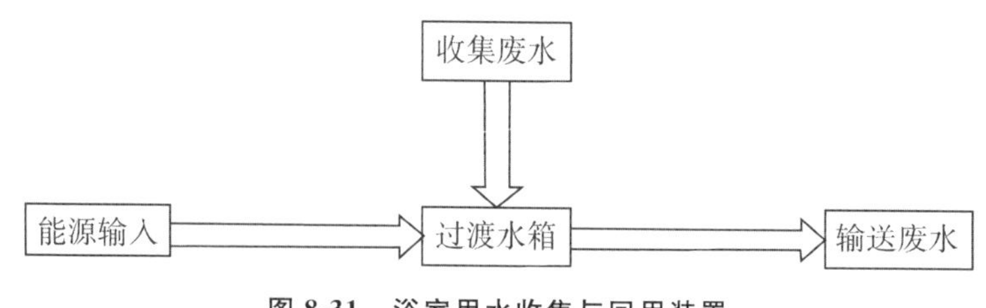

图 8-31　浴室用水收集与回用装置

(3)矛盾创新解。为了实现废水的二次利用,根据图 8-31,首先需要做的就是将其收集起来。在地板的下方设置一个过渡水箱,通过收集装置将废水收集并暂时存储起来。过渡水箱里的废水还不能直接使用,需要将其输送至另外一个水箱中。为了方便二次使用时取用存储水箱的水,将其设置在具有一定高度的墙体上,过渡水箱与蓄水箱间用管道连接起来。因此,该装置需要以下几个功能:能源输入功能、收集废水功能、输送废水功能。如表 8-8 所示。

①能源输入子功能:

1)设置数个气筒于地板上方,利用地板的升降运动将气筒中的气体泵送至输送装置腔体中,使其腔体中形成高压以用于输送废水;

2)在地板一侧设置移动凸块和推杆装置,将人的重力转化为水平方向的推力以用于输送废水。

②收集废水子功能:

1)通过市面上的漏斗进行安装,收集废水;

2)通过排污管道收集废水。

③输送废水子功能:

用水管直接连接过渡水箱与蓄水箱,通过压力输送。

表 8-8　功能需求表

子功能名称	方案	
能源输入 收集废水 输送废水	多个充气机构 漏斗收集 压力输送	滑块推杆机构 污水管收集

由表 8-8 可得多种求解方案,以下三种为例:

方案一　由漏斗收集废水,通过踩踏地面,压缩多个充气机构进行能源输入,推动推杆机构,然后经帕斯卡放大机构,由水管输送废水往高处,如图 8-32 所示;

方案二　由污水管道收集废水,通过安装在地板上的合适滑块推动推杆机构,经帕斯卡放大机构,由水管输送水往高处,如图 8-33 所示;

方案三　由污水管道收集废水,通过踩踏地面,拉伸多个充气机构进行能源输入,推动推杆机构,经帕斯卡放大机构,将水输送至高处,如图 8-34 所示。

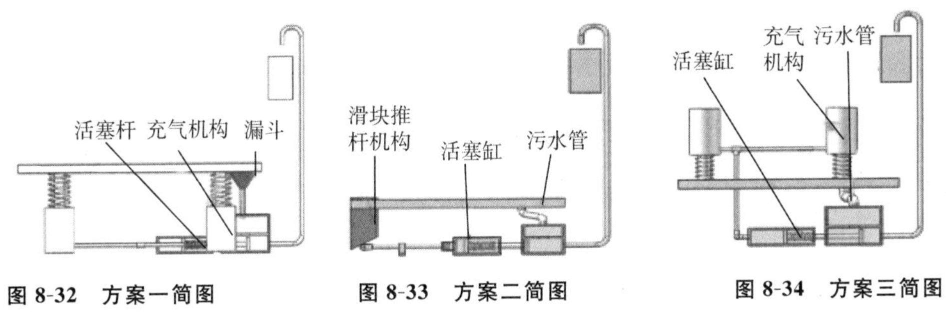

图 8-32 方案一简图　　图 8-33 方案二简图　　图 8-34 方案三简图

5. 方案评价

根据理想度评价方法进行定性评价，在相同节水量的前提下，此处优先考虑节能减排及装置结构简单问题，方案二中的装置采用人体的重力势能做功，推动凸轮推杆机构使活塞缸体中的介质压缩，从而推动输出杆使过渡水箱中的水压入上面的蓄水箱以便冲厕用，其过程中无须额外动力，实现能源自助，且结构简单易于使用。因此选择方案二作为最终方案，对其进行详细的结构设计。具体设计的系统结构如图 8-35 所示。

浴室用水收集与回用装置的具体结构包括过渡蓄水箱、固定在墙壁壁体上或壁体内的蓄水箱以及用于将过渡水箱中的水压入蓄水箱内的泵水机构、动力传递机构。其中，过渡水箱的内腔包括位于上层的储水腔和位于下层的压水腔，储水腔的腔壁上设有进水口，该进水口与浴室的排水口之间通过输水管连接，储水腔和压水腔之间设有用于防止水从压水腔回流至储水腔中的单向阀，压水腔的腔壁上设有出水口，该出水口与蓄水箱的进水口之间通过输水管连接，蓄水箱的出水口与马桶的进水管连接。

泵水机构包括活塞缸体、活塞输出杆、用于驱动活塞输出杆作伸缩运动的动力驱动机构以及复位弹簧，其中，活塞输出杆一端设有输出活塞，该输出活塞位于活塞缸体的动力输出端，活塞输出杆另一端设有压水活塞，该压水活塞伸入到压水腔中且与压水腔的内壁紧密贴合。

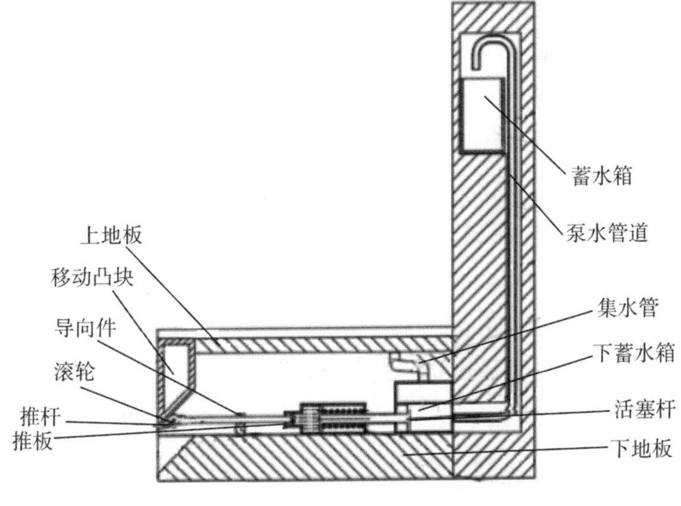

图 8-35 整体装置

动力传递机构由滑块、推杆构成,该推杆包括设置在活塞缸体动力输入端的活塞输入杆、用于驱动活塞输入杆作水平运动的升降滑块,及用于活塞输入杆作水平运动导向的导向件。

8.8 铸件打磨粉尘治理装置的创新设计

1.设计背景

铸件打磨时会产生粉尘,对作业人员的身体健康有害,需要进行治理。传统粉尘治理装置缺乏灵活性和自主性,对灰尘的捕集效果较差,因此开发一种新型的粉尘治理装置,改善这些不足。当铸件的尺寸较大时,工人师傅需要使用打磨工具在铸件外围来回操作,此时粉尘源头移动频繁、位置变化范围较大。若吸尘管末端的吸风罩仍然处在固定位置,则除尘器无法有效捕集灰尘等有害气体。若工人师傅在每次移动打磨工具后,再去调节吸风罩的位置,则打磨效率会十分低下。

因此,改进的除尘器应该具备这些特征:除尘器的吸尘管是可以调节的;集气罩应该具有合适的工作空间;集气罩能够自动跟踪粉尘源头。

采用“可拓建模—拓展分析—变换方法—理想度评价”这条路径来寻求问题解决方法。

2.问题识别

首先,分析解决问题的目标。目标必须使用事元来描述,以体现需要改进或增加的功能。然后,寻求解决问题的条件,即现有的资源或环境条件。条件一般用物元来描述,有时也使用关系元。

针对待求解问题可以建立如下目标事元 G:

$$G=\begin{bmatrix}\text{增加,支配对象,跟随功能}\\ \text{接受对象,除尘器}\end{bmatrix}$$

条件物元 L 指的就是现有除尘器,现有除尘器由输送粉尘的装置,以及收集并进行过滤处理的集尘底座组成。其中,输送装置又由吸尘管和集气罩组成;集尘底座主要由箱体、风机组成。因此,条件物元可以表示为:

$$L=L_1\cap L_2$$

其中,$L_1=\begin{bmatrix}\text{集尘底座,集尘容器,箱体}\\ \text{集尘方式,风机}\\ \text{安装方式,固连}\end{bmatrix}$,$L_2=\begin{bmatrix}\text{输送装置,输送管道,吸尘管}\\ \text{收集装置,集气罩}\\ \text{安装方式,固连}\end{bmatrix}$。

则该问题属于一个不相容问题,可以描述为:

$$P=G^{*}(L_1\cap L_2)$$

而 L_1 和 L_2 中的部件各自又是独立的物元,可用 L_3,L_4,L_5,L_6 分别表示:

$$L_3=\begin{bmatrix}\text{箱体,} & \text{材料,} & \text{不锈钢}\\ & \text{尺寸,} & 500\times500\times700\\ & \text{组装方式,} & \text{铆接}\end{bmatrix},L_4=\begin{bmatrix}\text{风机,} & \text{属性,} & \text{流体机械}\\ & \text{功率,} & 1.1\text{kW}\\ & \text{转速,} & 2800\text{r/mim}\end{bmatrix},$$

$$L_5=\begin{bmatrix}\text{吸尘管,材料,} & \text{聚甲醛}\\ \text{外形,} & \text{竹节式}\\ \text{外径,} & 80\text{mm}\\ \text{定位方式,} & \text{万向免支撑}\\ \text{调节方式,} & \text{手动}\end{bmatrix},L_6=\begin{bmatrix}\text{集气罩,材料,} & \text{耐热硅胶}\\ \text{外形,} & \text{圆形喇叭}\\ \text{尺寸,} & 150\text{mm}\end{bmatrix}。$$

3. 问题分析

采用拓展分析进行思路发散,针对粉尘治理装置“收集粉尘”的设计目标,对集尘底座的功能进行蕴含分析,如图 8-36 所示。

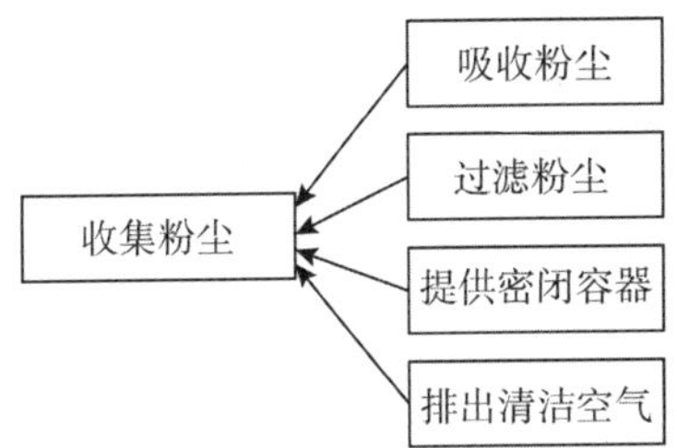

图 8-36 集尘底座功能的蕴含系

该功能的蕴含系可以用事元的蕴含系进一步细化表示为:

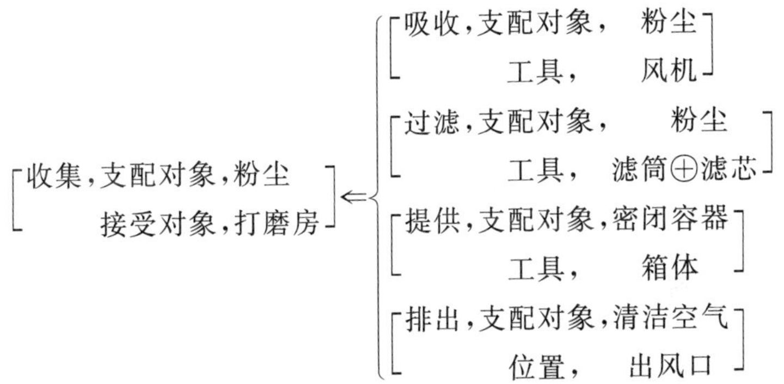

针对粉尘治理装置“灵活性”“自动跟随”的设计目标,应用发散规则,这里选用“一对象多特征”“一特征多量值”对吸尘管臂物元和集气罩物元进行发散分析,如下:

$$L_5\dashv\left\{L_{51}=\begin{bmatrix}\text{吸尘管,材料,} & \text{PVC}\\ \text{外形,} & \text{螺旋式}\\ \text{外径,} & 80\text{mm}\\ \text{定位方式,} & \text{电机}\oplus\text{支架}\\ \text{调节方式,} & \text{自动}\end{bmatrix}\right.$$

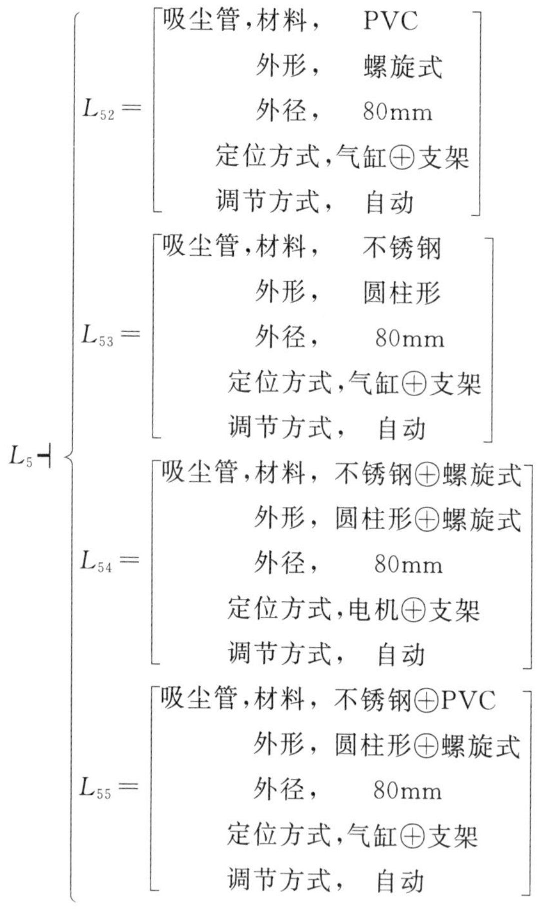

4. 问题求解

根据上一步步骤的蕴含分析结果，可对集尘底座物元做如下变换：

$$T_0L_1=L_{11};$$

根据上一步骤的发散分析结果，可对吸尘管臂物元做如下变换：

$$T_1L_5=L_{51};T_2L_5=L_{52};T_3L_5=L_{53};$$

$$T_4L_5=L_{54};T_5L_5=L_{55};$$

T_0 变换对集尘底座的结构进行了更加详细的设计，增加了滤筒、滤网两级过滤结构，以及散热风扇。T_1 和 T_2 将聚甲醛吸尘管更换为 PVC 软管。PVC 软管没有聚甲醛的定位功能，但也因此避免了改变吸尘管姿态的阻力，能够使用小功率电机或气缸改变其姿态；T_3 变换将聚甲醛吸尘管更换为不锈钢吸尘管，并使用气缸驱动。此时的吸尘管从俯视图看是一条曲折的管道；T_4 和 T_5 变换都使用不锈钢和 PVC 结合的吸尘管，并且分别使用电机和气缸驱动不锈钢，实现吸尘管姿态的改变。经过上述变换获得的吸尘管都具备驱动单元，因此可以实现自动调节。

同样地，可对集气罩物元做如下变换：

$$T_5L_6=L_{61};T_6L_6=L_{62};T_7L_6=L_{63};$$

T_5 变换改变了集气罩的外形，T_6 变换将集气罩的硅胶材料替换为铝合金，而 T_7 变换则将集气罩的尺寸设计为一个可调节的范围。耐热硅胶和铝合金都具有抗高温性能，但是耐热硅胶在重量、价格上更占据优势，因此可以保持集气罩制造材料不变。另外，尺寸可调节的集气罩能够适应不同情况的除尘任务。

综上所述，针对集尘底座获得的变换为 L_{11}。针对吸尘管臂获得的变换为 $L_{51}\cap L_{63}$、$L_{52}\cap L_{63}$、$L_{53}\cap L_{63}$、$L_{54}\cap L_{63}$ 和 $L_{55}\cap L_{63}$，将它们描述为对条件输送装置物元 L_2 的变换，分别是：

$$T_{A1}L_2=L_{21}=\begin{bmatrix}\text{输送装置},\text{输送管道},L_51\\ \text{收集装置},L_63\\ \text{安装方式},\text{固连}\end{bmatrix};$$

$$T_{A2}L_2=L_{22}=\begin{bmatrix}\text{输送装置},\text{输送管道},L_52\\ \text{收集装置},L_63\\ \text{安装方式},\text{固连}\end{bmatrix};$$

$$T_{A3}L_2=L_{23}=\begin{bmatrix}\text{输送装置},\text{输送管道},L_53\\ \text{收集装置},L_63\\ \text{安装方式},\text{固连}\end{bmatrix};$$

$$T_{A4}L_2=L_{24}=\begin{bmatrix}\text{输送装置},\text{输送管道},L_54\\ \text{收集装置},L_63\\ \text{安装方式},\text{固连}\end{bmatrix};$$

$$T_{A5}L_2=L_{25}=\begin{bmatrix}\text{输送装置},\text{输送管道},L_55\\ \text{收集装置},L_63\\ \text{安装方式},\text{固连}\end{bmatrix};$$

现将这五种方案分别记为方案 A1、A2、A3、A4 和 A5。将获得的吸尘管臂五种设计方案汇总在表 8-9 中，方案示意图分别如图 8-37(a)、(b)、(c)、(d)、(e)所示。

表 8-9　吸尘管臂五种设计方案

方案	吸尘管材质	驱动单元	集气罩类型
A1	PVC 软管	电机	进气口可调
A2	PVC 软管	气缸	进气口可调
A3	不锈钢管	气缸	进气口可调
A4	不锈钢管、PVC 软管	电机	进气口可调
A5	不锈钢管、PVC 软管	气缸	进气口可调

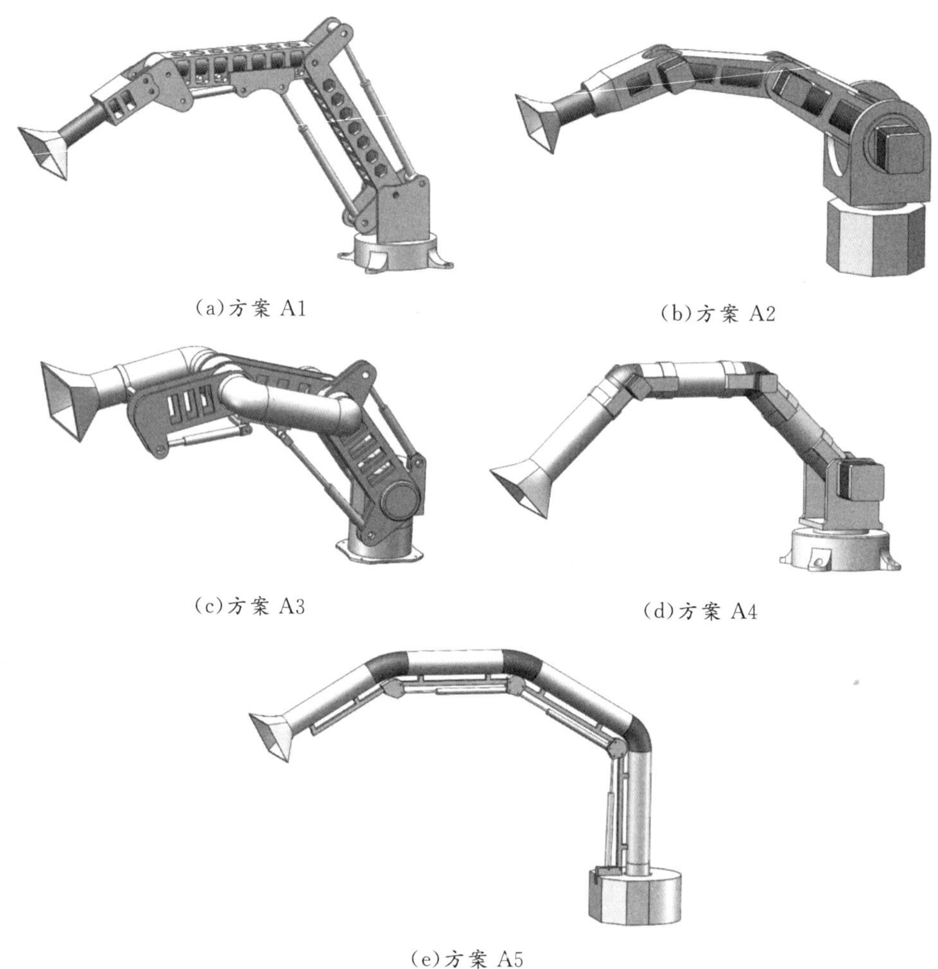

(a)方案 A1

(b)方案 A2

(c)方案 A3

(d)方案 A4

(e)方案 A5

图 8-37 设计方案图

5. 方案评价

采用理想度对上述方案进行评价。先分析每个设计方案中组件的有用功能与有害功能，再分别进行组件功能分析和理想度计算。

首先，建立组件功能分析表如表 8-10、表 8-11、表 8-12、表 8-13 和表 8-14 所示。

表 8-10 方案 A1 的组件功能分析表

组件	有用功能	判定值 a_i	权重 u_i	有害功能	判定值 b_i	权重 h_i
集气罩	捕集粉尘	0.8	0.1	无	无	无
PVC 软管	输送粉尘	0.8	0.2	无	无	无
ABS 连杆	支撑软管	1	0.2	无	无	无
	支撑电机	0.7	0.1			
减速电机	驱动连杆	0.9	0.3	挤压连杆	0.4	1
底座	支撑管臂	1	0.1	无	无	无

表 8-11 方案 A2 的组件功能分析表

<table>
<tr><th>组件</th><th>有用功能</th><th>判定值 a_i</th><th>权重 u_i</th><th>有害功能</th><th>判定值 b_i</th><th>权重 h_i</th></tr>
<tr><td>集气罩</td><td>捕集粉尘</td><td>0.8</td><td>0.1</td><td>无</td><td>无</td><td>无</td></tr>
<tr><td>PVC 软管</td><td>输送粉尘</td><td>0.8</td><td>0.2</td><td>无</td><td>无</td><td>无</td></tr>
<tr><td rowspan="2">ABS 镂空连杆</td><td>支撑软管</td><td>1</td><td>0.2</td><td rowspan="2">无</td><td rowspan="2">无</td><td rowspan="2">无</td></tr>
<tr><td>支撑气缸</td><td>0.8</td><td>0.1</td></tr>
<tr><td rowspan="2">气缸</td><td rowspan="2">驱动连杆</td><td rowspan="2">1</td><td rowspan="2">0.3</td><td>限制空间</td><td>0.8</td><td>0.7</td></tr>
<tr><td>挤压连杆</td><td>0.4</td><td>0.3</td></tr>
<tr><td>底座</td><td>支撑管臂</td><td>1</td><td>0.1</td><td>无</td><td>无</td><td>无</td></tr>
</table>

表 8-12 方案 A3 的组件功能分析表

<table>
<tr><th>组件</th><th>有用功能</th><th>判定值 a_i</th><th>权重 u_i</th><th>有害功能</th><th>判定值 b_i</th><th>权重 h_i</th></tr>
<tr><td>集气罩</td><td>捕集粉尘</td><td>0.8</td><td>0.1</td><td>无</td><td>无</td><td>无</td></tr>
<tr><td>折弯不锈钢管</td><td>输送粉尘</td><td>0.5</td><td>0.25</td><td>挤压连杆</td><td>0.3</td><td>0.3</td></tr>
<tr><td>不锈钢连杆</td><td>支撑软管</td><td>0.8</td><td>0.25</td><td>无</td><td>无</td><td>无</td></tr>
<tr><td rowspan="2">气缸</td><td rowspan="2">驱动连杆</td><td rowspan="2">1</td><td rowspan="2">0.3</td><td>限制空间</td><td>0.8</td><td>0.6</td></tr>
<tr><td>挤压连杆</td><td>0.4</td><td>0.1</td></tr>
<tr><td>底座</td><td>支撑管臂</td><td>0.8</td><td>0.1</td><td>无</td><td>无</td><td>无</td></tr>
</table>

表 8-13 方案 A4 的组件功能分析表

组件	有用功能	判定值 a_i	权重 u_i	有害功能	判定值 b_i	权重 h_i
集气罩	捕集粉尘	0.8	0.1	无	无	无
不锈钢管	输送粉尘	0.9	0.15	挤压连杆	0.6	0.5
PVC 管	输送粉尘	0.8	0.1	无	无	无
不锈钢连杆	支撑电机	0.6	0.25	无	无	无
减速电机	驱动连杆	0.9	0.3	挤压连杆	0.4	0.5
底座	支撑管臂	0.9	0.1	无	无	无

表 8-14 方案 A5 的组件功能分析表

<table>
<tr><th>组件</th><th>有用功能</th><th>判定值 a_i</th><th>权重 u_i</th><th>有害功能</th><th>判定值 b_i</th><th>权重 h_i</th></tr>
<tr><td>集气罩</td><td>捕集粉尘</td><td>0.8</td><td>0.1</td><td>无</td><td>无</td><td>无</td></tr>
<tr><td>不锈钢管</td><td>输送粉尘</td><td>0.9</td><td>0.15</td><td>挤压连杆</td><td>0.3</td><td>0.3</td></tr>
<tr><td>PVC 管</td><td>输送粉尘</td><td>0.8</td><td>0.1</td><td>无</td><td>无</td><td>无</td></tr>
<tr><td>不锈钢连杆</td><td>支撑软管</td><td>0.8</td><td>0.25</td><td>无</td><td>无</td><td>无</td></tr>
<tr><td rowspan="2">气缸</td><td rowspan="2">驱动连杆</td><td rowspan="2">0.6</td><td rowspan="2">0.3</td><td>限制空间</td><td>0.8</td><td>0.6</td></tr>
<tr><td>挤压连杆</td><td>0.4</td><td>0.1</td></tr>
<tr><td>底座</td><td>支撑管臂</td><td>0.9</td><td>0.1</td><td>无</td><td>无</td><td>无</td></tr>
</table>

由组件功能分析表的数据，可根据公式(6-2)与(6-3)分别计算出每个方案的有用功能之和、有害功能之和(因忽略成本，故这里成本之和为0)，而后根据式(6-1)计算每个方案的理想度。

方案一的理想度：

$$F_U = \sum_{i=1}^{n} u_i a_i = 0.88 , F_H = \sum_{i=1}^{m} h_i b_i = 0.4 , I_1 = \sum F_U / \sum F_H = 2.2$$

方案二的理想度：

$$F_U = \sum_{i=1}^{n} u_i a_i = 0.92 , F_H = \sum_{i=1}^{m} h_i b_i = 0.68 , I_2 = \sum F_U / \sum F_H = 1.35$$

方案三的理想度：

$$F_U = \sum_{i=1}^{n} u_i a_i = 0.585 , F_H = \sum_{i=1}^{m} h_i b_i = 0.61 , I_3 = \sum F_U / \sum F_H = 0.959$$

方案四的理想度：

$$F_U = \sum_{i=1}^{n} u_i a_i = 0.805 , F_H = \sum_{i=1}^{m} h_i b_i = 0.5 , I_4 = \sum F_U / \sum F_H = 1.61$$

方案五的理想度：

$$F_U = \sum_{i=1}^{n} u_i a_i = 0.765 , F_H = \sum_{i=1}^{m} h_i b_i = 0.61 , I_5 = \sum F_U / \sum F_H = 1.254$$

因为有 $I_1 > I_4 > I_2 > I_5 > I_3$ ，故方案一最优，后续针对方案一进行具体设计和分析。

参考文献

[1] 江帆. TRIZ 创新应用与创新工程教育研究[M]. 北京:北京理工大学出版社,2013.

[2] 江帆. TRIZ 与可拓学比较及融合机制研究[M]. 北京:北京理工大学出版社,2015.

[3] 江帆,韩立发,董克权. 机械原理[M]. 北京:机械工业出版社,2013.

[4] 张明勤,范存礼,王日君,等. TRIZ 入门 100 问——TRIZ 创新工具导引[M]. 北京:机械工业出版社,2012.

[5] Jiang Fan. Application idea for TRIZ theory in innovation education[R]. Proceedings of the 5th International Conference on Computer Science & Education, 2010,8: 1535-1540 .

[6] Jiang Fan, Zhang Chun-liang, Wang Yi-jun. Study on teaching methodology of the TRIZ theory[R]. 2010 International Conference on Education and Sports Education, 2010,7: 57-60 .

[7] Jiang Fan, Yu Juan, Liang Zhongwei, et al. The plan research on the mechanical foundation experiment system combined with TRIZ theory[R]. 2010 International Conference on Education and Sports Education, 2010,7: 61-64 .

[8] Jiang Fan, Zhang Chunliang, Xiao Zhongmin. Study on innvovative training system in local university based on TRIZ theory [R]. Lecture Notes in Electrical Engineering, 2011,111: 301-307.

[9] 江帆. TRIZ 工程创新教育理论初探[J]. 井冈山大学学报自然科学版, 2011,32(2): 123-126

[10] 江帆,孙骅,胡一丹 ,等. 基于 TRIZ 理论的机械基础创新实验教学体系的构建[J]. 装备制造技术,2010(2):190-192.

[11] 江帆,孙骅,庾在海,等. 基于 TRIZ 理论机械原理实验教学实施策略研究[J]. 理工高教研究,2010,29(3):108-110.

[12] 江帆,孙骅,王一军,等. TRIZ 理论在机械原理实验教学管理中的应用[J]. 实验科学与技术,2010,8(2):140-143.

[13] 江帆,等. 基于 TRIZ 理论的滚筒球磨机密封结构创新设计[J]. 矿山机械, 2010,38(5):70-72.

[14] 江帆,等. 基于 TRIZ 理论的教学仪器——汽车气体污染测试舱设计[J]. 现代制造技术与装备, 2010,2:10-11.

[15] Jiang Fan, et al. Design of 3D acceleration sensor based on TRIZ theory[J]. Sensor Letter, 2013, 11(12): 2257-2263.

[16] Jiang Fan, et al. Collection mode optimization of casting dust based on TRIZ[J]. Advanced Materials Research, 2010(97-101): 2695-2698.

[17] Jiang Fan, Wang Yijun, Xiang Jianhua, Huang Chunman. Design of the soymilk mill based on TRIZ theory[J]. Advance Journal of Food Science and Technology, 2013, 5(5): 530-538.

[18] Jiang Fan, Zhang Chunliang, Wang Yijun, Liu Zhenzhang. The application mechanism of TRIZ in CDIO mechanical theory teaching[J]. Advanced Science Letters, 2012, 12 (6): 367-371.

[19] 江帆,王一军,胡一丹. 基于 TRIZ 理论的机构创新设计实例分析[J]. 广州大学学报(自然科学版),2013,12(1):75-60.

[20] 江帆,杨鹏海. TRIZ 理论与可拓学的融合方法研究[J]. 广州大学学报(自然科学版),2014,13(6):59-53.

[21] 江帆,方伟中,岳鹏飞,等. 基于 TRIZ 与可拓学的半自动手推叉车设计[J]. 广州大学学报,2016,15(2):76-80.

[22] 江帆,张春良,王一军,萧仲敏,等. 基于可拓学的 CDIO 教学管理研究[J]. 教学研究,2013,36(5):39-41.

[23] 江帆,方伟中,岳鹏飞. 基于理想优度的包装升降装置运动方案设计[J]. 包装工程,2016, 37(7): 11-15.

[24] 成思源,周金平,郭钟宁. 技术创新方法——TRIZ 理论及应用[M]. 北京:清华大学出版社,2014.

[25] 根里奇·阿奇舒勒. 创新 40 法——TRIZ 创造性解决技术问题的诀窍[M]. 成都:西南交通大学出版社,2004.

[26] 周苏,陈敏玲. 创新思维与科技创新[M]. 北京:机械工业出版社,2016.

[27] 檀润华. TRIZ 及应用——技术创新过程与方法[M]. 北京:高等教育出版社,2010.

[28] 孙永伟,谢尔盖·伊克万科. TRIZ:打开创新之门的金钥匙 I[M]. 北京:科学出版社,2015.

[29] 杨春燕,蔡文. 可拓学[M]. 北京:科学出版社,2014.

[30] 杨春燕. 可拓创新方法[M]. 北京:科学出版社,2014.

[31] 江帆,黎斯杰. 今天你创新了吗——TRIZ 创新小故事[M]. 北京:知识产权出版社,2017.

[32] 江帆,陈江栋. TRIZ 王国游历记[M]. 北京: 知识产权出版社,2020.

[33] Jiangdong Chen, Fan Jiang, Yongcheng Xu, et al. Design and analysis of a compliant parallel polishing toolhead[J]. Advances in Mechanical Design, Mechanisms and Machine Science, 2017, 55: 1291-1307.

[34] 江帆,陈江栋,萧仲敏,等. 面向机械原理课程的 TRIZ 进化创新案例分析[C]. 机械类课程报告论坛. 北京:高等教育出版社,2018.

[35] 江帆，萧仲敏，吴文强，等. 基于可拓学的机械原理教具设计[J]. 广东教育装备，2018(10)：39-42.

[36] 江帆，萧仲敏，吴文强，等. 基于可拓共轭的实验室安全管理研究[J]. 实验技术与管理，2018，35(12)：259-262.

[37] 江帆，张春良，王一军，等. 拓展分析方法在机械设计教学中的应用[J]. 机械设计，2018，35(7S2)：206-209.

[38] Jiang Fan，Chen Jiangdong，Xiao Zhongmin，et al. Study on the innovation and entrepreneurship curriculum system for graduates based on Extenics[J]. Advances in Social Science，Education and Humanities Research，2018，176：1110-1114.

[40] Jiang Fan，Xiao Zhongmin，Wu Qingfeng，et al. Online teaching design for innovation and invention courses[J]. Advances in Social Science，Education and Humanities Research，2018，176：1110-1114.

[41] Jiang Fan，Zhang Chunliang，Wang Yijun，et al. Study on the thinking expand method in the mechanism theory teaching[R]. The 11th International Conference on Computer Science & Education，2016，8：877-882.

[42] 江帆，陈玉梁，陈江栋，等. 基于 TRIZ 与可拓学的盘类铸件打磨方案设计[J]. 广东工业大学学报，2019，36(2)：1-6.

[43] 江帆，卢浩然，陈玉梁，等. 基于 TRIZ 与可拓学的可变面积方桌设计[J]. 广东工业大学学报，2019，36(2)：7-12.

[44] 江帆，陈江栋，戴杰涛. 创新方法与创新设计[M]. 北京：机械工业出版社，2019.

[45] 张爱琴，候光明. 创新方法研究的比较分析与发展趋势——基于多学科视角[J]. 北京理工大学学报(社会科学版)，2014，16(2)：59-63.

[46] 江帆，董克权，庞小兵. 机械原理[M]. 高等教育出版社，2020.

[47] 邵云飞，叶茂，唐小我. 技术创新方法的发展历程及解决方案研究[J]. 电子科技大学学报(社会科学版)，2009，11(5)：1-8.

[48] 刘国新，闫俊周. 国外主要技术创新方法述评[J]. 科学管理研究，2009，27(004)：30-34.

[49] 江帆，张春良，萧仲敏，等. 基于可拓学的研究生创新能力培养模式研究[J]. 教学研究，2019，42(2)：31-35.

[50] 江帆，陈江栋. TRIZ 王国游历记[M]. 北京：知识产权出版社，2020. 10.

[51] 江帆，卢浩然，戴杰涛，等. TRIZ 与可拓学的关系研究[J]. 广州大学学报(自然科学版)，2019，18 (6)：57-62.

[52] 温锦锋，江帆，沈健，等. 基于电润湿效应驱动的微泵设计与分析[J]. 液压与气动，2020(8)：106-111.

[53] 吉利，胡双飞，廉博雯，等. 基于 TRIZ 理论的自锁托槽盖板防脱落的优化设计[J]. 科技风，2020，428(24)：140-144.

[54] 吉利,胡双飞,余健文,等.基于 ARIZ 理论的正畸扳手创新设计[J].锻压装备与制造技术,2020,55(5):124-129.

[55] 吉利,杨孜麒,胡双飞,等.TRIZ 理论在 FDM 3D 打印机平台的创新设计中的应用[J].机械工程师,2020,353(11):150-153.

[56] 卞侃,黄智,包启波,等.低漩涡大流量流线型流管无阀压电泵的设计与实验[J].南京航空航天大学学报(英文版),2020,37(1):155-163.

[57] 潘良明,岳万凤,魏敬华,等.热汽泡驱动无阀微泵流动特性分析[J].重庆大学学报,2013,36(2):12-17.

附　录

附录 A　可拓创新的形式化描述

可拓创新方法在第 2～6 章分别出现建模、拓展、变换、选择等内容，这里给出较为详细的可拓创新方法中的形式化描述，内容包含可拓建模、拓展分析（共轭分析）、可拓变换（变换运算等）的具体形式化描述方式。详细内容可通过扫描下面二维码查看：

附录 B　通用工程参数（或标准技术参数）

通用工程参数（或称标准技术参数）是技术矛盾描述的基础，在 4.4 中给出标准技术参数，但没有给出具体的解释，这里给出通用工程参数的具体描述，以便读者理解和把握、及选用这些工程参数。详细内容可通过扫描下面二维码查看：

附录 C　标准解系统

标准解系统是求解物场问题的重要工具，5.5 中仅给出了如何应用标准解系统，这里给出了 76 个标准解的具体描述与相应的物场模型。详细内容可通过扫描下面二维码查看：

附录 D　功能与科学效应对照表、科学效应说明

在 4.5、5.6 中分别给出了 How to 模型、科学效应库的应用方法，具体应用时需要查找功能与科学效应对照表，及具体的科学效应说明。这里给出了功能与 100 个科学效应对照表，及 100 个常见的科学效应说明。详细内容可通过扫描下面二维码查看：

附录 E　经典矛盾矩阵

在 5.4 中求解技术矛盾时需要用到矛盾矩阵，这里给出 39×39 经典矛盾矩阵。详细内容可通过扫描下面二维码查看：

附录 F　课程教学资料参考

本教材教材提供的教学资料包括教学课件(PPT)、教学大纲、学习指南、教学考核相关资料、课程思政等。可通过邮件向责编索取(Email:changlei_wu@zju.edu.cn)

附录 G　课程在线课程说明

本教材对应的课程已经建设成广东省一流在线课程，网址为：http://coursehome.zhihuishu.com/courseHome/1000009064/111629（智慧树平台）；http://mooc1.gdhkmooc.com/course-ans/courseportal/221900231.html(粤港澳大湾区高校在线开放课程联盟)。供读者免费学习参考，如果需要学分，请联系 jiangfan2008@126.com。